JN299639

MINERVA
TEXT
LIBRARY
63

持続可能な開発のための
教育(ESD)の理論と実践

西井麻美・藤倉まなみ・大江ひろ子・西井寿里 編著

ミネルヴァ書房

はじめに

　ESDは，持続可能な開発のための教育と言われるものであるが，この「持続可能」の概念には，過去から未来にわたって縦につながっていくという意味合いと，様々な人と人，人と自然といった横のつながりを大切にしようとする意図が込められている。

　このような「つながり」についてほんの一時ではあるが，実感したのは，2012年6月にリオデジャネイロで開催された国連持続可能な開発会議（リオ+20）に参加した時である。国連の会議としては，過去最大級の数の人々が集う結果となったこの会議に，私たちは，多くの方々の助力のおかげで，半ば奇跡的に参加することができた。特に私たちの会議への参加に，多大な支援をしてくださったリオ市リオ+20会議委員長フランシスコ弁護士様，在リオデジャネイロ日本国総領事館の皆様，仲介役をしてくださったリオ市Yuchicom社の皆様には，この場を借りて深く感謝申し上げたい。

　この会議に参加することができたおかげで，メイン会場や公式サイドイベント会場では無論のこと，会場の外においても，街頭で，地下鉄やバスの中で，あるいは，ホテルの食堂で，意見や立場や出身地域や，さらには人種においても実に様々な人々との出会いがあった。

　また，例年の5倍という異例の水量で驀進し，舞い上がる多量の水蒸気で，あちらでもこちらでも，まるで自然と人と，天と地とを繋ぐかのように虹が架かる幻想的なイグアスのパノラマの中でずぶ濡れになりながら，自然の神秘と迫力に心の底から揺さぶられる思いがした。

　まさにこの世界は，複雑で多様性に富んでおり，それらがみごとに調和するとき，そこには本当に「美」が存在し，時を超えて続いていく命の息吹が感じられる。もしかしたら，それが，持続可能性を支える大切な力なのかもしれない。

　そして，2014年には「国連ESDの10年（DESD）」の総括となる「ESDに関するユネスコ世界会議」が岡山と愛知・名古屋で開催され，150に上る国・地

域から1000人以上（政府や国連機関，NGO，企業の人々や，研究者教職員，若者や一般市民など）が参加した。集まった人々は，ESDについて熱心に語り合い，ポストDESDについても指針を打ち出している。

ESDの理論と実践は，これからの社会と暮らしにおいて，要石となりつつある。

本書は，様々な視点から，ESDを見つめ，「持続可能」というテーマにアプローチを試みている。

構成としては，第Ⅰ部においては，教育論の視点から，第Ⅱ部においては，環境論の視点から，第Ⅲ部は，ネットワーク論の視点から，第Ⅳ部は，マネジメント・社会倫理の視点から考察する4部構成になっている。

この構成の意図としては，第Ⅰ部で，まず，ESDのEである教育を取り上げ，次に第Ⅱ部でESDにおけるSDに視点を向けて，環境について見ていき，第Ⅲ部で，ESDにおいて重視されている「つながり」としてのネットワーク論をとりあげた。そして，第Ⅳ部では，ESD理論の中核となる"倫理"に目を向けて，マネジメントについての探求を行った。

たとえてみれば，ESDは，熟していくリンゴのように，社会倫理をその種に持ち，教育によって実が育まれ，環境によって皮は赤く色づき，ネットワークにより葉脈は栄養を運んで実を甘く熟させる。そして，そのリンゴを食べる人も獣も満ち足りた幸せを味わう。次の年再びリンゴは新たに実をつけていくといった風である。

各執筆者は，それぞれの専門の立場から，真摯にESDの魅力を解き明かそうとしている。本書のページを紐解いて，色々な味わいを楽しみながら，ESD探訪の旅に出発してもらえるなら幸いである。

編者を代表して
西井麻美・西井寿里

目　次

はじめに
主な略語一覧

序　章　ESDとは何か ... 1
1. ESDとは ... 1
2. DESD国連決議までの経緯 ... 2
3. DESD国際実施計画 ... 5
4. 我が国のDESD実施計画 ... 6
5. ESDが目指すもの ... 8
6. 大事なことは「持続可能な社会づくり」 ... 8
7. 地域社会全体で取り組む ... 8
8. ユネスコスクール ... 9
9. ESDにおける評価の視点 ... 10

第Ⅰ部　教育論の視点から

第1章　持続可能な社会に向けた教育 ... 14
1. 持続可能な社会とESD教育論 ... 14
2. ESDが目指す「知」 ... 16
3. ESDにおける「知」へのアプローチ ... 17
4. ESDの「知」へのアプローチに配慮した教材 ... 20

第2章　ESDと生涯学習 ... 24
1. ESDの進展と生涯学習 ... 24
2. ESDと世代性の概念 ... 28
3. 世代継承のサイクルをまわすESDの実践 ... 31

第3章　ESDと人材育成 ... 36
1. 持続性科学とは ... 36
2. 米国での動き ... 38

3. 我が国の科学技術イノベーション政策の新たな展開 40
　4. フォーサイト 41
　5. 期待される人材 48

第4章　持続可能な社会にむけたソーシャルスキル 50
　1. 持続可能な未来をつくるライフスキル——ライフサイクルからみた課題 50
　2. 参加と当事者性を創る教育手法 55
　3. 地域の一員として，さらに社会における学習支援者としての
　　 ESD の実践プログラム 59
　4. これからの地域の一員として，さらに社会における学習支援者として 65

第5章　実践コミュニティからみた持続可能な発展 68
　1. 教育に内在する葛藤——新しい世代と出会うこと 68
　2. 正統的周辺参加の概念——学びを捉える観点 69
　3. コミュニティに内在する葛藤 73
　4. コミュニティの自己更新 75

第6章　ESD と学校教育 78
　1. 学校教育における ESD の課題 78
　2. 教育カリキュラム上の課題解決の取り組み 80
　3. 学校外連携上の課題解決の取り組み 86
　4. 学校教育における ESD の展望 90

　　コラム1　国際観光時代の到来にむけて必要な人材育成について … 92
　　コラム2　地域に密着した歴史系ミュージアムの維持・発展に
　　　　　　必要な人材の育成について … 94

第Ⅱ部　環境論の視点から

第1章　環境教育と ESD 98
　1. 環境教育から ESD へ 98
　2. 環境からみた持続可能性 104

第2章　ESDのための『KODOMOラムサール』 …………… 113
1. ラムサール条約と「湿地の賢明な利用」 ………………… 113
2. 〈日本・中国・韓国〉子ども湿地交流 …………………… 114
3. アジア・アフリカ子ども湿地交流 ………………………… 116
4. KODOMOラムサール ……………………………………… 117
5. KODOMOバイオダイバシティ …………………………… 120
6. ESDのためのKODOMOラムサール ……………………… 123

第3章　アジアにおける高等教育の展開 ……………………… 127
1. 高等教育機関の使命とESD ………………………………… 127
2. アジア太平洋地域における高等教育機関とESD ………… 128
3. 国際連合大学によるESDに関する地域の拠点（RCE）つくりの提唱 …… 130
4. 国連大学による「アジア太平洋環境大学院ネットワーク（プロスパーネット）」の取り組み ………… 135

第Ⅲ部　コミュニティとソーシャルキャピタルの視点から

第1章　コミュニティ再生に関する理論的フレームワーク ……… 140
1. コミュニティの現状と再生課題 …………………………… 140
2. 我が国のコミュニティ崩壊への危惧と政策の動向 ……… 141
3. コミュニティ再生におけるソーシャルキャピタル ……… 144
4. 地域コミュニティの課題 …………………………………… 149
5. ICTネットワークの活用可能性 …………………………… 150
6. 地域における地縁性への着目 ……………………………… 151
7. パートナーシップ構築とICT ……………………………… 155

第2章　地域資産・認知・可視化・行動変容 ………………… 159
1. 日本：香川県直島——島全体をアートで包む，町とアートの共生世界 …… 159
2. 英国：ボーンマス市——公立図書館を核とした"公共的居間"モデル …… 164
3. 創造都市戦略——英国バーミンガム市 …………………… 168
4. 商店街における協調行動と景観 …………………………… 172

第3章　ネットワーク再論——ESDを考える上でのいくつかの事例と考察 …… 179
　1．ICTの可能性と展望 …………………………………………………… 179
　2．持続可能な情報社会の構築に向けて——情報格差是正と情報リテラシー …… 186

第4章　情報流通・信頼醸成に支えられたESDを目指して ……… 205
　1．持続可能な都市開発のための教育 …………………………………… 205
　2．ESDにおけるパートナーシップの重要性 …………………………… 206
　3．ESDの拠点としての社会教育施設の可能性と展望 ………………… 209
　4．おわりに ………………………………………………………………… 221

第Ⅳ部　マネジメント・社会倫理の視点から

第1章　企業構造論　対　人体構造論 ……………………………………… 226
　　　　——持続可能な文化社会のための企業体系
　1．バーナードの思想 ……………………………………………………… 226
　2．道徳と管理の責任論 …………………………………………………… 229
　3．企業と人体構造との比較 ……………………………………………… 230
　4．総合的ホリスティックな企業へ ……………………………………… 235

第2章　持続可能な社会の統制と刑法 ……………………………………… 237
　1．持続可能な開発と刑法の現代的諸問題 ……………………………… 237
　2．刑事裁判への市民参加 ………………………………………………… 238
　3．生命の価値と刑法 ……………………………………………………… 242
　4．責任能力と少年事件 …………………………………………………… 247

第3章　CSR経営 ……………………………………………………………… 253
　1．CSR経営の歩み ………………………………………………………… 253
　2．CSR経営——理念経営 ………………………………………………… 257
　3．日本企業のCSR経営——日本文化の視点からの考察 ……………… 263

第4章　持続可能なツーリズム社会の到来を目指して …………………… 269
　　　　——観光の「公益化」とそれを支える地域「民力」の可能性
　1．問題意識 ………………………………………………………………… 269

2. 三島の環境再生と観光再生 …………………………………………… *270*
　3. 観光企業の「公益性」実現のために ………………………………… *274*
　4. 三島から発進されるグラウンドワーク活動 ………………………… *276*
　　　――公益性を実現する民力モデルの事例
　5. イギリスの「グラウンドワーク」活動の導入 ……………………… *278*
　6. むすびにかえて――富士山の環境浄化プログラム ………………… *280*

　コラム3　これからの社会であらためて目を向けたい人間の不思議… *282*

終　章　人権における文化の変遷 ……………………………………… *285*
　1. はじめに ………………………………………………………………… *285*
　2. 不正受給と朝日訴訟 …………………………………………………… *286*
　3. 「恥」に対する日本文化 ……………………………………………… *287*
　4. 最低賃金 ………………………………………………………………… *288*
　5. 武士道と名誉 …………………………………………………………… *289*
　6. おわりに ………………………………………………………………… *290*

主な略語一覧

CBD：Convention on Biological Diversity（生物多様性条約）
DESD：United Nations Decade of Education for Sustainable Development（「国連・持続可能な開発（発展）のための教育の10年」）
DESD-ⅡS：DESD International Implementation Scheme（DESD 国際実施計画）
EFA：Education For All（万人のための教育）
ESD：Education for Sustainable Development（持続可能な開発（発展）のための教育＝持続発展教育）
ESD-J（「持続可能な開発のための教育の10年」推進会議）
IUCN：International Union for Conservation of Nature（国際自然保護連合）
MDGs：Millennium Development Goals（国連ミレニアム開発目標）
NGO：Non-Governmental Organization（非政府組織）
NPO：Non-Profit Organization/Not-for-Profit Organization（非営利団体）
ODA：Official Development Assistance（政府開発援助）
OECD：Organization for Economic Cooperation and Development（経済協力開発機構）
RCE：Regional Center of Expertise on ESD（国際連合大学による ESD に関する地域の拠点）
SD：Sustainable Development（持続可能な開発）
UNDP：United Nations Development Programme（国連開発計画）
UNEP：United Nations Environmental Plan（国連環境計画）
UNESCO：United Nations Educational, Scientific and Cultural Organization（国連教育科学文化機構（ユネスコ））
UNLD：United Nations Literacy Decade（国連識字の10年）

序　章
ESDとは何か

　ESDは，持続可能な社会づくりのための担い手を育むための教育である。地球温暖化，格差社会，無縁社会，原発事故など，社会全体が持続不可能へ向かう流れを変え，誰もが安心安全で平和にずっと暮らしていける持続可能な社会に向かっていくようにするための国際的な教育政策である。すべての人の意識（価値観）と行動の変革をもたらし，社会の常識や習慣を持続可能なものに変えていくことを目指している。国連は，2002年のヨハネスブルグ・サミットでの日本からの提案を受け，同年の国連総会で，2005年からの10年間を「国連・持続可能な開発（発展）のための教育の10年」（以下「DESD」と称す）とすることを満場一致で決議した。2005年度にはユネスコ（国連教育科学文化機関）によりDESD国際実施計画が，DESD関係省庁連絡会議により我が国におけるDESD実施計画が，それぞれ策定され実行されている。2011年にはDESDの後半の取り組みに向けて，我が国におけるDESD実施計画の改訂も行われている。2014年には我が国でDESDの最終年会合「持続発展教育（ESD）に関するユネスコ世界会議」が，岡山市と愛知県・名古屋市で行われることも決まっている。改訂学習指導要領や教育振興基本計画などにもESDの視点が入り，ESDの拠点校となるユネスコスクールが全国で急増するなど，ESDが幅広く浸透しつつある。こうしたESDを取り巻く社会的な大きな動きを踏まえ，この序章ではESDが意図しているものを明確にするとともに，ESDが生まれてきた背景からESDに関わる国際的な政策の展開を示して，ESDとは何か，その本質を考えたい。

1. ESDとは

　ESD（Education for Sustainable Development：持続可能な開発（発展）のための教育＝持続発展教育）は，2008（平成20）年に策定された教育振興基本計画などに明記された「持続可能な社会の担い手を育む教育」である。
　ESDの目的は，「持続可能な社会づくり」である。地球温暖化などの深刻な環境問題の顕在化，貧富の格差といった社会的不公正の拡大など，現代社会は環境，社会，経済のあらゆる分野で持続不可能になりつつある。一人ひとりが地球上の資源・エネルギーの有限性や環境破壊，貧困問題などを自らの問題と

して認識し，将来にわたって安心して生活できる持続可能な社会の実現に向けた教育に取り組むことが求められている。

ESDの目標は，すべての人に持続可能な社会の実現に向かう意識（価値観）と行動の変革をもたらすことである。ESDによって，社会における常識や習慣が持続可能なものになっていくことである。そのためには，学校と地域が連携して，社会全体でESDに取り組むことが望まれる。

ESDに取り組むにあたっては，ぜひ以下の点に留意して進めてほしい。

■過去と現在から未来を展望し，地球的視野で考え，身近なところから取り組む。
■社会の様々な課題を自らの問題として捉え，自分と社会を変えることを学び実践する（社会に参画する力，社会の中で共に生きる力，つなぐ力，思いやりの心を育む）。
---

2. DESD国連決議までの経緯

（1）地球サミット

ESDについての考え方が国際的に知られたのは，1992年のリオ・デ・ジャネイロ（ブラジル）における国連環境開発会議（地球サミット）で合意された地球環境行動計画「アジェンダ21」の第36章「教育，意識啓発，研修の促進」だと言われている。この中で，「教育は，持続可能な開発を促進し，環境と開発の問題に取り組む人々の能力を高める上で決定的に重要である」と述べられている。

ESDは，文字通りSD（持続的な開発）のためのE（教育）のことであるが，その対象であるSDは，1980年に発表された世界自然保全戦略の中で初めて国際的に用いられ，1987年のブルントラント報告（環境と開発に関する世界委員会）で定義づけられた。この報告において初めてなされたSDの定義は，「現在の世代の要求を満たしつつ，将来の世代の要求も満たす開発」というものだった。

このブルントラント報告が提起したSDが，1987年の国連総会で支持されて以来，国連における様々な委員会などで議論が深められ，1992年の地球サミッ

トへとつながっていった。

　地球サミットにおけるリオ宣言は，「人類は，持続可能な開発の中心にある。人類は，自然と調和しつつ健康で生産的な生活を送る資格を有する」という文言で始まっており，ESDの必要性が示されている。

　この地球サミットにおけるアジェンダ21の第36章では，ESDが取り組む領域として，基礎教育の充実，既存の教育プログラムの見直し，普及啓発，訓練（研修）の4つをあげている。これらは今日においてもESD推進の主要な領域とされている。

（2）ヨハネスブルグ・サミットに向けて

　地球サミット以降も，様々な国際会議などでSDやESDが議論されてきたが，1997年にテサロニキ（ギリシャ）で開催された「環境と社会に関する国際会議」（ユネスコとギリシャ政府主催）では，テサロニキ宣言において「持続可能性という概念は，環境だけでなく，貧困，人口，健康，食糧の確保，民主主義，人権，平和などをも包含するものである。」とされ，SDやESDが対象とする分野は環境と経済開発のみならず，極めて広範な分野に及ぶことが示された。

　2000年4月にダカール（セネガル）で開催された世界教育フォーラムでは，「万人のための教育（EFA）」の達成に向けた6つの包括的な目標を提示した（「ダカール行動枠組み」）が，これは「国連識字の10年（UNLD）」とともに，ESDと深い関連性をもった課題の1つに位置づけられている。

　2000年9月にニューヨーク（アメリカ）で開催された国連ミレニアム・サミットでは，SDを達成するための道筋となるミレニアム開発目標を提示した。これは，国連ミレニアム宣言（21世紀の国連の役割に関する方向性を提示）と1990年代に開催された主要な国際会議やサミットで採択された国際開発目標を統合し，1つの共通の枠組みにまとめられたものである。

「ダカール行動枠組み」における6つの目標
■就学前児童の福祉および教育の改善
■2015年までにすべての子どもが良質の無償初等義務教育を受け終了できるよう確保

■生活技能プログラムへの公平なアクセスを確保
■2015年までに成人識字率の50％改善を達成
■2005年までに初等中等教育における男女格差を解消
■教育のすべての側面における質の向上

(2000年4月ダカール，世界教育フォーラムより)

ミレニアム開発目標（MDGs）

（下記の8つの目標に対し，18のターゲットと48の指標が提示された。）

目標1：極度の貧困と飢餓の撲滅
目標2：普遍的初等教育の達成
目標3：ジェンダーの平等の推進と女性の地位向上
目標4：幼児死亡率の削減
目標5：妊産婦の健康の改善
目標6：HIV／エイズ，マラリア，その他の疾病の蔓延防止
目標7：環境の持続可能性の確保
目標8：開発のためのグローバル・パートナーシップの推進

(2000年9月ニューヨーク，国連ミレニアム・サミットより)

(3) ヨハネスブルグ・サミット

　地球サミットから10年目を期して，2002年にヨハネスブルグ（南アフリカ共和国）で「持続可能な開発に関する世界サミット（ヨハネスブルグ・サミット）」が開催された。このサミットに向けて，日本のNGOが集まり，2001年11月にヨハネスブルグ・サミット提言フォーラムが設立された。

　提言フォーラムの様々な活動の中でも，DESDを発案し，日本政府を通じてサミットへ提案，サミットの実施文章に盛り込まれることとなったことへの功績は大きい。

　2002年9月2日，我が国の小泉総理大臣（当時）はサミットの首脳級会合の場において，「日本は，発展の礎として教育を最重要視してきた。なればこそ，DESDを国連が宣言するように，日本のNGOとともに提案する。」と演説した。DESDは，日本のNGOが政府や国際社会を動かした成果と言える。

　サミット期間中に提言フォーラムが行ったワークショップでは，DESDに向

けて，最も教育を必要としている人たちの声をどのように聞いて反映していけるかが，本当の意味でのSDを実現していくことにつながることや，SDの出発点は地域コミュニティであり，地域における教育がESDの中心におかれるべきであることなどが確認された。サミットでは，このほかにユネスコ主催の「持続可能な未来のための教育」会合において，「行動，コミットメント，連携」をキーワードにして，ESDが幅広く議論された。

（4）DESD国連決議

ヨハネスブルグ・サミットで我が国が提案し，実施計画文書に「2005年から始まるDESDの採択の検討を国連総会に勧告する」旨の記述が盛り込まれたことを受けて，我が国より第57回国連総会（2002年）にDESDに関する決議案が提出された。我が国の働きかけにより，先進国と途上国の双方を含む46ヵ国が共同提案国となり，満場一致で採択された。

また，発案者である我が国のNGOも，DESDを市民側から支え推進する国内の母体組織として，環境教育，開発教育，平和教育，人権・ジェンダー教育などの様々な分野の団体と個人が結集して，2003年6月に「持続可能な開発のための教育の10年」推進会議（ESD-J）を発足させた。

3．DESD国際実施計画

（1）ユネスコの動き

第57回国連総会（2002年）の決議を受けて，リード・エージェンシー（先導機関）となったユネスコは，2005年10月にDESD国際実施計画を策定した。その中で，ESDは「ミレニアム開発目標（MDGs）」，「万人のための教育（EFA）」，「国連識字の10年（UNLD）」などの他の教育目標や課題と結びついており，新規のプログラムではなく，既存の教育における政策やプログラムの内容・実施を，社会が持続可能なものへ向かうように方向転換するプロセスを求めるものとされている。また，DESDの推進に際しては，できるだけ多くのセクターが参加するようなパートナーシップ・アプローチが重要であることを特に強調している。

> **国際実施計画におけるDESDのビジョン（目標）**
> ■持続可能な開発（発展）の原則，価値観，実践を，教育と学習のあらゆる側面に組み込む。
> ■誰もがみな，教育の恩恵を享受でき，持続可能な未来とよりよい社会への変革に必要な価値観，行動，ライフスタイルを学ぶ機会を持てる世界の実現を目指す。

（2）ESDにおける先進国と途上国の課題の相違点

廣野良吉氏（ESD-J顧問）によれば，先進国と途上国の課題の相違点は，以下のように整理される。

先進国におけるESD活動の中心は，環境教育，平和教育，開発教育，ジェンダー・子ども人権教育，国際理解教育にあり，途上国では貧困撲滅教育を中核とした開発教育，HIV／エイズ教育，紛争防止教育が中心である。

先進国の中でも熱心なのは，北欧諸国とオランダ，デンマークであり，これらの国々では平和・環境・人権擁護・国際協力活動へ積極的に参加する市民組織があらゆる地域に根づいており，地方自治体もこのような市民活動を積極的に支援するような地方分権が進んでいる。

途上国では，貧困，識字，非衛生，疫病，紛争の克服などを目的とした基礎教育，特に女子教育の普及が中心となっている。また，多人種国家が多いことから，多文化理解教育も重要視されている。

アジア太平洋地域や中南米地域における一部の国々では，環境問題が深刻化する中で環境教育が漸く強調されるようになっており，同様にジェンダー・子どもをめぐる問題が深刻化する中で，権利教育も重視されつつある。

4．我が国のDESD実施計画

我が国においても，DESD関係省庁連絡会議が設置され，2006（平成18）年3月には我が国としての実施計画が策定された。実施計画には，序文に続いて，基本的な考え方，実施指針，推進方策，評価と見直しが掲載されている。2014年までに，一人ひとり，各主体が持続可能な社会づくりに参画するようになること，環境・経済・社会の統合的な発展について取り組むこと，開発途上国が

直面する諸課題への理解と協力の強化を目指している。

特に,「人格の発達,自律心,判断力,責任感などの人間性を育むこと」と,「個々人が他人との関係性,社会との関係性,自然環境との関係性の中で生きており,関わりやつながりを尊重できる個人を育むこと」という2つの観点が重要であり,それらを踏まえつつ,未来の社会を描き,その実現に向けた取り組みを実行できる人づくりを進めて,具体的な地域づくりへと発展させていくことが望まれている。

その中で,我が国が優先的に取り組むべき課題については,環境保全を中心とした課題を入り口として,環境,経済,社会の統合的な発展について取り組みつつ,開発途上国を含む世界規模の持続可能な開発につながる諸課題を視野に入れた取り組みを進めると明記している。

この実施計画では,ESDの大きな視点として次の4点を提起している。まず1つ目が身近な生活問題を通して世界の問題を考える視点で,国連レベルの問題もできるだけ身近な生活レベルまで落とし込んで考えるという視点である。2つ目が子どもの参画を重視しながら,地域社会を共に担っていく大人と子どもが一緒に活動する世代間の取り組みを重視する視点である。3つ目はこれまで行われてきた様々な取り組みをESDの方向でバランスよく統合する視点で,学校教育の総合学習などでESDに取り組むことも求められている。そして4つ目が学校,公民館,地域コミュニティなどを実施主体とし,そこで働く人がコーディネート能力やプロデュース能力を身につけ,それらを地域ESDの推進母体,地域の拠点にするという視点である。

2011年6月,DESDの後半に向けて,実施計画の改定が行われた。主な改訂ポイントは以下の通りである。

・前半5年の取り組みについて追記。
・ESDの普及促進をさらに加速させ,ESDの「見える化」,「つながる化」を推進。
・改訂学習指導要領に基づいたESDの実践,ESDの推進拠点としてのユネスコスクールの活用など,学校教育を活用してESDを推進。
・新しい公共の概念との関係を明記。
・2014年の最終年の先も見据えたESDのさらなる促進。

なお，ESDを必要としている状況は，各国，各地域によって異なる。このため，ESDでは，それぞれの地域と暮らしの持続可能性について体験し，考え，実践する学習を，地域社会と一体になって実施することが望まれる。

5. ESDが目指すもの

ESDは，「未来のための教育」である。地域と地球社会の未来を想像して，「よりよい未来を自分たちの手で創るための教育」である。知識として学ぶだけでなく，特に「参画する力」「共に生きる力」「つなぐ力」を育みたい。子どもから大人まで，社会を構成するすべての人が，個人と地域や地球社会のつながりを学び，世代内，世代間，人と自然との間で共生し，社会の構成員として主体的に参画し，決定する力を高め，その中での役割を果たしていける人になることを目指したい。

6. 大事なことは「持続可能な社会づくり」

持続不可能に向かっている今の社会を変えるには，以下の3点に留意したい。

■社会のことをちゃんと知る（人と人，人と自然，人と社会のつながりなど）
■社会のことを自分ごとに捉える（「社会の中で共に生きる」意識と価値観も）
■自分たちの未来を創造する技能を身につけ実践する（自分と社会を変える）

7. 地域社会全体で取り組む

持続可能な社会のためには，取り組みが地域社会全体の常識（習慣）となっていくことが望まれる。地球温暖化のように，個々との利害（関わり）が直接的に感じにくいが，誰もが取り組む必要がある社会的な問題については，節電などによる二酸化炭素排出量の削減といった我慢，抑制を強いる方法だけではなかなか広がっていきにくい（「社会的ジレンマ」の壁）。行政，事業所，住民といった地域社会全体が望む未来像を明らかにし，それに向かってまちづくり

の取り組みを進めていくことが，結果的に地球温暖化防止にもなるといった方が無理なく続けられる。

2009年度の総務省「緑の分権改革」には，『地域資源を最大限活用し，地域の活性化，絆の再生を図り，中央集権型の社会構造を分散自立・地産地消・低炭素型としていくことにより，「地域の自給力と創富力（富を生み出す力）を高める地域主権型社会」の構築を目指す』とある。これも ESD による持続可能な地域社会の構築に通じている。ユネスコが策定した DESD 国際実施計画にも，地域のニーズを充たせば国際レベルでもその影響が及ぶと示されている。

8. ユネスコスクール

文部科学省等では，ユネスコスクールを「ESD の推進拠点」に位置づけている。ユネスコスクールは，ユネスコ憲章に示されたユネスコの理念に沿った取り組みを継続的に実施する学校である。加盟すると，国際交流の機会の増大や国内の連携強化といった利点がある。

「ユネスコ活動に関する法律」に基づき，文部科学省内に設置された日本ユネスコ国内委員会は，ESD の学校現場への普及促進を図るため，ユネスコスクール活用について提言を行っている。その流れを受けて，2008年7月に閣議決定された教育振興基本計画に，ユネスコスクールのネットワークを活用した ESD の推進が明記された。ESD の視点は，改訂学習指導要領などにも盛り込まれており，今の教育の大きな流れの中に ESD があると言える。

学校教育における ESD で重視される教育内容（文部科学省初等中等教育局）
■持続可能な社会の形成に係る諸課題の理解（環境，国際理解，平和など）
■課題解決に必要な能力と価値観の形成
　◎体系的な思考力，批判的な思考力，分析力，コミュニケーション能力
　◎人間の尊重，多様性の尊重，非排他性，機会均等，環境の尊重
■総合化と地域づくりに参画する態度の育成
　◎環境，経済，社会の各側面から学際的，総合的に扱う
　◎地域づくりに参画する態度の育成
■学び方・教え方…体験，体感を重視し，参加型アプローチとする

なお，国立教育政策研究所教育課程研究センターは，「学校における持続可能な発展のための教育（ESD）に関する研究〔最終報告書〕」（2012年）の中で，持続可能な社会づくりの構成概念の例として，「多様性」「相互性」「有限性」「公平性」「連携性」「責任性」を，ESDの視点に立った学習指導で重視する能力・態度の例として，「批判的に考える力」「未来像を予測して計画を立てる力」「多面的，総合的に考える力」「コミュニケーションを行う力」「他者と協力する態度」「つながりを重視する態度」「進んで参加する態度」を挙げている。

9. ESDにおける評価の視点

ESDは持続可能な社会づくりを目的にしているので，一番の評価指標は，当該地域でESDに取り組むことでどれくらい持続可能な社会に向けて変化したかになる。ただし，ESDは社会全体の変容とともに，一人ひとりの変容も求めている（人によって社会は構成されているので）。このため，学習者に対する評価指標も必要となる。以下に，ESDにおける学習者に対する評価の視点例を示す。これは学校教育だけでなく，社会教育・生涯学習における学習者全員に共通する点であるが，一例であることに留意していただきたい。

ESDにおける学習者に対する評価の視点例

■体系的な思考ができているか
　（問題や現象の背景の理解，多面的かつ総合的なものの見方ができているか）
■代替案の思考ができているか
　（「なぜ」「どうして」を大切にし，「どうすれば」まで考えられているか）
■データや情報を的確に収集・分析できているか
■問題解決のための行動計画は，実現可能なもので，具体的なものをつくり出せているか（具体的な未来像を予測して計画を立てられているか）
■自分の問題としてとらえられているか，主体性はもてているか
　（学ぶ意欲があり，自ら学び，主体的に判断し，行動できているか）
■必要なコミュニケーション力や，他者と協力する力が身についているか
■つながりを尊重する態度が身についているか
■責任を重んじる態度が身についているか
■リーダーシップはあるか（他者の「やる気」を高められているか）

引用・参考文献

阿部治監修, 荻原彰編著 (2011)『高等教育と ESD ——持続可能な社会のための高等教育』大学教育出版。

池田満之 (2005)「持続可能な開発のための教育 (ESD) の構築を目指して」『河川8月号』61(8), (社) 日本河川協会。

池田満之 (2007)「持続可能な開発のための教育の10年」『リベラシオン・人権研究ふくおか』No. 128, (社) 福岡県人権研究所。

岡山市京山地区 ESD 推進協議会 (2012)「知ろう！学ぼう！行動しよう！ よくわかる ESD まんが読本1」。

岡山市京山地区 ESD 推進協議会 (2009)「知ろう！学ぼう！行動しよう！ よくわかる ESD まんが読本2 (あなたに知ってほしいこと)」。

環境省総合環境政策局環境教育推進室 (2009)「国連持続可能な開発のための教育の10年促進事業：地域から学ぶ・つなぐ39のヒント」。

環境省・(特活) 持続可能な開発のための教育の10年推進会議 (2006)「国連持続可能な開発のための教育の10年 ガイドライン」。

国立国会図書館調査及び立法考査局 (2010)「調査資料2009-4 持続可能な社会の構築 総合調査報告書」。

国立教育政策研究所教育課程研究センター (2012)「学校における持続可能な発展のための教育 (ESD) に関する研究〔最終報告書〕」。

「国連持続可能な開発のための教育の10年」関係省庁連絡会議 (2006)「わが国における「国連持続可能な開発のための教育の10年」実施計画 (ESD 実施計画)」。

「国連持続可能な開発のための教育の10年」関係省庁連絡会議 (2011)「我が国における「国連持続可能な開発のための教育の10年」実施計画 (ESD 実施計画)」2011年改訂版。

中山修一・和田文雄・湯浅清治編 (2011)『持続可能な社会と地理教育実践』古今書院。

日本理科教育学会編 (2011)「特集 持続可能な社会づくりに理科はどう貢献するか」『理科の教育』通巻707号。

(社) 農山漁村文化協会 (2004)「特集 国連・持続可能な開発のための教育 (ESD) の10年——私はこう考える」『農村文化運動』No. 172。

(社) 農山漁村文化協会 (2006)「特集 国連・持続可能な開発のための教育 (ESD) の10年の総合的研究 中間報告」『農村文化運動』No. 182。

文部科学省 (2008)『国際理解教育実践事例集 中学校・高等学校編』教育出版。

ユネスコ (2005)「DESD 国際実施計画」。

ユネスコ／阿部治・野田研一・鳥飼い玖美子監訳 (2005)『持続可能な未来のための教育』立教大学出版会。

(財) ユネスコアジア文化センター (2009)「ESD 教材活用ガイド——持続可能な未来への希望」。

(財) ユネスコアジア文化センター (2011)「ひろがりつながる ESD 実践事例48」。

(財) ユネスコアジア文化センター (2007)「未来へのまなざし アジア太平洋 持続可能な開発のための教育 (ESD) の10年」。

立教大学 ESD 研究センター監修, 阿部治・田中治彦編著 (2012)『アジア太平洋地域の

ESD〈持続可能な開発のための教育〉の新展開』明石書店。

(池田満之)

第Ⅰ部　教育論の視点から

第1章
持続可能な社会に向けた教育

　ESDはわかりにくいという声を良く聞く。なぜ，わかりにくいと言われるのだろうか。それは，ESDが，私たちが馴染んでいる学校教育とある部分大きく異なっているからだろう。その違いを理解するために，本章では，「知」へのアプローチに視点をおいて，考察していく。
　普段，学校の授業，特に伝統的な教科の授業では，学習者は知識を教えてもらい，理解することが中心だと思っているのではないだろうか。しかし，ESDでは，学習者たちは，知識を他者から教えてもらうだけではなく，求められる知識を模索しあい，討議し合って，形作っていくことが重要だとしている。なぜ，このような考え方に立つのだろうか。その答えのヒントをESDの「知」へのアプローチの中で探っていきながら，持続可能な社会に向けた教育の特徴を把握してみよう。
　さらに，このような「知」へのアプローチは，知識基盤社会と言われる21世紀の教育において，ますます注目されてきている。このようなスタンスにたって編集されている教材についても取り上げ，これからの持続可能な社会に求められる教育について考えるきっかけとしたい。

1. 持続可能な社会とESD教育論

　2005年に「国連持続可能な開発のための10年（DESD）」が始まった。それに伴い，世界各地で「持続可能な開発のための教育／持続発展教育（ESD）」に係る取り組みが行われるようになっている。
　国連大学が地域でESDを実施する拠点としてRCE（Regional Center of Expertise on ESD）を認定しているが，2017年の時点で，世界中で127に上る地域がRCEに認定されており，年を追うごとにその数は，増えていっている。
　このように，ESDについては，活動が広がっていっている一方で，何度となく「ESDとはどういう教育か，わかりにくい」という意見を聞く。
　実際，ESD教育論を一言で説明するのは難しい。なぜなら，ESDは，教育という名称が用いられてはいるが，その内容は，持続可能な社会に向けた教育を基盤とした人作り，社会作り全体にわたるものだからである。

そのため，ESD の教育論については，重点の置き方の違いによっては，実に様々な説明がなされているのが現状である。

日本において ESD の推進役を担っている DESD 関係省庁連絡会議や ESD-J による ESD の教育についての説明を見てみると，そのことが良くわかる。

> 「持続可能な開発」のためには，一人ひとりが，世界の人々や将来世代，また環境との関係性の中で生きていることを認識し，行動を変革することが必要とされており，そのための教育。　　　　　　　　　　（DESD 関係省庁連絡会議）
>
> ESD は人々を社会を「教育」という方法で変えていくことを目指す。
> （ESD は）社会の課題と身近な暮らしを結びつけ，新たな価値観や行動を生み出すことを目指す学習や活動。　　　　　　　　　　　　　　　　　（ESD-J）
>
> 持続可能性の概念を追求するための教育として発展。「個人の態度の変化」から「社会的，経済的，政治的構造及びライフスタイルの転換」へ，あるいは，「気づき，知識，民主主義，尊敬，行動する力」など，前者を内包しつつ射程を広げている。
> 　　　　　　　　　　　　　　　　　　　　　　　　　　　　　　　（環境省）

これらの説明を基に，ESD 教育論を捉えるなら，関係性の認識や新たな価値観の創造から，個人の態度や新たな行動の創造とライフスタイルの転換，さらに，社会的・経済的政治的構造転換まで視野に入れた教育論を構想しなければならない。そしてもっとやっかいなことに，その射程とする範囲は拡大していくとさえ言われている。

これでは，伝統的な教授学習のイメージからあまりにもはみ出ているように思えて，ESD 教育論に対してとまどいが生じるのも無理はないだろう。もっとも，とまどいが生じること自体は，様々な気づきの前ぶれとして ESD 教育論の構築に進む上では欠かせないことではあるとも思われるのだが。

もう少し ESD 教育論の特徴をハッキリと把握するには，どうしたらよいだろうか。それには，学校教育を中心とする伝統的な教育と対比してみれば，ESD の教育的特徴がよりわかりやすくなるだろう。そこで次に，このようなスタンスに立って，ESD 教育論の特徴を探ってみよう。

2. ESDが目指す「知」

　21世紀は，知識基盤社会（knowledge-based society）であると言われる。この社会の特徴は，「知識」というものが，経済などの社会の発展を促す重要な要素として，これまで以上に価値が置かれるという点にある。

　そのため，知識を含めた「知」に対して，どのようなアプローチをするかということは，今日の教育において，重要な検討課題となっている。このことを基点として，伝統的な学校教育とESDを比較してみよう。

　両者が主軸をおく「知」の違いについて，持続可能な世界への転換を目指してローマクラブを共同で立ち上げたアーヴィン・ラズロ（Ervin Laszlo）は，2005年に行われた教育改革国際シンポジウムにおいて，「歴史的知識」と「タイムリー・ウィズダム（今こそ必要な知識）」という用語を用いて説明している。彼の考え方を借りるなら，歴史的知識は，いつの時代にあっても有用な知識の総体であり，伝統的な学校教育では，このような知識を教育内容として教授し，学ぶことに重点を置いていると言っても良い。しかし，持続可能な発展を可能にするために求められる「知」は，歴史的知識の範囲を超え，いや，むしろ全く新しい洞察力や新鮮な創造力として発露するものだと言える。なぜなら，持続可能な発展は，これまでの発展と様々な点において全く異なる発展形態を取らざるを得ないからである。

　さらに，ラズロは，このような持続可能な発展を実現させる「知」は，歴史的知識のように誰かに教えられるものではなく，目的をもって探求され，アプローチされて初めて得られるものだと言う。

　つまり，学校教育においては，「知」は，教えられる歴史的知識を学ぶことにより学習者一人一人の中に形成されるが，ESDにおいては，ステークホルダーたちが，総出で知恵を絞って学び取っていくことで，個々人と同時に集団の中に「知」自体が形成され目指すべき社会の出現を導く力となる。

　それゆえ，学校教育においては，基本となる知識は，教科書の中に網羅されうるが，ESDにおいては，知を構築していく過程で，ステークホルダーたちが，どのような知識を持ち込み，検討に用いるかによって，実に様々な内容として

表 1-1-1 ESD に関する歴史的知識以外の知の内容

機関・組織	取り上げられている内容	キーワード
ユネスコ	体系的な思考力　持続可能な開発に関する価値観　代替案の思考力（批判力）　情報収集・分析能力　コミュニケーション能力	価値観
中央教育審議会	自ら課題を見つけ考える力　柔軟な思考力　課題を理解する力　他者との関係を築く力　豊かな人間性	パラダイムの転換
ESD 環太平洋　国際学会／日本ホリスティック教育協会	価値　絆　生命への畏敬　伝承の知恵	多文化共生の基盤を形成する〔つながり〕
岡山 ESD プロジェクト	批判的思考力　現場の尊重　機会均等　コミュニケーション能力　多様性の尊重　人間の尊重　データ分析能力　体系的な思考	バランスのとれた開発
高等教育アカデミー（UK）	カリキュラム横断的に発達する広範囲な能力　知識を応用するのに必要な幅広い概念・技能	リテラシー　コンピテンシー　技能
持続可能性の科学		相互作用　相互関係
Norwegian Directorate for Education and Training	パーソナリティ・アイデンティティの発達　倫理・社会・文化コンピテンシー　民主主義・民主的参加を理解する能力	倫理（知識活用の方向性を決定する）　コンピテンシー
フィンランド政府	批判的・革新的考え方　責任　参加　意見の提示	社会的責任

出典：西井（2009）。

提示されることになる。表 1-1-1 を見てもらいたい。この表は，ESD に係わっている機関や組織が歴史的知識以外で ESD の「知」として取り上げているものをまとめたものであるが，実に多様な内容となっているのが分かるだろう。

このように集団で学び取っていくという「知」へのアプローチは，ESD 教育論の大きな特徴となっている。次では，この点について，さらに探求を深めてみよう。

3. ESD における「知」へのアプローチ

2009 年に DESD 前半の活動をまとめることを目的としてドイツのボンで ESD 世界会議が開催され，ボン宣言が採択された。そこでは，ESD に係る

「知」について，次のような見解が示されている。

> ① DESD前半の取り組みの中で，既存の知を捉え直し，伝統知を重要なものとして，学術的な知と統合し，新しい知を作り出し，それが地域の人々の力とオーナーシップへとつながってきた
> ② ESDに対する伝統知，先住知，地域知（ローカル・ナレッジ）の果たしてきた役割を重んじ，正当な評価を与え，ESD推進における多様な文化の果たしてきた役割を重んじる
> ③ 科学的（歴史的／伝統的）知識は，社会課題に対する「洞察」と「理解」をもたらす
> ④ 新たな経済的思考を構築する上で，ESDは極めて重要である。人々の多様なニーズや現実の生活環境と関連づけながら，ESDは。新しいアイディアや技術と同様に，地域の文化に組み込まれている実践や知識に解決策を見いだし，活用する技術を提供する

このように，ESDにおいては，知識として，これまで追求されてきた学際的科学的（歴史的／伝統的）知識とあわせて，先住知や地域知をも重視しながら，さらに新しい知を作り出し活用することを目指していることが分かるだろう。

そして，特徴的なのが，ESDが注目する「知」は，すでに確定しているものばかりではなく，関係者（ステークホルダー）により構築され拡大さえしていくものであると想定されている点である。

ESDにおいて，新たな「知」の構築が求められるのは，持続可能な社会を実現するためには，これまで人類が経験したことのない「発展」モデルを描いて，それを実現しなくてはならず，そのためには，これまでの知識の応用だけでは解決が難しい課題に挑まなければならないからである。そこに求められる「知」では，学際的科学的知識と合わせて，これまで学校教育の場において，必ずしも注目されてこなかった先住知や地域知，さらには，新しい洞察力や新鮮な創造力なども大きな位置を占めると予想される。

一つ例を挙げてみよう。

身体が健康であること，これは，多くの人が目指したい命題であるだろう。この命題を21世紀以降の社会で実現していくために必要な「知」としては，ど

のようなものを想定したらよいだろうか。

　先に触れた ESD 世界会議では，科学的知識は，HIV/AIDS をはじめ，マラリア，結核，心臓疾患などなど，人の健康上深刻な影響を及ぼす病気や，気候変動や地球の生命維持システムについて多くの知見を与えたし，社会科学は，人類の発展に関する倫理的・文化的・認知的・情緒的な知見を豊富に提供してきたとして，このような学際的知識により，人類は，自然というシステムが人間の幸福や健康をいかに支えているかについて，より多くのことを理解できるようになったとしている。

　しかし，「知」が果たせる役割は，それだけだろうか。ボン宣言では，ESD における「知」の次の段階として，そのような洞察と理解を，人々の多様なニーズや生活環境と関連付け，地域の文化の中から実践や知識をくみ出し，新しいアイディアや技術を創造して解決策を見いだし，活用することを指摘する。そして，このような考えに基づき，ESD のネットワークを通じて，「知」を構築していくことを，DESD 後半に目指す行動への呼びかけとして，提言した。

　このように考えるなら，これからの社会で，一人一人が健康を維持していくには，様々な知識をいかに生活環境の中で活かしていくか，また，どのような知恵が，地域にはあるのかといったことについての「知」への探求がより重要になると言えるかもしれない。

　地域知の活用は，DESD 開始当初から奨励されているものである。ESD のリードエージェンシーであるユネスコは，2005年に策定した「DESD 国際実施計画」において，持続可能な開発において，「地方に根ざした知識（地域知）」が重要であることを強調しているが，その趣旨は，ICT を活用する場合でも，ただ調べて他者が提供する知識を受動的に受け入れるのではなく，人々が知識を積極的に活用し，共有するといった地方に根ざした創造的な情報技術システムの構築を目指すことにある。

　また，ESD-J も，アジア ESD 推進事業について，地域に根ざした知恵（民衆知＝ローカル・ナレッジ）を捉え直しながら，現在の生活を刷新していこうとする視点が盛り込まれている点を高く評価している。なぜなら，民衆知への着目が，地域において失われていた人と人，人と地域，人と自然とのつながりを再認識させる後押しとなっており，地域の人々の自立や地域の内発的な開発

へとつながっていると見なしているからである。

　このような考え方は，補完性の原理に基づく文化政策や，社会構成主義的教育アプローチ，実践コミュニティなどの考え方と共通する部分があると筆者は考えている（詳しくは，西井　2009，及び　2011を参照してもらいたい）。

4. ESDの「知」へのアプローチに配慮した教材

　本章の最後に，これまで見てきたESDの「知」へのアプローチに資するような教材としてどのようなものが編集されてきているか取り上げてみよう。

　ユネスコ・アジア文化センターは，日本各地の小中学校で実践されている事例を取り上げ『ESD教材活用ガイド』を編纂している。このガイドでは，ESDへのアプローチについても解説されているが，教材の選択については，①子どもたちの気づきや思い，②教師の思いや願い，③保護者や地域など郊外の方々の思いや願い，といった一見素朴な事柄を真摯に受け止めるところから始めて，学習意欲をもって，自分たちの暮らしと地域や国，世界との「つながり」や「関わり」について理解でき，人々の内面や行動に変化を起こせるような教材がESDの教材としてふさわしいとしている。

　このような「つながり」の重要性については，2011年3月11日に起こった東日本大震災の後の社会においては，より強く意識されるようになってきている。たとえば，2012年6月にブラジルのリオ・デ・ジャネイロで開催された国連持続可能な開発会議「リオ＋20」において，日本は，新たに素晴らしい社会をつくる方向での「復興」を提案して，それは，国と国，人と人の絆を強めるものだとした。日本はまた，ユネスコやスウェーデンと連名で持続可能性のための教育を提言し，持続可能な社会の担い手づくりに役立つ教育の重要性をアピールしている。

　一方，2005年にRCEに認定されている岡山市は，地域の特性を生かし，学ぶ側の意見を取り込みながら学習を進めることのできる教材として『知ろう学ぼうESD！教材・資料集（試作版）』を作成している。具体的には，岡山に生息する天然記念物アユモドキと，ホタルを取り上げ，それらが今置かれている現状と課題について解説するとともに，立場によって多様な考え方があるこ

とや，課題解決には様々な側面があることについて認識を深めることを目標に，学習者が調べ，考え，討議することに活用できるよう，オープンエンドなジレンマ集の形で編集されている。

このように，学習者による討議や調査など参加型学習を想定した教材作りが，ESDにおいては，活発に行われている。

さらに，知識基盤社会と言われる今日においては，必ずしもESDとは称してはいないが，新たな気づきや社会作りに役立つような斬新な「知」にアプローチしようとする教材や情報提供が，数多く見受けられる。

たとえば，ペーター・ガイス，ギョーム・カントレック (Peter Geiss, Guillaume Le Quintrec) 監修による『ドイツ・フランス共通歴史教科書 現代史』では，学習者に対して，様々な問いかけを挿入しており，「？」の文字が随所にみられる記述となっている。一例をあげると，「第1章第二次世界大戦の結果とその影響」の冒頭には，本章の学習視点として次のような問いかけが提示されている。

> →1945年という年は，どのような点で転機となったか？
> 逆に，変化が起きなかったのはどのような点か？
> →総力戦という圧倒的な経験をしたことによって，よりよい世界の基礎を築くことができただろうか？

また，シッコ・アレンカール，ルシア・カルビ，マルクス・ヴェニシオ・リベイロ (Chico Alencar, Lúcia Carpi, Marcus Venicio Ribeiro) によりブラジルの高校歴史教科書として編纂された『ブラジルの歴史』では，序において執筆者の意図を説明しているが，この本では，歴史を勉強することが楽しくなるとともに，歴史教育に適切と思われる史料・素材として民衆の声や詩，ポピュラーな音楽の歌詞，風刺漫画なども採用したとしている。

それは，この本のねらいが，批判的内容を探し求めることでも，まして政治的布教をすることでも，教育と学習の奇跡的な技法を見つけることでもなく，科学性を傷つけることなく，歴史学の成果（歴史的知識）の受け手でありながら，歴史を学習する動機を見失いがちな若い世代がブラジルの過去と現在を知りたいという興味や関心を呼び起こし，さらには，自分自身も歴史の流れに加

わり，それを維持したり変革したりできるということに気づかせることにあるからとされている。

ブラジルについて触れると，1992年にリオ・デ・ジャネイロにおいてESDの出発に大きな影響を及ぼした国連環境開発会議（地球サミット）が開催されたが，2012年には，再びリオ＋20が同じくリオ・デ・ジャネイロで開催された。この会議において議論されるテーマの一つは，持続可能な開発及び貧困撲滅を目指すグリーン経済である。

ブラジルは，アマゾンやパンタナール，イグアスに代表されるように，自然における多様性の宝庫であるが，同時に，国民が多民族で構成される多文化社会でもある。ESDの重要なテーマである多様性に富み多文化共生の社会作りを地域で追求する条件がそろっているとも言える。

リオ・デ・ジャネイロ在住の加藤浩水は，2011年の筆者のインタビューに答えて，ブラジル文化の融合性を表している例として，ポルトガル人地主の娘がガラニー族の若者と結婚して新しい時代を作るという筋の歌劇「ガラニー族」をあげ，ここにはESDと共通する観念をくみ取ることができるのではないかという意見を述べている。

さらに，学習者に問いかけ，新たな「知」を導き出そうとする姿勢は，2011年3月11日の東北地方太平洋沖地震を取り上げ，教材化を試みている取組の中にも見つけることができる。

イギリスにあるTESがこの地震に関して編集した教材では，学習のねらいの一つとして次のように考えさせ，知を構築させようとするものが示されている。

> ○これからの日本が直面する課題は何か。いま，すぐ，やらなければならないこと，そして，回復しようとする努力の長期的な取組の中でぶつかることを理解する。

このような新たな「知」を導くような様々な教育・学習活動の取り組みを通して，これからの持続可能な社会の基盤となる「知」が形づくられていくのではないかと期待される。

引用・参考文献

岡山市環境局保全課, 岡山市教育委員会指導課（2010）『知ろう　学ぼう　ESD!　教材資料集（試作版）』岡山市.

教育改革国際シンポジウム実行委員会編（2005）『教育改革国際シンポジウム報告書「持続可能な開発」と21世紀の教育：未来の子ども達のために今，私たちにできること——教育のパラダイム変換』国立教育政策研究所.

シッコ・アレンカール／ルシア・カルビ／マルクス・ヴェニシオ・リベイロ，東明彦／アンジェロ・イシ／鈴木茂訳（2003）『ブラジルの歴史——ブラジル高校歴史教科書』明石書店.

西井麻美（2009）「持続可能な社会にむけた教育における［知］に関する考察」『ノートルダム清心女子大学紀要文化学編』第33巻第1号，ノートルダム清心女子大学.

西井麻美（2011）「持続可能な社会に向けた教育における［知］のアプローチについて」『ノートルダム清心女子大学キリスト教文化研究所年報』33，ノートルダム清心女子大学.

ペーター・ガイス／ギョーム・ル・カントレック監修，福井憲彦／近藤孝弘監訳（2008）『ドイツ・フランス共通歴史教科書【現代史】』.

財団法人ユネスコ・アジア文化センター（2009）『ESD教材活用ガイド——持続可能な未来への希望』.

TES制作，ERIC国際理解教育センター翻訳（2011）「日本の地震と津波」.

2011年，2012年に実施した科研挑戦的萌芽研究「日本人を巡る文化受容と伝搬」に係る調査により収集した資料を一部参考にした.

（西井麻美）

第2章
ESDと生涯学習

　　　　　　ESDが進展してくるにつれて，ESDというのは環境教育のことだと思っている方も多いことだろう。他方，生涯学習も高齢者を対象とした趣味や教養を中心とした学びだと理解している方も少なくない。本当に，ESD＝環境教育，そして生涯学習（教育）＝高齢者教育なのだろうか。これらはあきらかに誤解であり，ESDと生涯学習はともに誤解が多い点でも共通している。このような誤解を解く鍵は，生涯学習（教育）における水平的統合と垂直的統合という2つの統合の概念が握っているように思われる。そこで，本章では生涯学習とESDの関連を考察したうえで，生涯学習（教育）における統合，さらには循環の視点からESD，とくに学校教育と社会教育が連携したESDのこれからのあり方を考えてみたい。

1. ESDの進展と生涯学習

（1）ESDと生涯学習，それぞれの誤解

　日本の政府とNGOによって提案され，2005年から実施されている「国連『持続可能な開発のための教育（ESD）』の10年」(DESD)も折り返し地点を過ぎ，終盤を迎えている。ここまでの我が国におけるESDの取り組みをふり返って，その進展は環境教育の力によるところが大きいことに異論を差し挟む人はいないだろう。それだけ，我が国のESDは環境教育の視点からの実践が多い。しかしその一方で，ESD＝環境教育という誤解も生じてきているのではないか。たしかにESDと環境教育の間には密接な関係があることは間違いないが，両者はイコールではないはずである。しかし，ESDに関する論考（生方・神田・大森，2010：6-8）をみると，「環境教育の発展形としてESDを位置づけること」ができるとか，「総合的な環境教育はESDと同義なものとして理解することができ」るとか，イコールならずともニアリーイコール（≒）と両者を捉えてしまいがちな指摘も少なくない。これでは，中山（2007）がいうようにESDを環境教育の枠内で考える呪縛から脱することは難しくなるだろう。

環境教育の拡充を否定するわけではないが，このような呪縛や誤解が今後のESDの進展の妨げになってはならない。

　誤解という点では，生涯学習も引けをとらない。2008年に出された内閣府の「生涯学習に関する世論調査」によると，生涯学習という言葉の周知度は8割にものぼっているにもかかわらず，生涯学習に対してはまだまだ誤解が多いからである。とくに，生涯学習と聞けば，高齢者の生きがいづくりとして，公民館等で趣味・教養を中心とした学習を行うというイメージをもっている方が多いようだ。このイメージが，生涯学習は高齢者のものであり，子どもや学校教育とは関連がないという誤解を生んでいるのだろう。

　だが，中央教育審議会答申「生涯学習の基盤整備について」(1990年) では，「生涯学習は，学校や社会の中での意図的，組織的な学習として行われるだけでなく，人々のスポーツ活動，文化活動，趣味，レクリエーション活動，ボランティア活動等の中でも行うものであること」と位置づけられているのを見落としてはならない。つまり，学校の中で行われる学習も生涯学習なのである。

　このようにみると，生涯学習，それを支える生涯教育は，学校教育，家庭教育，社会教育など，「全ての教育機会・機能を対象にして，これらを人々の生涯にわたる学習に役立つように組み立てる上位の概念」(伊藤，2006：2) と考えることができる。そのため，生涯学習（教育）には，全ての教育を関連づけ，互いに補完しあったり，相互媒介による新たな力を創出したりする，統合（integrated）という考えが重要になってくる。1965年にパリで開かれたユネスコ成人教育推進国際会議で，ポール・ラングラン（P. Lengrand）によって提唱された生涯教育が，英語で"lifelong integrated education"と表現されたのも，このためであろう。

　生涯学習（教育）における鍵概念である統合は，学校・家庭・地域という教育の場の空間的な統合を図る水平的統合と，生涯という時間的な垂直的統合の2つの意味から成っている。この2つの統合の意味を理解すれば，生涯学習は高齢者のためだけの学びではないことがわかるだろう。同様に，生涯学習とESDの関連をふまえれば，これまでみてきたESDをめぐる呪縛や誤解を解消するのにも統合の考えが有効であるように思われる。そこで本章では，生涯学習（教育），の水平的統合と垂直的統合という，ヨコとタテの視点，さらに2

つの統合をすすめて持続を可能にしていく循環の視点から ESD のあり方について考えてみたい。まずは，ESD と生涯学習との関連からみていこう。

(2) ESD と生涯学習の関連

2005年にユネスコ（UNESCO, 2005）が策定した「DESD 国際実施計画（DESD International Implementation Scheme：DESD-ⅡS)」によると，DESD 全体の目標は「持続可能な開発の原則，価値観，実践を教育と学習のあらゆる側面に組み込むこと」とある。ここでいう「教育と学習のあらゆる側面」とは，学校教育のみを指しているわけではなく，社会教育も家庭教育も含んだ，まさに生涯学習（教育）と捉えていくべきだろう。実際，DESD 国際実施計画の付属文書Ⅰ「持続可能な開発のための教育の背景」には，ESD の特徴として，ESD は「生涯学習を推進する」や，「フォーマル教育，ノンフォーマル教育，インフォーマル教育に取り組む」こともあげられている。すなわち，持続可能な開発の原則，価値観，実践を学校教育に代表されるフォーマル教育だけではなく，学校外のノンフォーマル教育（NGO による教育活動や社会教育），さらには周囲からの影響や日常の経験から身につけるインフォーマル教育（仲間同士の学びや家庭教育）にも組み込み，それによって生涯学習体系を構築していく必要性が掲げられている。このようにみると，環境，経済，社会の面において持続可能な社会を実現していくためには，ESD の理念に基づいた生涯学習の推進が不可欠であることがわかるだろう。つまり，ESD と生涯学習は密接に結びついているのである。

その関係をもう少しみてみよう。以下は「第4回国際環境教育会議」後に発表された「アメーダバード宣言」(2007, Ahmedabad) の一文である。

> 我々は誰でも教師であり，また学習者でもある。『持続可能な開発のための教育』が促すのは，機械的な伝達手段としての教育の見方から，生涯にわたるホリスティックで包括的なプロセスとしての教育の見方への変化である。
> (UNESCO, 2008)

この文をみても，ESD においては，生涯学習の視点に立ったホリスティック (holistic) で包括的な見方で教育を捉えることを求めている。ここで注目す

べきは，ホリスティックという，部分ではなく全体を包括的に捉えていくアプローチである。このアプローチを重視する永田（2010）は，「ESD も環境のみならず，社会や経済，さらには文化も重視されることが求められており，開発を全体的，つまりホリスティックにとらえようとしている点が ESD の独自性」として指摘している。さらに，全体を捉えるためには，部分と部分の「つながり」も大切であろう。たとえば，ESD でよく扱われる環境問題ひとつとっても，貧困や衛生，教育などの社会問題や経済問題と「つながり」をもっている。こうした「つながり」，そして「ひろがり」のある問題を ESD の教育課題として検討していくには，さすがに学校教育だけでは難しい。そこで，学校教育，家庭教育，社会教育の連携による「つながり」，つまり生涯学習（教育）における水平的統合が求められてくる。さらに，こうした ESD として取り組まれる教育課題は子どもが通う学校教育だけでなく，大人を含めた生涯にわたって，すなわち生涯学習（教育）における垂直的統合としても捉えて検討していく必要もある。

　しかし，我が国における ESD は，圧倒的に環境問題が中心であり，しかもあくまで子どもを対象とした学校教育の課題として展開してきているのが現状であろう。これでは，持続可能な社会の形成は難しいといわざるを得ない。そうならない，つまり持続不可能な社会とならないように，生涯学習の視点から従来の教育のあり方を問い直すのも ESD の重要な使命であることを看過してはならない。

　このようにみてくると，ESD を推進していくには生涯学習（教育），とりわけ水平的統合と垂直的統合の 2 つの視点が必要と言える。具体的には，ESD を環境のみならず，社会や経済，さらには文化も含めた生涯にわたるホリスティックな教育として捉え，水平的統合の視点から，学校・家庭・地域のさらなる連携・協働が求められるだけでなく，垂直的統合の視点から ESD にかかわる活動やその支援をタテにつなげていく必要があるだろう。

2. ESDと世代性の概念

(1) 持続可能性を促す世代性の概念

　ESDを文字通り「持続可能(サスティナブル)」にしていくには，生涯学習(教育)における2つの統合を推進し，子どもと大人のかかわりあい，育ちあいを深めて学びの循環を図ることが求められる。こうした持続可能な社会の実現に向けた循環の鍵を握っているのは，エリクソン(E. H. Erikson)によって提起された「世代性(generativity：ジェネラティヴィティ)」の概念であるように思われる。

　エリクソン(1977：343)によると，「世代性」は「次の世代を確立させ導くことへの関心」と第一義的に定義される。中年期以降の成人に求められる心理・社会的な課題である「世代性」の課題は，具体的に「子どもをはぐくみ育てること，後進を導くこと，創造的な仕事をすることなど，次世代への関心や養育，社会への貢献を意味し，成人としての成熟性を示す」(岡本，2005：8)とされる。そのため，中年期を迎えた成人が「世代性」という課題をクリアしていくには，子育てや後進の育成など若い世代の面倒をみることが，実は自分の発達にも有意義であることを心から感じる必要がある。ここで肝心なのは，「私たちは次の世代とかかわることによって，成人としての自己が活性化される」(鑪，2002：171)という点である。

　ESDに引きつけて考えると，ホリスティックなESD活動を学校で充実させていくには，教師だけでなく，保護者や地域住民等の学校にかかわる大人たちの力を必要とする。そのため，学校・家庭・地域の連携・協働といっても，大人たちは子どものためにESD活動を支援しているという考えが強いのではないだろうか。しかし，「世代性」の観点からみれば，大人たちが学校のESD活動で，子どもたちを支援し，彼らとかかわることは，大人自身が学び成熟するためにも必要と言える。まさにエリクソンが指摘するように，「成熟した人間は必要とされることを必要とする」(1950/1977：343)のである。

　ただ，必要とされるのは，大人たちだけではない。西平直はエリクソンの世代性の概念に含まれる大人と子どもの相互関係を次のように指摘している。少し長くなるが引用しておこう。

> 　大人は，子どもによって動かされつつ，子どもを育てることによって自ら成長し，子どもは親によって育てられることを通して，親を成長させつつ，自らも成長してゆく。この歯車のように嚙み合った関係において，異質でありつつまさに異質であることによってこそ互いに補完し合うパートナーシップの関係，そこにおいてこそ，子どももまた大人もはじめて生き生きするというモチーフこそ，エリクソンの著作に繰り返し表れてくる基本旋律である。
> 　　　　　　　　　　　　　　　　　　　　　　　　　（西平，1993：101）

（2）大人と子どもの歯車モデル

　上記の引用文にある親は，保護者や地域住民といった学校にかかわる大人たちとひろく捉えて読んでほしい。そうすれば，図1-2-1のように，大人と子どもは歯車のようにかみ合った，互いの成長のために必要な存在同士と捉え直すことができるだろう。

　ESDをこの「大人と子どもの歯車モデル」に引きつけて考えると，大人と子どもの互いの成長のためにも，学校教育と社会教育の連携，つまり学社連携によりESD活動を通した両者のかかわりあいが必要であることがわかる。もう少しいうと，ESDは学校での子どもの学びであるとする見方を払拭し，大人にとって，さらには両者にとって必要な学びであるとの考えのもと，学社連携によるESD活動によって子どもと大人のかかわりあい，育ちあいを深めて学びの循環を図ることで，持続可能な社会の実現を目指すことが肝要なのである。

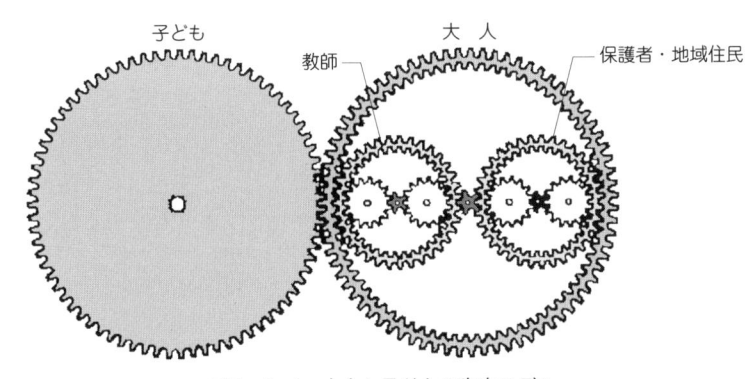

図1-2-1　大人と子どもの歯車モデル

ところで，そもそも「持続可能な開発」という概念は，1987年の国連「環境と開発に関する世界委員会」（ブルントラント委員会）による報告書『地球の未来を守るために（*Our Common Future*)』の中で，「将来の世代のニーズを満たす能力を損なうことなく，現在の世代のニーズを満たすような開発」と定義づけられている。ここでいう「開発」は，原語では development であり，「成長」や「発展」などの訳語をあてることもできる。さらに，「開発」そのものの概念も，これまでの経済と社会の開発に目的をおいた「経済開発」や「社会開発」から，1990年代以降は開発には人間そのものの成長が不可欠とする「人間開発（human development)」の意味合いに変化してきているといわれる。この人間開発では，「従来の効果的・効率性を重視した一般的知識の移転ではなくて，人間自らが主体的に学び，社会改善にむけて行動をしていくこと」（生方・神田・大森, 2010 : 39）が重要視される。

　これらを勘案すると，「持続可能な開発」には，将来世代のニーズのみならず現在の世代のニーズをも視野に入れた「人間開発（成長)」のあり方が問われていると考えることができる。この両世代のニーズに沿った人間そのものの成長・開発には，次世代の育成を通して現世代の成長も促す「世代性」の考えが有効であることは容易に想像がつくだろう。さらに，将来世代と現世代の両世代のニーズを満たして，持続可能な社会を創っていくには，学社連携によるESDを通して「大人と子どもの歯車」をかみ合わせ，「世代継承のサイクル」をまわしていくことが必要になってくる。この「世代継承のサイクル」とは，子どもとして，他者から「育てられる」ことで成人になった人間が，今度は次の世代の他者を「育てる」ことで，自分自身も成人（市民・親）として「育てられ」，成熟していくという「人間開発（成長)」のサイクルである。そこで最後に，生涯学習（教育）の統合の視点，さらには「大人と子どもの歯車モデル」や「世代継承のサイクル」といった持続可能な社会の実現に資する循環の視点をもとに，学社連携による ESD の実践を考察し，そのあり方を探ってみたい。

3. 世代継承のサイクルをまわすESDの実践

(1) 学社連携での大人と子どもの学びあいによるESD活動

　生涯学習（教育）の2つの統合の視点からみると，学社連携による環境教育からのESDに取り組む「岡山市京山地区ESD環境プロジェクト（岡山KEEP）」の実践は示唆に富んでいる。その特徴は，「公民館を拠点にESDを取り入れて，小学校，中学校，高校，大学といった様々な教育機関の教員や学生をはじめ，社会教育に関わる市民団体，地域のコミュニティ団体や企業関係者などが，ともに学び合い，地域全体で人づくり，持続可能な地域づくりに向かっている点」（池田，2007：25-26）にある。実際，図1-2-2の「京山地区の連携構想図」をみても，2006年に設立された「岡山市京山地区ESD推進協議会」のもと，水平的リンクと垂直的リンクから，じつに多様な機関等の連携が推進されている。

　具体的な活動としては，子どもの視点を重視しながら，全世代合同・学社連携による，地域の「環境点検」や，地域の子どもから大人が一堂に会して話し合う「ESDサミット」「交流・体験エコツアー」「ESDフェスティバル」，さらには中高生と大学生が中心となって企画・運営する「岡山KEEP勉強会」など多彩な取り組みを行っている。このようにみると，岡山KEEPは，「大人と子どもの歯車」をかみ合わせた取り組みによって，まさに「世代継承のサイクル」を循環させているESDの先駆的な実践と言えるだろう。

　しかし，これまでみてきたように，ESDの取り組みは環境問題だけにとどまるものではない。その意味では，環境問題に拘ることなく，学社連携によって「大人と子どもの歯車」をかみ合わせ，両者の学びあいから持続発展し続ける地域コミュニティを形成していく取り組みもESDと捉えていくべきであろう。

　事実，我が国でESDを推進する民間組織であるESD-Jが発刊した2004年度の活動報告書をみると，千葉県習志野市立秋津小学校区（いわゆる秋津コミュニティ）や，東京都板橋区の学校教育と社会教育が連携した取り組みもESDの活動として取り上げられているのである。これらの取り組みに共通するのは，

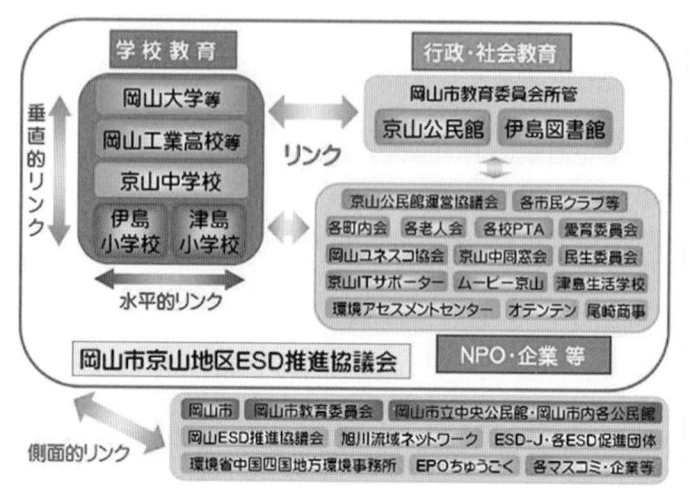

図1-2-2　京山地区の連携構想図
出典：http://www.kc-d.net/pages/ESDESD-katudo.html，平成23年8月21日参照

大人と子どもや，大人同士のかかわりあい，育ちあいを深める世代継承の学びにもなっているという点である。つまり，ESDの取り組みとなるには子どもの視点を重視しながらも，大人自身の学びにもなっているかどうかが肝要なのである。「大人と子どもの歯車モデル」をみても，ESDの理念のもと，大人と子どもの大きな歯車をかみ合わせていくには，連動する大人たち同士の歯車もまわしていかなければならないことがわかる。その際とくに重要な役割を果たすのが，中間に位置づく"保護者や地域住民"と"学校教師"との歯車である。

　学社連携によるESDを推進していくためには教師だけでなく，保護者，地域住民，学校支援ボランティアといった，かつてならば外部と捉えていた人たちも積極的に学校にかかわることが必要になってきている。その意味では，彼らも教師にとって「新しい同僚」であり，彼らとのかかわりの中で教師も成長していくと考えることも重要である。つまり，学校教師と，保護者や地域住民といった学校にかかわる大人たちの間でも歯車をかみ合わせていくことが両者の成長のためにも必要なのである。しかし，紅林（2007：186）がいうように，「多くの学校はそれらの人々をあいかわらず教師の補助者（サポーター）と考えている」のが現状である。それは少なからずの教師が意識の中で，「学校教

育が主で，社会教育が従であるかのような関係」(鈴木，2009：11) を抱いているためであろう。このようにみると，学校にかかわる大人たちを，「新しい同僚」と教師が理解し，彼らとどのような関係を築いていくかが，学社連携によるESDづくりの成否を左右するといっても過言ではないだろう。

(2) 子どもが学んだ成果をいかす仕組みづくり

「大人と子どもの歯車モデル」に従えば，「子どもは確かに大人によって成長を促されるが，同時的に同じ重みづけをもって，子どもは大人を成長させる」(鑪，2002：179) のである。このように考えると，学社連携によるESDでは，子どもを教育の客体と捉えるのではなく，重要な主体として取り組みに参画し，学んだ成果を地域に還元できるような仕組みづくりも目指されるべきだろう。

岡山KEEPの取り組みからも，子どもが主体的かつ中核的に参画している様子をうかがい知ることができる。さらに，子どもが学んだ成果を地域に還元するという点では，新潟県の「佐渡市立小木中学校宿根木ボランティア」の取り組みが注目されよう。小木中学校宿根木ボランティアでは，中学生による地元環境ガイドの養成を地域住民との連携のもとに行い，学んだ成果をいかした観光ガイド（地元に残る伝統的建造物群保存地区の紹介）の実践を通して，中学生に郷土愛と公共の精神，コミュニケーション能力を身につけさせようとしている点に特長がある。

それに関連して，海外に目を向けるとアメリカにはサービス・ラーニング (service learning) という示唆的な取り組みがある。サービス・ラーニングとは，学校のカリキュラム，とりわけ教科で学んだ学習と地域の社会奉仕活動（サービス活動）とを組み合わせた体験的な学習方法である。ESDに引きつけてたとえれば，教科を通したESDで学んだことを，総合的な学習の時間等を利用して，地域でいかして実践し，さらにそれらの体験をふり返ることで，子どもたちは学校で学んだESD関連の知識や技術を生活と結びつけ，持続可能な社会が実現できるような価値観と行動の変革をもたらすことができる。そして，この手法は教科と結びついているため，教師の専門性を損なうものではなく，なにより学校（教師）と地域（保護者・地域住民）が力を合わせないと実践できないものである。また，こうした手法を用いれば，学校・家庭・地域の連携

による体験活動が，よく批判されるような単なる一過性のイベントにならず，体験学習（サービス・ラーニング）として効果を発揮することもできる。しかも，子どもたちがサービス・ラーニングを通して，地域に積極的にかかわり，地域に貢献することになれば，児童・生徒は「子ども」ではなく，立派な「市民」として他者から必要とされる存在にもなり，「大人と子どもの歯車」をまわしていくうえでも効果的であろう。つまり，持続可能な社会を創っていく当事者として，子どもたちの市民性（シチズンシップ）を涵養させることにもサービス・ラーニングの手法が期待できるのである。

　これらを勘案すると，学社連携によるESDの実践は，大人同士のかかわりあいや学びあいをふまえた地域（大人）から学校（子ども）への連携・協力といったベクトルと，サービス・ラーニングのような学校（子ども）から地域（大人）へのベクトルの双方を含んで学びを循環することによって，「世代継承のサイクル」という持続可能な開発に必要な「人間成長のサイクル」をまわしていくことができるのだろう。

引用・参考文献

阿部治（2009）「『持続可能な開発のための教育』（ESD）の現状と課題」『環境教育』19(2)，日本環境教育学会。

ESD-J（2004）『「国連持続可能な開発のための教育の10年」キックオフ―― ESD-J2004活動報告書』。

池田満之（2007）「公民館を拠点とした環境教育からのESD」『月刊社会教育』1月号，国土社。

伊藤俊夫編（2006）『生涯学習概論』（国立教育政策研究所社会教育実践研究センター），文憲堂。

生方秀紀・神田房行・大森享編（2010）『ESD（持続可能な開発のための教育）をつくる――地域でひらく未来への教育』ミネルヴァ書房。

E. H. エリクソン，仁科弥生訳（1950/1977）『幼児期と社会　1』みすず書房。

岡本祐子編（2005）『成人期の危機と心理臨床――壮年期に灯る危険信号とその援助』ゆまに書房。

環境と開発に関する世界委員会，大来佐武郎監訳（1987）『地球の未来を守るために』福武書店。

紅林伸幸（2007）「協働の同僚性としての《チーム》――学校臨床社会学から」『教育学研究』74(2)，日本教育学会。

鈴木眞理（2009）「社会教育と学校教育の連携を考える視点」『学校運営』51(5)，学校運営研究会。

鑪幹八郎（2002）『アイデンティティとライフサイクル論』ナカニシヤ出版．
中山修一（2007）「日本における『国連持続可能な開発のための教育の10年』の展開と課題」『広島経済大学創立四十周年記念論文集』．
永田佳之（2010）「持続可能な未来への学び」五島敦子・関口知子編『未来をつくる教育ESD ──持続可能な多文化社会をめざして』明石書店．
西平直（1993）『エリクソンの人間学』東京大学出版．
UNESCO (2005). *United Nations Decade of Education for Sustainable Development (2005-2014)*, *International Implementation Scheme*, October 2005, UNESCO, Paris.（佐藤真久・阿部治監訳（2006）「DESD 国際実施計画」『ESD-J2005 活動報告書』持続可能な開発のための教育の10年推進会議（ESD-J）．）
UNESCO (2008). *The Ahmadabad Declaration 2007: A Call to Action, Education for Life: Life through Education, 179 EX/INF.4*.（永田佳之訳（2007）「アーメダバード宣言：行動への呼びかけ，暮らしのための教育：教育を通した暮らし」．）

（熊谷愼之輔）

第 3 章
ESD と人材育成

　経済や社会を含めた外部環境に対する多面的な視点からの把握を目的とするフォーサイトの活動及び手法の開発が活発になっている。外部環境の変化の不確実性がますます高まる今日，予測ではなく「不確実性」を軸に複数の未来シナリオを描くシナリオプランニングを採用する機関が増えつつある。シナリオプランニングを活用することによって，単一の未来予測にとらわれることなく，複数の未来環境を柔軟に考えることができるようになり，戦略構築に柔軟性が生まれる。
　本章では持続可能な開発のための科学コミュニティの役割と政策的課題，持続性社会におけるフォーサイトの必要性，またその方法論について概説すると共に，その推進に必要な人材について触れる。

1. 持続性科学とは

　国連に設置された「環境と開発に関する世界委員会」（通称ブルントライト委員会）が1987年に最終報告書「Our Common Future（我ら共有の未来）」を発表した。その中では，「持続可能な開発（Sustainable Development）」の政策目標が，「成長の回復と質の改善，人間の基本的ニーズの充足，人口の抑制，資源基盤の保全，技術の方向転換とリスクの管理，政策決定における環境と経済の統合」であるとされた。また，政策目標の実現には科学コミュニティの役割も大きいことが指摘された。
　その科学コミュニティの役割を明確にさせたのが，1999年に世界科学会議において採択された「科学と科学的知識使用に関する宣言」（ブタペスト宣言）である。
　この宣言は，当時，世界科学会議会長であった吉川弘之氏により行われた。その後，吉川（2010）は，持続可能な開発のための科学コミュニティの機能及びそれを担うステークホルダー（「社会・自然」「観察型科学者」「構成型科学者」「行動者」）の役割について，構造俯瞰図を作成することにより，説明し

第3章 ESDと人材育成 *37*

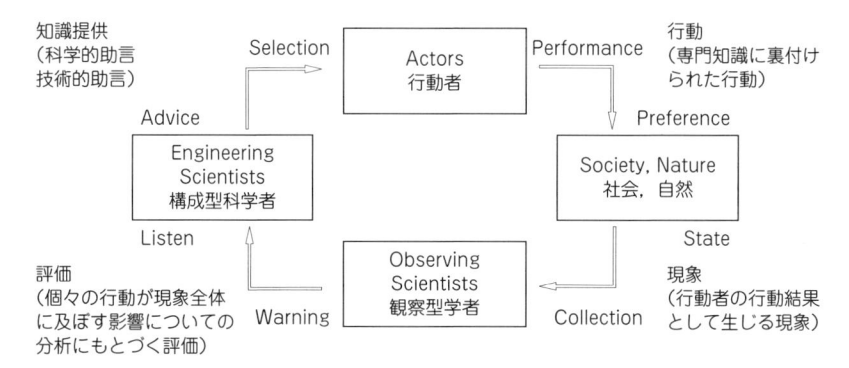

```
知識提供                Selection            Performance    行動
(科学的助言              ┌──────→  Actors  ────────┐     (専門知識に裏付け
技術的助言)              │         行動者          │      られた行動)
           Advice       │                         ↓
         ┌─────────┐                            ┌─────────┐  Preference
         │Engineering│                          │Society, Nature│
         │ Scientists│                          │  社会, 自然 │
         │ 構成型科学者│                         └─────────┘
         └─────────┘                               ↑
           Listen        ↑        Observing       │  State
                         │        Scientists      │
評価                    │        観察型学者      │   現象
(個々の行動が現象全体   └─────── Warning  Collection────┘  (行動者の行動結果
に及ぼす影響についての                                   として生じる現象)
分析にもとづく評価)
```

持続性科学とは，それぞれ自治的な存在である観察型科学者，構成型科学者，行動者，社会（自然）が作るループの静的構造とその上を流れる物質と情報の動的挙動に関する科学であり，その知識が静的構造と動的挙動に対する制御の可能性を与えるものである。したがって持続性科学は，科学者だけでなく，行動者とその行動の受容者（社会，自然）との参加のもとに進展してゆく。

Copyright© 2009 Hiroyuki Yoshikawa All Rights Reserved.

図1-3-1　構造俯瞰図

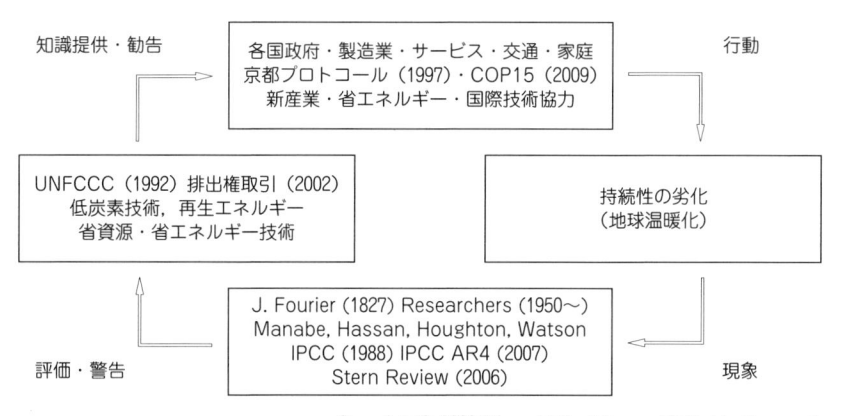

```
知識提供・勧告        各国政府・製造業・サービス・交通・家庭         行動
          ┌──────→ 京都プロトコール(1997)・COP15(2009) ────────┐
          │         新産業・省エネルギー・国際技術協力           │
          │                                                    ↓
┌─────────────────┐                              ┌─────────┐
│UNFCCC(1992) 排出権取引(2002)│                     │ 持続性の劣化 │
│ 低炭素技術, 再生エネルギー  │                     │(地球温暖化)  │
│ 省資源・省エネルギー技術    │                     └─────────┘
└─────────────────┘                                  ↑
          ↑         J. Fourier(1827) Researchers(1950～)     │
          │         Manabe, Hassan, Houghton, Watson          │
          └──────── IPCC(1988) IPCC AR4(2007) ───────────────┘
                    Stern Review(2006)
評価・警告                                                   現象
```

Copyright© 2009 Hiroyuki Yoshikawa All Rights Reserved.

図1-3-2　気候変動問題の構造俯瞰図

「持続性科学」を提唱した（図1-3-1）。

　吉川は図1-3-1の構造俯瞰図を使って，気候変動問題を説明している（図1-3-2）。観察型科学者であるフーリエ（J. Fourier），真鍋らが社会・自然を観察し，データから「温暖化」という科学的事実を導き出した。その後，構成型科学者らの研究により，低炭素技術，再生可能エネルギー技術，省エネルギー

技術が開発され，1997年の京都議定書や2009年のCOP15へとつながっていく。地球温暖化というフーリエの発見から，実に150年の歳月を要したが，社会が一団となって環境問題へと取り組む姿勢が作られたと吉川は説明している。

科学者から提供される知識は，客観的・中立的な社会に対する期待，すなわち「社会的期待」であり，それに対処するか否か，対処するとしたら如何にすべきかについては，行動者が選択し，行動する。この際，行動者は知識に価値や機能を付与して，「社会的課題」として判断し，行動するのである。つまり，科学者だけでなく，行動者とその行動の受容者（社会，自然）の参加のもとに進展していくことが持続的社会のためには必要なのである。

持続可能な開発を推進していくためには，何十年とかかるこのような循環の時間を短縮しなければいけない。そのためには，この構造俯瞰図の循環の担い手である観察型科学者，構成型科学者，行動者，社会の協同・協業が必要である。

ただ，17世紀最大の観察型科学者であるアイザック・ニュートンは，「真理という大海の砂浜で小石を拾っている子供のようなものだ」と，知的好奇心のおもむくままに，他のことを忘れて没頭しても真理のほんの一部しか垣間見ることが出来なかったと自らの研究者人生を表現している。このように，科学の長い歴史は，知的好奇心に基づく研究によって偉大な発見が行われたことを証明しているといっても過言ではない。このマインドは決して忘れてはならないが，社会的情勢は変化し，知的好奇心のおもむくままに観察型科学者及び構成型科学者が研究することはできなくなりつつある。

その背景には，科学技術イノベーション政策という基本的には不確実な未来に社会資源を投入する場合，国民の支持・理解が得られなければならないということがある。すなわち，国民の支持・理解に応えるためには，科学者は国民が期待する課題に向けて研究をする必要が出てきているのである。

2. 米国での動き

米国では，2009年1月21日付けのオバマ（B. Obama）米大統領の「覚書――開かれた政府（Open Government memorandum）」において，「透明性

（Transparency）」「国民参加型（Participation）」「協業的（Collaboration）」を3つの柱とする政府を目指という宣言を行い，2009年5月には「開かれた政府イニシアティブ（Open Government Initiative）」と題した取り組みに乗り出している。「覚書——開かれた政府」から120日目に実現されたと言われる「DATA.GOV」の立ち上げにより，政府が保有しているローデータを広く国民に公開，利用できるシステムを立ち上げた。この120日間の話は，ハーバードビジネスレビューに克明に記述されているので，ご関心のある方は，是非ともご参照いただきたい。現在，「DATA.GOV」は，政府のデータから大学等が保有するデータへと，次なるターゲットを移している。「DATA.GOV」の構築にあたり，DATA.GOVは索引（INDEX）の役割を果たし，これまでのデータウェアハウス（warehouse）ではないという基本的方針が要になっている。つまり，様々なデータがエコシステム（Ecosystem）の如く自律的に連結されることを理想とし，そのためのデータのフォーマットやデータへのアクセスを標準化することに精力的に取り組んでいる。さらに，Google, Microsoft等がデータを表示するためのアプリケーションをオープンソースとして開発している。その例として，Google MapやGoogle Chartを挙げることができる。「DATA.GOV」のデータと他のデータベースとのリンケージが進めば，イノベーティブなビジネスモデルが近い将来に構築されることを多くの企業が見込んでいる。

さらにレンセラー工科大学（Rensselaer Polytechnic Institute）の「Data.gov wiki」プロジェクトは，「Data.gov」のデータを使用して，様々なデモストレーションを行っている。図1-3-3は米国の各州におけるオゾンレベルをGoogle Map上に可視化したものである。一目でアメリカ各州におけるオゾンレベルを見ることができる。これは，オゾンレベルのデータをGoogle Mapとマッシュアップすることによって，実現している。

このプロジェクトでは，米国各州の図書館の蔵書数，予算等，様々な統計的データを可視化し，公開している。

東日本大震災（東北地方太平洋沖地震：2011年3月11日）以降の最新の日本の地震データと放射線レベルのデータをGoogle Map情報と重ねることで，可視化することも可能である。

これはオバマ大統領が掲げた，「透明性」「国民参加型」「協業的」がますま

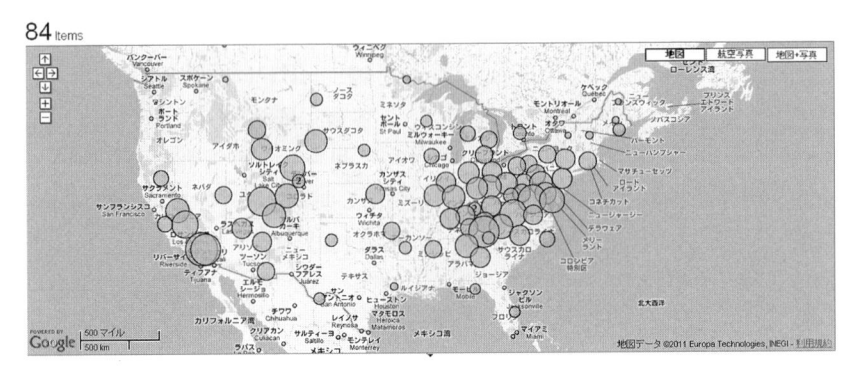

図1-3-3 アメリカ各州におけるオゾンレベル

す進化している証拠と言えよう。その後英国やオーストラリア等の国でも，米国に続いて政府のデータのオープン化が進んでいる。

まさに自然や社会を観察型学者が観察することによって得られたデータを誰にでも使えるように公開することによって，構成型科学者の作成したGoogle Map等をマッシュアップして可視化し，行動者が次なる働きかけを行っている典型である。たとえば先ほどのオゾンレベルの例を取れば，オゾンレベルが高いところへの警鐘に使うこともできるのである。持続可能な開発を進めていくためには，循環の担い手である観察型科学者，構成型科学者，行動者，社会の協同・協業が必要であり，それらが循環し続ける必要がある。さらに正の循環をさせるためには，現状を常にフィードバックしていかなければいけない。

3. 我が国の科学技術イノベーション政策の新たな展開

我が国においても，科学技術イノベーション政策の新たな動きとして，「透明化」がある。さらに，第3期科学技術基本計画中に「研究開発の成果が大きな課題解決に必ずしもつながっていなかった」という反省から，「日本及び世界の将来像を見据えた上で我が国が取り組むべき大きな課題を設定し，それを解決・実現するための戦略を策定する一連の流れの中で，実効性ある研究開発

を実施し，その成果を課題解決に活かしていくこと求められる」と第4期科学技術基本計画において提唱している。つまり，持続性社会の中では，科学者も知的好奇心のみによって研究をするのではなく，課題を解決するための研究をしなければならないということである。持続的な社会を構築する上では，「透明化」と「課題解決型」という2つの重要な要素が鍵となるようだ。

社会ではグローバル化がますます進み，不確実な要素が増え，それらが複雑に絡み合いながら進化している。複雑に多くの要素が絡み合う構造からは，将来起こりえるであろうことを一意に決めることは難しい。もちろん，解決しなければいけない課題も多い。このような中，我が国として，研究を「課題解決型」へ，また，それらをサポートする公的資金を透明化するということは，困難な舵取りが予想される。その複雑な舵取りを少しでも軽減するためには，現時点で活用可能な情報を結集して，そこから読み取れる未来を演繹的に洞察していく必要がある。つまりフォーサイト（Foresight）である。フォーサイトとは，「先見の明」「（将来に対する）洞察力」「（将来の）展望」「（将来を見越した配慮）等の意味をもつ用語である。

4．フォーサイト

（1）フィーサイトの方法論

欧州委員会（European Commission）のフォーサイトモニタリングネットワーク（EFMN：European Foresight Monitoring Network）では，フォーサイトを「中長期的なビジョンを作成し，意思決定過程に役立つ情報を共有するための参加型アプローチ」と定義している。投資効果分析，リスク評価，テクノロジーアセスメント，テクノロジーフォキャスティング，戦略プラニング，イノベーション研究などが，フォーサイトに広く内包されると考えられる。

欧州委員会のFEMNフォーサイトモニタリングネットワークでは，世界のフォーサイト情勢を調査・分析し，その方法論，作成された結果の形式，発信先等について，地域別（EU27，ヨーロッパの国を2カ国以上含む連合対（Trans-Europe），北アメリカ，ラテンアメリカ，アジア，アフリカ，オセアニア）にまとめて，「Global Foresight Outlook (GFO) 2007」として報告している。

EFMN の調査結果によると，フォーサイトの方法論として，上位から文献レビュー，専門家によるパネルディスカッション，シナリオの順に多く利用されている。

まず，文献レビューとは，研究分野の動向を発表されている論文から把握し，まとめることである。網羅的に発表する為には相当数の文献を読む必要があるだけでなく，読んだ文献の全体の中での位置づけも見極める必要がある。これは非常に労力のかかる仕事であるあるため，分析をする人のために，様々なデータベースが存在する。データベースから分析に必要なデータを抽出し，可視化することもできる。たとえば図 1-3-4 は，科学が技術に与える影響を可視化するために，特許の審査官が引用している論文をリンクさせて分析，それを可視化したものである。特許と論文のリンケージをテクノロジーリンケージ，それらを分析して下記のように可視化した図をイノベーションフロントと呼んでいる。

図 1-3-4 の様々な色の円をノードと呼ぶが，そのノードが一つの論文を表し，色は分野別に変化させている。大きさは論文の被引用回数に比例している。クラスターを作るために，共引用分析という手法を使っている。共引用分析とは，2 つの論文が同時に引用されている状況を分析することによって，2 つの論文の類似性を見るものである。図 1-3-4 において，複数のノードで構成されたクラスター（固まり）は，非常に類似した論文で構成されている。上段左から 2 番目のクラスターは，腫瘍学の論文と臨床医学の論文で構成されている。クラスターの中には，同色のノードで構成されているものや，異色のものもある。異色の場合は，分野と分野の融合が起こっている場合もある。たとえば物理学，材料科学，化学が一緒になって，新しい研究が行われているという場合である。この図は Cytoscape というオープンソースの可視化ツールで作成したものである。図 1-3-4 のイノベーションフロントは，技術に影響を与えている科学研究を可視化したものであるが，膨大な論文や特許が発表されている中，全体を把握するには，このような可視化が役立つ。

次に専門家によるパネルディスカッションとは，ある特定の分野で卓越した実績や能力をもつ個人の見解を基盤に将来を見極める方法である。またシナリオは複数の起こり得る将来の社会環境を想定し，それぞれの環境下におけるス

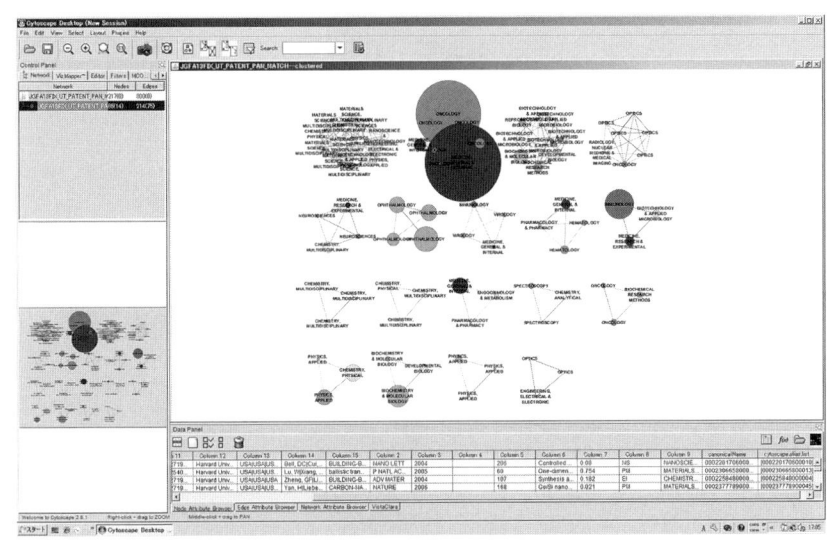

図1-3-4 イノベーションフロント

トーリーを描くものである。

　このような様々なフォーサイトの方法論を俯瞰し，「フォーサイトダイヤモンド」としてポッパー（P. Popper）によりマップ化されている。ダイヤモンドマップの横方向は「専門家（Expertise）」による方法か「相互作用（Interaction）」による方法か，縦方向は「創造（Creativity）」的な方法なのか，「エビデンス（Evidence）」ベースによる方法であるかという4つの極で構成されるダイヤモンドの中に，方法論をプロットしている。また，方法論が定量的なものか，定性的なものか，また，「その両面を合わせ持っているか」によって，文字の背景を変えている。そのマップを基に，アジアの国々が使用している方法論をマップ化したものが図1-3-5である。

　アジアでは，専門家・エビデンス寄りの手法を多く使い，創造性や国民との相互作用的な方法論はあまり使われていない。またヨーロッパや北アメリカが多く使用している未来ワークショップについては，アジアでは上位にランクされていない。

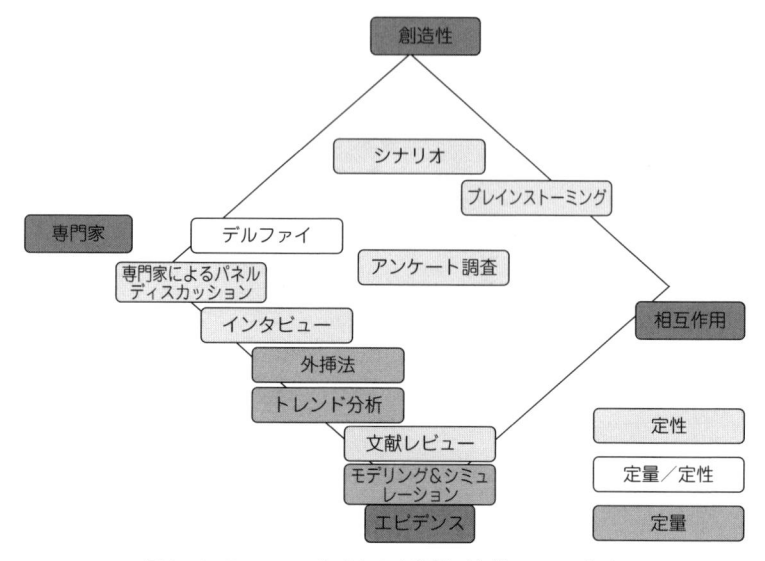

図1-3-5　フォーサイトの方法論（上位10　アジア）

（2）グローバル企業の動き

　国連や世界銀行等の国際機関とダイムラー社（Daimler），シーメンス社（Siemens），ロイヤル・ダッチ・シェル社（Royal Dutch Shell），エリクソン社（Ericsson）等，国際的な展開を図っている企業が，戦略策定のためにフォーサイトを使っている。ダイムラー社は，社会と技術研究グループを立ち上げ，長期の市場，将来的な顧客のニーズ，ビジネスプロセス，企業変革，イノベーション等の戦略的な課題のためのフォーサイトを行っている。エリクソン社も「エリクソン・フォーサイト（Ericsson Foresight）」を2011年に立ち上げている。
　グローバル化がますます進み，また，ディジタルディバイドという言葉が生まれるように，情報の顕著な発展的進化および複雑化の中で，企業の未来の脅威（threats）と機会（opportunities）を的確に捉えるシステムが必要になってきている。また，科学技術の社会的・文化的な背景を理解するために，将来実用化が期待される技術や将来の利用者のための情報を蓄積する必要がある。また，イノベーション移転，ネットワーク等，企業の外部環境への理解において，フォーサイトは意思決定におけるツールであり，新しい戦略方法論の一つと考

えられている。

　そこで，グローバル企業の多くが，戦略的プランニング室やフォーサイトのためのグループを立ち上げ，生産サイクルのマネジメントや研究開発のための時間及び経費の削減，イノベーション戦略に取り組んでいる。戦略としてのフォーサイトは，歴史的に「戦略論」として発展してきた。企業においても，フォーサイトは世界の構造変化に先見性をもち，企業のビジョンや成長戦略策定の中に組み込まれる戦略的アプローチの一つである。

　特に1970年代，国際石油メジャーであるロイヤル・ダッチ・シェル社が新しいシナリオプランニングを創始し，石油危機を乗り切ったことで，シナリオプランニングの存在は一躍有名になった。

　ロイヤル・ダッチ・シェル社の最新シナリオは，「シェル・エネルギー・シナリオ2050 (Shell Energy Scenario to 2050)」であり，ホームページにシナリオとビデオが公開されている。ビデオの最初でも紹介があるように，シナリオはメカニカルなフォーキャスト (Mechanical Forecast) ではなく，未来を探索し，思考の手順と材料を提供し，組織の意思決定過程に役立たせるためであると紹介している。また，このシナリオの序文においては，「シナリオは変化を捉え，異なる展望と可能性についての相互作用を考慮する上で役立つものである。またシナリオは，これらの可能性が現実化したときに，人々が備えをしたり，社会を形成したり，反映する際に役立つ。」と記している。

　まず現在捉えることができる事象を見極め，それらの解釈の仕方を考え，スクランブル (Scramble) シナリオとブループリント (Blueprints) シナリオを発表している。

　ロイヤル・ダッチ・シェル社のシナリオは，グローバルシナリオとエネルギーシナリオに分かれる。グローバルシナリオの方は，「シェル・グローバル・シナリオ2025 (Shell Global Scenario 2025)」として2005年に発表されている。同年1月の世界経済フォーラム（ダボス会議）において発表され，世界が注目する企業のシナリオの1つである。

　「シェル・グローバル・シナリオ2025」は，3つのシナリオ「フラッグ (Flags)」「ロートラスト・グローバリゼーション (Low Trust Globalization)」「オープン・ドア (Open Doors)」から構成されている。これらのシナリオを導

く基本的な考え方は,「効率性(市場メカニズムの浸透)(Efficiency (Market Incentives))」「安全と安心(国家の強制力と発動)(Security (Coercion, Regulation))」「公平な社会(連帯感の醸成)(Social Cohesion, Justice (The Force of Community))」の3つは,互いに複雑に関連し,時には相互に対立しているために,ある1つを優先しようとすると,他の1つまたは2つが疎かになってしまうというトリレンマ状態にあるという考えである。「効率性」と「安全と安心」が優位になっている状態を「ロートラスト・グローバリゼーション」と呼び,「安全と安心」と「公平な社会」が優位になっている状態を「フラッグ」,「効率性」と「公平な社会」が優位になっている状態を「オープン・ドア」と呼んでいる。

この3つのシナリオに対して,世界のビジネス環境や,米国,ヨーロッパ,中国がどのようになるのか等が書かれている。ロイヤル・ダッチ・シェル社のシナリオに直接アクセスして読まれるのも良いし,直接の日本語訳はないが,日本語による詳しい解説がある。

(3) シナリオプランニング

グローバルな企業の多くがシナリオプランニングという手法を使っているが,もともとこのシナリオプランニングは,米空軍の戦略的対応のために創られた手法である。その手法を1950年にランド(RAND)研究所へと持ち込み発展させたカーン(H. Kahn)は,その後ランド研究所から独立し,1960年にハドソン(Hudson)研究所を設立し,シナリオプランニングをさらに進化させた。

1987年には,シナリオプランニングを専門とするコンサルティング会社,グローバル・ビジネス・ネットワーク(Global Business Network Foundation:GBN)が設立される。シュワルツ(P. Schwartz),オグルヴィ(J. Ogilvy),コリンズ(N. Collins),ブランド(S. Brand),ウィルキンソン(L. Wilkinson)らがカリフォルニアで設立した。GBNは2008年に経営コンサルティング会社モニターグループの傘下に入っている。モニターグループの設立者であるポーター(M. Porter)は,その著書『経営戦略論』の中で,「シナリオとは『戦略家の兵器庫』にしまわれている大切な『武器』である。もし将来を予測することが不可能であったとしても様々なケースを想定して自由に発想をめぐらし,よりふ

さわしいシナリオを思い浮かべると良い。シナリオは戦略を立てる際の仮説であり，統計数字より重要な洞察を与えてくれる」と述べている。

シナリオプランニングの手法としては，規範的シナリオと探索的シナリオがある。規範的シナリオはシナリオ利用者の活動目的にとって好都合となる「より良い」未来世界を想定し，その実現を目指して能動的な示唆を与える。

探索的シナリオには帰納的アプローチと演繹的アプローチがあるが，どちらも現在観察される徴候をヒントにして現実化するかもしれない未来世界を複眼的に提示し，それぞれの未来世界が突きつけるリスクを明示することを目指す。

そのためのアプローチとして，帰納的アプローチは，自由な発想でデータ（将来どのようなことが起こりそうか。おおむねいつ頃，起こりそうなのか。それは誰によって，何によって引き起こされるのか。どんな意図や原因でそのような事象が起こるのか。その結果はどのような影響があるのか。等々）をカードに書きこんで，それらをつなげ，シナリオをストーリー化するものである。

演繹的アプローチは，集められたデータを鳥瞰して，問題の基本構造を見つけ出す。現在の世界が複数の未来世界の可能性に変化してゆく因果関係とトリガーについて議論し，論理的分析思考をたどることによって，さらに新しい発見をするのである。

特に演繹的アプローチによるシナリオプランニングにおいては，ポッパーのフォーサイトダイヤモンドにある様々な方法を総合する必要がある。そのためには，指標（Indicators），文献レビュー（Literature Review），計量書誌学（bibliometrics），特許分析（Patent Analysis）等を参照する必要があり，基盤的なデータの蓄積，手法の開発及び試行錯誤が欠かせない。また，有識者によるブレインストーミング，ワークショップ等が必要であり，関係者の一層の連携協力が必要である。

「未来を捉える科学」，つまり現時点で活用可能な知識を結集して将来への洞察を深めることであり，フォーサイトはそのための手段と言えよう。今後不確定な要素が多く，さらにそれらが複雑にからみあった未来はなかなか捉えることができないため，様々な可能性を見える形（可視化）にしておかなければならない。

5. 期待される人材

　最後に持続的社会のための「未来を捉える科学」に必要とされる人材には，非常に総合的・統合的な能力が要求される。また，そのシナリオが偏った将来像にならないためにも，シナリオ作りに多様な人材の参加及び彼らとの協業が求められる。つまり，非常に専門性が高く，かつ大域的な思考も必要であることから，学際的な人材の養成が不可欠であると同時に，ワークショップ等において，参加者の発言を促進させたり，話を整理したりするファシリテーターとしての人材も必要である。

　日本及び世界の将来像を見据え，学際的な人材が作り上げたシナリオから，社会的課題が何かを見極め，行動者（政策決定者）は，最適なファンディングシステム等の施策を設計しなければならない。場合によっては複数のシナリオ及び社会的課題のポートフォリオを決めなければならない。時には，変化する事態において柔軟な対応と軌道修正も必要である。行動者（政策決定者）としても選択する能力をもつことはもちろん，ポートフォリオが決定でき，変化する事態に柔軟に対応できる能力ももつ人材が必要である。

　東日本大震災以降，痛ましい出来事に対して，想定外という言葉が多用されている。国民の幸福を実現していくためには，科学的に真摯な立場でシナリオを想定する人材と，そのシナリオを合理的に採用する人材の協同が不可欠である。

引用・参考文献

角和昌浩「シナリオプランニングの実践と理論　第四回『シェル・グローバルシナリオ2025』をめぐって」
　http://www.eneken.ieej.or.jp/data/pdf/1177.pdf, IEEJ.
環境と開発に関する世界委員会（ブルントラント委員会）(1987)『Our Common Future（邦題：我ら共有の未来)』
　http://www.env.go.jp/council/21kankyo-k/y210-02/ref_04.pdf
治部眞里 (2011)「未来をとらえる科学とは──フォーサイトを俯瞰する」『情報管理』54(4)。
吉川弘之 (2010)「研究開発戦略立案の方法論──持続性社会の実現のために」科学技術振興機構研究開発戦略センター。

Barack Obama (2011) "Memorandum For the Head of Executive Department and Agencies"
http://www.whitehouse.gov/the_press_office/Transparency_and_Open_Government
European Foresight Monitoring Network (FEMN) (2007) "Global Foresight Outlook GFO 200"
http://www.foresight-network.eu/files/reports/efmn_mapping_2007.pdf
Karm R. Lakhani, Robert D. Autstin and Yumi Yi (2010) "Data.gov", Harvard Business School
Shell International BV (2008) "Shell energy scenarios to 2050"
http://www.shell.com/home/content/aboutshell/our_strategy/shell_global_scenarios/
Shell International BV (2008) "Signposts - Supplement to The Shell Global scenarios to 2025"
http://www.shell.com/home/content/aboutshell/our_strategy/shell_global_scenarios/previous_scenarios/

（治部眞里）

第4章
持続可能な社会にむけたソーシャルスキル

　自然破壊や環境問題にくわえて，地域社会のもつ"つながり"の力の低下が懸念されてきている中，子どもたちが体験をとおして学ぶ力や，人との関わりをとおして学ぶ力を育成していくことが教育の中でも重要視されている。社会で必要とされる力やスキルの多くは，これまで家庭や地域の中で知らず知らずのうちに培われており，とりたてて学びを体系化していたわけではない。しかしながら，子どもを取り巻く現代社会は，自然や遊びの場，家族団欒の時間などを減少させ，ゲームやインターネット，携帯電話などのメディアを加速的に増加させてきた。これらの生活の変化に伴い，子どもたちに急速に"今を"「生きる力」を身につける必要性を生じさせている。

　これらの「生きる力」を構成する要素について考えてみると，自分を大切に思える力，対人関係を円滑にできる力，コミュニケーション能力など多くの要素があり，その学びは意識的に継続的に行われていくことが現代社会においては必要となってきている。すなわち，成長発達で獲得する社会的発達にくわえ，日常的で様々な困難や難しい課題に出逢ったときに上手に対応していける能力を育てることが必要である。そこで，本章では，人間力ともいわれるソーシャルスキル，ライフスキルの教育的アプローチについてふれ，サスティナブル社会の当事者としてまた，未来に向けたフロンティアとして，「個人」に"つながり"や"関係性""自己尊重"などの人間性が養われる教育の可能性を考える。

1. 持続可能な未来をつくるライフスキル——ライフサイクルからみた課題

（1）安心できる基地をつくる"絆"

　産まれて間もない裸の赤ちゃんを，お母さんが素肌の胸の上に抱き，肌を触れ合わせるカンガルーケアは1979年コロンビアの小児科医師により低出生体重児の体温保持のために行われた。その姿勢がカンガルーに似ていることからこのように呼ばれ，現在では未熟児だけではなく，多くの母と子にカンガルーケアが行われている。早産児などのディベロップメンタルケア（早産児などの神経行動学的発達がより高いレベルに進むのを助けるためにストレスから守り，発達レベルや反応に合わせてケアをおこなう）としても注目されているが，カ

図1-4-1　カンガルーケア

ンガルーケアは，保温や感染予防の効果にくわえ，母児の相互作用を強め，その後の育児への自信や赤ちゃんにとっては愛着形成に大きくかかわることが知られている（図1-4-1）。

　子どもの社会化のはじめとも考えられる母子の相互作用についてイギリスの精神分析医であるボウルビイ（J. Bowlby）がアタッチメント理論（愛着理論）としてまとめており，乳児が，吸うことや，抱きつくこと，泣き叫ぶこと，後を追うことなどに養育者である母親や重要他者がしっかりと対応をしてくれるという安心感がその後の生涯の人格の発達に重要な影響を与えるとして，乳児期の基本的信頼を獲得することの重要性を示している。

　このように，誕生からすぐに子どもは親と子という相互の関係を通して社会性を発達させている。赤ちゃんの頃はものも言わぬ時期ではあるがライフサイクルから見ると重要な時期である。しかしながら今日では，児童虐待などの問題も多くみられる。また，地域社会のつながりの少なさや，母親をとりまく環境の変化も育児に関する自信を育てにくくさせていることも課題である。

（2）"おもいやり"を育む環境

　母から子へと注がれた愛情が子どもの基本的信頼感と不信感という発達の課題とをもたらし生涯にわたる希望という活力を獲得することを唱えたエリクソン（E. H. Erikson）の学説は，多くの臨床家への示唆を与えた。エリクソンの

表1-4-1 生涯人間発達論における発達図式

人生周期（発達段階）	発達危機	徳（人格的活力）
X 成人後期（65歳以降）	統合性 対 絶望感	知恵
IX 成熟期（50～65歳）	同一性再確立 対 消極性	自信
VIII 成人中期（30～50歳）	生殖性 対 停滞性	世話
VII 成人前期（22～30歳）	親密性 対 孤立性	愛
VI 青年期（18～22歳）	同一性 対 役割の混乱	忠誠心
V 思春期（12～18歳）	自己中心性 対 孤独感	夢
IV 学童期（6～12歳）	勤勉性 対 劣等感	有能感
III 幼児後期（3～6歳）	自発性 対 罪悪感	目的
II 幼児前期（1～3歳）	自律性 対 恥・疑惑	意志
I 乳児期（0～1歳）	基本的信頼感 対 不信感	希望

出典：服部，2008：9。

理論では，ひとつの段階の上に次の段階が発達していく。時代の変化に伴い，服部祥子はこれまでのエリクソンの人生周期の8段階を10段階に設定して紹介をしている（表1-4-1）。学童期に「有能感」という活力を得て，思春期では「夢」，そして青年期の「忠誠心」という活力へとつながる流れは，後の人格を豊かに形成する道筋になるとしている（服部，2008：76）。近年，就職難やニートの増加，不安定な社会の状況にみるように，思春期の活力である「夢」が育まれる環境が変化をしているのではないだろうか。物質的には豊かになり，高学歴化は進み，情報化も進展している。しかしながら，時間に追われ，競争社会の中では「勝ち組」「負け組」というような言葉も産み出している。吉田は，メキシコでの教育活動で，メキシコの子どもたちは，時間割優先ではなく，いきいきとした活動をしているときはそれを中断しないで続け，逆につまらない時間を過ごす時は早く切り上げるなど「今を生きる時間」を大切にしていること，くわえて，いじめはメキシコには存在しないことを紹介している（吉田，2009：17-23）。思春期の活力となる「夢」に向き合えるゆとりある時間や安らげる環境を整えることこそ，豊かな未来を創ることへとつながることではないだろうか。

　コミュニケーション能力や対人関係能力，共感性などは社会性の発達において重要な能力である。これらの能力の基礎となる他者を理解する力はどのように発達していくのであろうか。セルマンが示した視点取得の発達段階では，レベル2（8～11歳）においては二者間の理解が可能となるとしている（表

表1-4-2　視点取得能力の発達段階

発達レベルと出現する年齢	各発達レベルにおける視点取得能力の特徴
0（3～5歳）	一人称的（自己中心的）視点取得 　自己中心的な視点で理解する 　人の身体的特性と心理的特性をはっきりと区別できない
1（6～7歳）	一人称的・主観的視点取得 　自分の視点とは分化した他者（あなた）の視点を理解する
2（8～11歳）	二人称的・互恵的視点取得 　他人〈あなた〉の視点から自分の主観的な視点を理解する
3（12～14歳）	三人称的・相互的視点取得 　彼あるいは彼女の視点から私たちの視点を理解する
4（15～18歳）	三人称的・一般化された他者としての視点取得 　多様な視点の文脈のなかで自分自身の視点を理解する

出典：Selman（2003）に基づき作成。

1-4-2）。「おもいやり」の能力とも言われる視点取得能力は，社会的スキルの一側面とされている（白井 2006：28）社会性の発達には，人とふれあう機会が必要である。社会は少子化の時代となり，きょうだいの関係を経験しない子どもや，塾や習い事により近所の年の離れた子どもたちと遊ばない子どもも増えている。1980年代頃には，テレビゲームなどが登場して家の中で会話もなく一人でも遊ぶことも可能となった。くわえて，コミュニケーションのツールとしての携帯電話が普及してきたことにより，メールでのコミュニケーションが日常生活に根づいてきている。他者にふれあい，他者の気持ちを考える社会的スキルの訓練の機会が減ることにより，そのスキルを意識的に育てる時代になってきたのではないだろうか。

（3）"大人になる"気持ちを育てる

「いつから大人」という問いがよく聞かれるようになった。大学全入時代と呼ばれるようになり，学校基本調査においては大学・短大の収容率は92.0%という値を打ち出している。大学生となった青年は学問やサークル活動，アルバイトやボランティアなどの社会貢献などで自分の力を発揮する時期を過ごしながら，自立と自律へむけて自己形成という課題を達成させていく。青年心理学はアメリカの心理学者スタンレイ・ホール（G. S. Hall）により開拓されたとさ

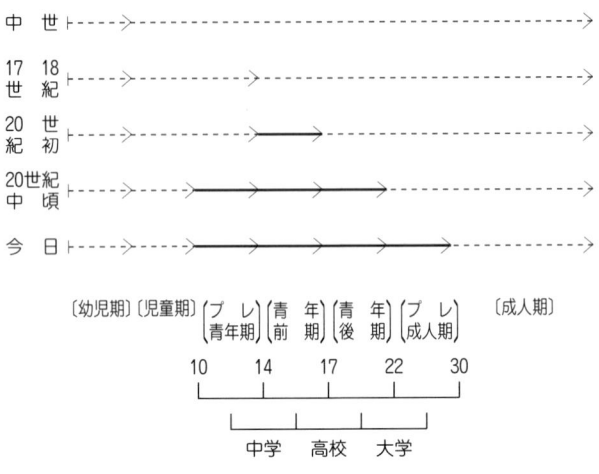

```
中世        ├------>----------------------------------------->
17 18世紀   ├-------->---------------------------------------->
20世紀初    ├-------->=========>--------------------------->
20世紀中頃  ├----->========>========>------------------->
今日        ├-->====>========>========>====>------------->

          〔幼児期〕〔児童期〕〔プレ青年期〕〔青年前期〕〔青年後期〕〔プレ成人期〕  〔成人期〕
                       10    14       17       22       30
                              └──────┴────────┴────────┘
                               中学   高校    大学
```

図1-4-2　青年期の延長とその区分

出典：永井，2008：2。

れており，まだ100年近い歴史しかない。100年前には青年期は意識されていなかったのだが，現代では図1-4-2に示したように10歳前後ごろからおよそ30歳頃までという長い期間を青年期と呼ぶようになった（永井，2008：2）。大人としての役割を猶予している期間としてモラトリアムの時期と称される。年齢的には社会に出ることや子どもや家族をもつことも可能な時期ではあるが，経済的にも親への依存をしている学生としての立場においては「大人」を意識することすなわち社会の一員としての自覚をもつことはが難しいのではないだろうか。

　いつから大人という問いにくわえて，大人になるとはどういうことなのかということの答えはみつけにくい。しかしながら，希薄な人間関係，無気力，モラルの低下，コミュニケーション能力の低下などが言われる現代において，思春期・青年期にこそ社会生活で経験する様々な状況や課題に，効果的に積極的に行動するために，コミュニケーション能力，意思決定能力，共感性などで構成されているソーシャルスキルやライフスキルという能力をみにつけることこそ，自らが主体的に生きる力をもち，「大人になる」道のりとなるのではないだろうか。

2. 参加と当事者性を創る教育手法

(1) 生きる力を育む教育

　生きる力を育む教育について，皆川興栄は1996年第15次中教審で定義された「生きる力」と1993年 WHO 精神保健部で定義されている「ライフスキル」について前者が実践的な知識・態度に重点をおいた表現として，また後者が実践的な行動に重点がおかれているとして比較分析をしている（皆川, 2005 : 12）。多くの類似点があり，WHO によるライフスキルの構成要素と教育方法は学校教育で大切にしている「生きる力」を育むアプローチとして注目を浴びている。また，近年学習指導要領においても「ライフスキル」という文言が記されるようになった。学校教育で実践されてきている構成的エンカウンターの教育方法との類似点では，基礎になる理論の違いはあるがウォーミングアップやエクセサイズなどの手法を取り入れている参加体験型の授業展開のところであり，参加型の教育には多くの対人関係のスキルの向上や自己の再発見などの効果があることが知られている。リーダーにより指示を受けた課題を語り合う構成的エンカウンターでは仲間との共通体験の中で起こった「感情」について交流をしていく方法を用いている。ライフスキルは，「行動」という視点にたち，問題に直面したときに積極的に解決をしていく力をつけるというような教育方法である。

　WHO によるライフスキルとは「日常生活で生じるさまざまな問題や要求に対して，建設的かつ効果的に対処するために必要な能力である」と川畑徹朗が紹介している（川畑, 1997 : 11-30）。ライフスキルには10の構成要素，すなわち，意志決定，問題解，創造的思考，クリティカル的思考，効果的なコミュニケーション，対人関係，自己認識，共感性，情動対処，ストレス対処がある。川畑は，行動変容に有効なアメリカの Know Your Body（KYB）健康教育プログラムに出会い，1988年に JKYB（Japan Know Your Body）を発足し健康教育ワークショップや研究を行い，全国にむけてライフスキルの向上をめざした教育活動を広めており，多くの成果をまとめている（JKYB 研究会, 2006 : 6-18）。ライフスキルとは，心理社会的能力であり，その能力の向上は，健康の維持増進，

また「生きる力」を育むこととして重要な能力と言える。

(2) 参加型の教育方法の利点

ライフスキルトレーニングは，バンデューラ（A. Bandura）の社会学習理論（Bandura,1997：191-215）を背景とし，我が国においては1970年代以降，様々な健康教育の方法論として採用されてきた。また，学校教育における総合的な学習にライフスキルトレーニングを採用し，各教科の総合化を目指した取り組みも行われるようになってきている（皆川，2005：117-126）。ライフスキルトレーニングは，知識導入型の教育ではなく参加者が主体的に取り組む方法である。このような参加型の方法論として，アイスブレーキング，ブレインストーミング，ロールプレイ，ディベート，ディスカッションなどがある。本書がめざすESD教育においてもこれらの教育方法が重要視されている。表1-4-3にESD教育で行われる主な教育方法を紹介した（田中，2008：26）。

ライフスキルやソーシャルスキル教育の基礎になっている社会学習理論におけるモデリング法は，これらの参加型の学習で仲間を観察することで学習される。筆者は，数年前よりこの「ライフスキル」の教育方法を取り入れた性教育プログラムを開発して中学校で活動を行ってきた。その中でモデリングが学習者の動機づけになることをよく感じた。例を示すと，参加型の授業を行っている際に，活発に自分の意見を言えないA子の感想文には，「同じグループのB子が手を挙げて発言したことで授業が盛り上がってすごいなと思った。他のグループでも，C子がいつもより活発に発言していて，仲間からほめられていた。やはり，勇気を出して自分の考えを発表することはいいことだなと思った。今日はできなかったけど，今度はできる気がする」という内容があった。仲間を観察することにより（注意過程），その情報を自分の中に取り込み（保持過程），行動を実際にやってみる（運動再生過程）。そのことで褒められるなどの強化を受けて（動機づけ過程），「出来る自信」を感じるというモデリングの学習過程こそ，参加型の学習方法がもつ利点と言える。

(3) 参画と当事者性が人間力を育む可能性

阿部治はESDの課題教育を花弁にみたてて，ESDモデルを示している（生

表 1-4-3　開発教育の代表的な参加型手法

手　法	解　説
ブレイン・ストーミング	あるテーマや質問に対して、思いつく限りのアイデア、意見を出していく。発想法の一つ。「質より量」「自由奔放」「批判厳禁」「便乗歓迎」がルール。
ウェビング	黒板や模造紙の中心にあるテーマを書き、そこからそれに関連するもの、連想されるものを線でつないでクモの巣（WEB）のように広げていく。
フォトランゲージ	写真（photo）や絵から読み取れる情報を言葉（language）として抽出していく手法。思いついたことを自由に言えるので、アイスブレイクとしても活用できる。
ロールプレイ	ある役割（role）を演じ（play）、自分と違う立場や境遇にある人になったつもりで、そこにある問題について考えたり、感じたりする。
ランキング	ある問いに対する選択肢をある基準（重要だと思う順、好きなもの順など）で順位づけする。ダイアモンドランキング、ピラミッドランキングが有名。
ディベート	あるテーマで恣意的に「賛成派」「反対派」に分かれ、ルールに則って論争を展開する。どちらの論に妥協性があったか、審査員がジャッジし、勝敗を決める。
ゲーム	グループメンバーとコミュニケーションを図って、一定のルールに従ってプレイする。いかにして勝つことができるのか戦略を練って、勝敗を競いあう。
プランニング	文字どおり計画（plan）を立てること。問題の把握、分析を重ね、どのようにしたら問題解決が図れるのか、その道筋を検討する。未来志向の学習方法。
シミュレーション	ある事象を単純化し、擬似体験すること。体験によって、自分に見えていなかった事象や問題を可視化させ、気づきをえることをねらいとしている。
アクション・リサーチ	「問題の特定」「問題の分析」「計画」「評価と反省」「行動」「プロジェクトの成功による終了または計画の練り直し・新しい問題の特定」のプロセスで行われる。

出典：田中，2008：26．一部改変。

方ほか，2010：17）（図1-4-3）。この図からもわかるように，ESDの教育には多くの課題教育の中心となる「ESDで培いたい価値観」「ESDを通じて育みたい能力」「ESDが大切にしている学びの方法」という視点のエッセンスが含まれている。人間の尊厳はかけがえのないことや公正な社会をつくる責任などの

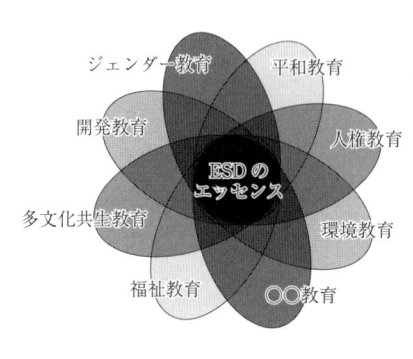

「価値観」
・人間の尊厳はかけがえがない。・私たちには社会的／経済的に公正な社会をつくる責任がある。・現世代は将来世代に対する責任をもっている。・人は自然の一部である。・文化的な多様性を尊重する。

「能力」
・自分で感じ，考える力。・問題の本質を見抜く力／批判する思考力。・気持や考えを表現する力。・多様な価値観を認め，尊重する力。・他者と協力して物事を進める力。・具体的な解決方法を生み出す力。・自分が望む社会を思い描く力。・地域や国，地球の環境容量を理解する力。・自ら実践する力。

「学びの方法」
・参加体験型の手法が生かされている。・現実的課題に実践的に取り組んでいる。・継続的な学びのプロセスがある。・多様な立場・世代の人々と学べる。・学習者の主体性を尊重する。・人や地域の可能性を最大限に活かしている。・関わる人が互いに学び合える。・ただ一つの正解をあらかじめ用意しない。

（花弁図：ジェンダー教育，平和教育，開発教育，人権教育，多文化共生教育，環境教育，福祉教育，〇〇教育，中心に「ESDのエッセンス」）

図1-4-3　ESDのエッセンス

出典：ESD-J（2003）。

価値観を培い，自分で感じ，考える能力を育む。また，関わる人が互いに学びあえる参加型の学習の方法などが示されている。ひとつひとつの花弁が独立した教育ではなく，互いに関係しあうホリスティクな学びとして，学習者自身が当事者であることに気づき，新しい価値観をもつことや，ライフスタイルの転換をしていくことが，人間力を育むことに通じる。ライフスキルやソーシャルスキルなどの教育方法も，その学びを深化させると思われる。

　人を育む教育においては，個人のもつ能力や可能性を信じ，見守り主体的に考える力や，創造する力などが必要となる。自尊感情を高め，自己効力感をもち，チャレンジできることが必要となる。ロジャー・ハート（R. Hart）が記した子どもの参画は，はしごの上段に行くほど主体的に関わる程度が大きくなることを示している（図1-4-4）。学校教育においてもこの子どもたちが示す参画の段階に教員はファシリテーターとなり主体的な活動の成長を見守るようにするべきである。命のもつ限りない可能性を信じて筆者がこれまでに行った実践を次節で紹介したい。

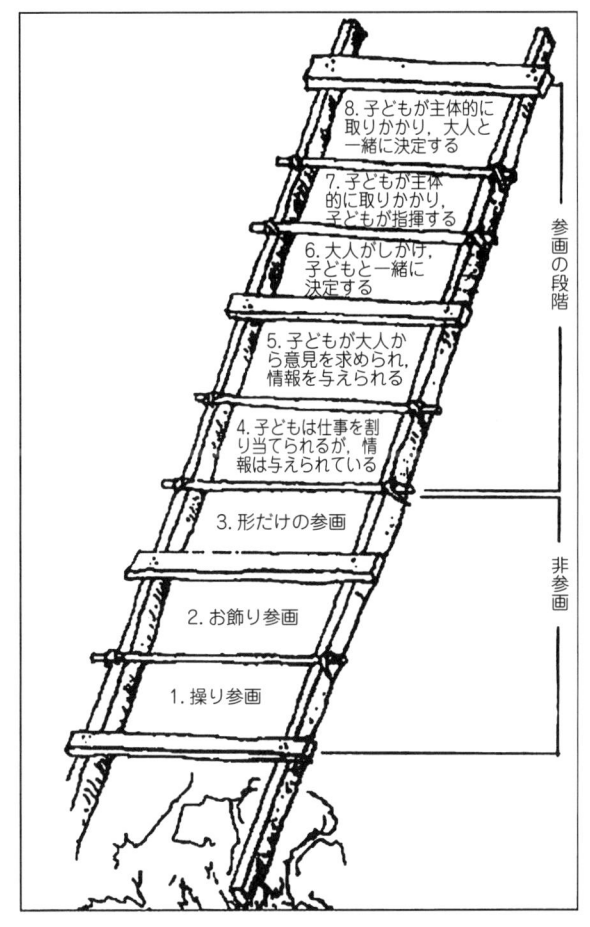

第4章　持続可能な社会にむけたソーシャルスキル

　　　　　　　　　　　　　　　　　　　　　8. 子どもが主体的に
　　　　　　　　　　　　　　　　　　　　　　取りかかり，大人と
　　　　　　　　　　　　　　　　　　　　　　一緒に決定する
　　　　　　　　　　　　　　　　　　　　7. 子どもが主体
　　　　　　　　　　　　　　　　　　　　　的に取りかかり，
　　　　　　　　　　　　　　　　　　　　　子どもが指揮する
　　　　　　　　　　　　　　　　　　　　6. 大人がしかけ，
　　　　　　　　　　　　　　　　　　　　　子どもと一緒に
　　　　　　　　　　　　　　　　　　　　　決定する
　　　　　　　　　　　　　　　　　　　　5. 子どもが大人か
　　　　　　　　　　　　　　　　　　　　　ら意見を求められ，
　　　　　　　　　　　　　　　　　　　　　情報を与えられる
　　　　　　　　　　　　　　　　　　　　4. 子どもは仕事を割
　　　　　　　　　　　　　　　　　　　　　り当てられるが，情
　　　　　　　　　　　　　　　　　　　　　報は与えられている
　　　　　　　　　　　　　　　　　　　3. 形だけの参画
　　　　　　　　　　　　　　　　　　　2. お飾り参画
　　　　　　　　　　　　　　　　　　　1. 操り参画

図1-4-4　子どもの参画
出典：ハート（2000）。

3. 地域の一員として，さらに社会における学習支援者としてのESDの実践プログラム

（1）豊かな自然環境を守る中学校でのライフスキル教育の実践

　岡山県岡山市の北部にある足守地区は，市内にありながら緑があふれ，中心

表1-4-4　地域学習

テーマ
・ごぼうで料理を作ろう
・足守川を守ろう
・足守福祉施設
・足守川を美しく
・足守の植物について
・足守の祭り
・足守食べ歩き珍道中
・足守にマスコットキャラクターを作ろう
・足守‼障害を持つ方と楽しく過ごそう
・福光牧場
・蛍の減っていく理由
・足守の町並み
・廃校について
・足守の人口を増やすために…
・危険な通学路
・足守の美味づくし～特産物フェアを作ろう～
・米粉で足守を活性化

を流れる足守川にはホタルが生息することで知られており，地域では足守地区の街並みや自然環境を大切にしている。ここにある中学校に筆者は縁あって7年間通い，ライフスキルを用いた性教育プログラムを実践している。全校生徒167名程の小さな学校ではあるが，この中学校では早くから環境教育に力を注いでおり地域学習などの活動を行ってきている。特に力を入れているのは，3年生が夏休みに地域の人から情報を収集し地域センター長，公民館長，連合町内会長などを学校に招いて，「地域の発展に向けての中学生からの提案」をするという形態の学習である。これまでの提案では，この地区の特産品である真倉の牛蒡をアピールするためのレシピの作成や，特産品のメロンを食材とした料理，山間部にある風情ある粟井温泉の歴史や効能をアピールする活動など，斬新なアイデアが会議に登場して，地域の人々との活発な意見が繰り広げられてきた。表1-4-6にこれまでの生徒が提案したテーマを上げた。前述したロジャー・ハートが子どもの参画で，子ども自身が未来の姿を描くことへの参画と権利をもつことを論じているが，まさにその実践が行われている。また，足守中学校では，元ハンセン病患者の方を講師に迎えての人権学習や戦争問題などの平和学習にも多くの時間をかけ取り組んでいる。このように，図1-4-2に示したESDの教育課題の多くを実践している中学校である。

　人間関係が希薄になることが懸念されている今日において，ここ足守中学校の生徒の多くは幼稚園や小学校でも同じ仲間と過ごしていることや，多くの生徒が両親だけではなく祖父母と共に生活をしているなど地域力が生きている学区である。このように，自然があふれ，人とのふれあいも多いと思われる中学

校に「ライフスキル」をという願いで，当時この学校に赴任していた養護教諭に筆者が依頼を受けたときには正直驚いたことを思い出す。環境教育や人権教育に力を入れている中学校であり，いつ訪問しても生徒のはつらつとした挨拶や，教師の生徒に関わる時の視線の熱さに「ライフスキル」や「いのちを大切にする性教育」を依頼されていることに不思議に思いながらプログラムは全校生徒に行われた。プログラムの実践の過程で，明らかになっていったのは，恵まれている環境ならではの悩みであった。人間関係においてどちらかというと苦労をせずに育った子どもたちは，長く同じ仲間と過ごすことで仲間の行動が予測出来ることや，多くを語らなくても意思が通じてしまうことなどから，新しい集団に入ったときの仲間つくりや，仲直りの仕方などといった問題解決スキルを養う必要性を感じることとなった。情報化の波は地区を選ぶことはなく子どもたちに押し寄せてきており，情報を選択して有効に活用をする力などが必要であることも気づかされた。今現在大きな問題がある，ということではないが，厳しい社会に出て行くためにも「生きる力」を育むことこそ，これからの未来をつくっていく生徒にとって何よりも大事だということが校長先生をはじめ，多くの教員の共通の認識であった。表1-4-5に当初開発したプログラムで，このプログラムを実施して1年の実施前後の評価を表1-4-6に示している。現在もこの中学校区では，ESD教育に力を入れており，小学校での地域の環境学習や地域の偉人についての学習を発展させ，中学校での世界へ向けて通用する平和学習や人権学習に取りくみ，そのまとめとして3年生の地域学習の発表へつながっている。この学校のESD教育は　単に環境問題を扱う教育ではなく，持続可能な来未に向けて，未来をつくる「人」を大切に育てている。ライフスキルトレーニングが学校の主要な教育であるという所以である。

（2）「関わり」「つながり」を大切にした"命の教育"の実践

　福山市立神辺中学校は，広島県福山市北部にある自然豊かな農村地帯にある生徒数が約600名の学校である。筆者はライフスキル教育の実践をこの中学校で3年間行ってきた。ライフスキル教育が始まる前の保健室では，毎日保健室に来室する30名近い生徒と関わりながら，人間関係をうまく築けないことや，自分に自信がもてないことなどといった課題をもっていることの多さを感じて

表 I-4-5 LSTを用いた性教育プログラム

	構成	性教育主題 テーマ	キーワード	ライフスキル 自己意識・共感性	対人関係・効果的コミュニケーション	意思決定・問題解決	創造的思考・批判的思考	情動への対処・ストレス対処
本研究の実践 1回目	1	性ってなんだろう、ライフスキルって？	セクシュアリティ・ライフスキル	ポジティブシンキング*	ノンバーバルミュニケーション	思春期に起こる問題を知る	大人になるって？*	自分の心の動きを知ろう
	2	自分を表現する	自分を知る 自己認知	コラージュ表現* 仲間からの手紙*	他の人の考えを尊重する*			
	3	命について考えよう	生命の始まり 生命尊重	命のはじまり	アサーショントレーニング*		胎内から未来へ	
	4	ライフコースを考える	将来の設計・ライフイベント、夢を描く	ライフコース*	傾聴のスキル*	目標を設定する*	未来を想像する*	
2回目	5	性について考える	性の特質・二次性徴（男女の生理）・性の悩み	自分の性について考える*		性の悩みに向き合う*	正しい情報・間違った情報*	仲間からのプレッシャー*
	6	特定の異性との関係	男女交際 責任ある行動		コミュニケーションとデートDV*	自由と責任*	中学生の性意識*（クラス調査）	思春期の心理的発達の理解
	7	意思決定を育てる	メディアリテラシー 生活習慣	自分の身体と心*	友人との関係*	意志決定プロセス*		
	8	思春期の心と身体の健康	思春期・大脳の働き 多様な性			問題解決プロセス*	思春期の心の変化	ネガティブ・エモーション*

第4章 持続可能な社会にむけたソーシャルスキル

回目		性と社会	ジェンダー・男女の理解	相手に伝わりやすい表現*	社会で起こる問題*	ジェンダーについて考える*	
3回目	9	性のモラルについて	性の権利・性と法律	断るときのコミュニケーション*			性的な関心や衝動を理解する
4回目	10	新しい命の誕生を考える	生命誕生・生殖	支援的環境*		シナリオ劇:「初めての赤ちゃん」*	
	11	妊娠から出産まで	妊娠・出産・育児・家族の役割	家族のつながり*	かけがえのない自分*		
5回目	12	性感染症と妊娠	性感染症・避妊	ネゴシエーション*			
6回目	13	HIVとAIDS	HIV・AIDS	アサーティブな関係*	他者の立場に立って考える*		
7回目	14	性と健康を考える	自己決定・セクシュアルヘルス	意思を伝える*		シナリオ劇:「ふたり」*	
	15	情報選択の力をつけよう	メディアリテラシー			メディア・リテラシー*	
8回目	16	ストレスって何?	欲求やストレスへの対処	対人関係ストレス	ネガティブな認知(リフレーミング)*		ストレスの発生と対処*
	17	性の健康を守る・まとめ	性の相談・性被害			情報収集と客観的判断*	
9回目	18						

注:表中の*印は、ブレインストーミング・ロールプレー・グループディスカッション等のワークを示す。本研究は18回で構成した学習内容を9回の授業で展開した。

表1-4-6

	調査時点	n	平均値	標準偏差	有意確率
自尊感情	授業実施前 授業実施後	41	12.4 14.7	3.9 5.0	0.00
学習意欲	授業実施前 授業実施後	44	6.5 9.0	3.0 2.6	0.00
発達の理解	授業実施前 授業実施後	45	7.2 7.7	1.5 1.4	0.02
他者理解	授業実施前 授業実施後	41	13.2 14.6	3.0 3.2	0.05
パーソナルスキル	授業実施前 授業実施後	45	10.8 13.9	2.9 2.4	0.00
セクシュアリティの尊重	授業実施前 授業実施後	46	4.2 4.5	1.3 1.4	0.03
性に関する健康管理	授業実施前 授業実施後	45	4.5 5.0	1.3 0.9	0.00
性情報に対する態度	授業実施前 授業実施後	43	3.1 4.4	1.5 1.2	0.00

いたという。

また，思春期に起こる問題の，不登校やいじめ，性の健康に関するトラブルを改善するためには「人間関係をつくる力をつけること」「命の大切さを中心とした性教育の実施」により自尊感情を高めて行くことが必要であることを多くの事例から分析していた。そののち，学校長，企画委員，教務などを説得して，説明と研修を繰り返し学校教育の中にいつの間にかライフスキル教育を根付かせていった。数百回に及ぶ筆者と養護教諭との授業は，記録され，修正を繰り返して授業案が現在も残され継続されている。授業内容や感想は保健だよりで保護者へも伝えられた。一番力を入れていたのが，「命の教育」であり，筆者が考案したプログラムの2年生2学期でおこなうシナリオ劇であった。そのシナリオ劇は，新しい命を育む若い夫婦が多くの支えで成長をしていくという内容で，生徒たちに「命の神秘さ，尊さ，大切さ」を伝える授業としてプログラムの中でも最も大事にしていた。この授業では，教員も自分の出産体験や母親・父親としての想いなどを語り，未来をつくる生徒との人と人のつながり

表1-4-7 お弁当の日のテーマ

	テーマ
1回	自分の力で作ろう
2回	旬の野菜を使おう
3回	地産地消の弁当を作ろう
4回	カラフル弁当を作ろう
5回	和食弁当を作ろう

表1-4-8 保健室来室状況

年度	件数（人）
平成19	1868
平成20	765
平成21	933
平成22	660

注：H22年は1月14日までのもの。
H21年は新型インフルエンザ流行6学級学級閉鎖。

を大事にした授業となっている。このシナリオ劇が数年前から発展して、生徒自らが考案し毎年「いのち」をテーマにしたシナリオ劇の公演を行う。「いのち」を生き抜くこと、支え合うこと、感謝をすることの3つのテーマを生徒たち自身が表現をしている。「いのち」にこだわった教育は「お弁当の日」の活動にも現れている。自分でお弁当をつくる日をつくり、生徒も教員も皆テーマにあったお弁当を持ってくる。表1-4-7はこれまでのテーマを示したものである。お弁当の日までの数日間は、ビデオや絵本などを用いて食について考えるという準備をする。「いのち」の源である食、たくさんの「いのち」をいただく事への感謝、「いのち」を未来につないでいく環境を守る、様々なことを「お弁当の日」に学ぶことができている。神辺中学校での3年間の生徒の変化では、自尊感情の向上、保健室来室者の減少などの成果がみられた（表1-4-8）。この中学校で行われているような、「いのちの教育」こそ、ESD教育の中でも大事なコアになるエッセンスである。

4. これからの地域の一員として、さらに社会における学習支援者として

（1）子どもの参画が未来の地球を救う

　ESD教育は、ライフスタイルが確立していない頃から始めることが新しい価値観や柔らかな発想を築くことに役立つ。しかしながら、日々の生活で周囲の大人たちの行動をモニタリングしているため、大人たちもライフスタイルの転換をしていく必要がある。子どもの価値観を変えていくには、子どもたちが

自分たちの目で見て触れて，聞いてという五感に響く教育が必要となる。ESD教育の方法にはアクションリサーチや地元学，PLA（参加型学習行動法）などがある。アクションリサーチは，研究者の中でもよく使われる方法で，実際に地域に出て問題を特定し，調査と分析を行い，計画を立案し，行動を起こし，評価と反省を行うらせん状のプロセスから新しい課題をみつけていくという方法である。学校教育でのプロジェクト研究などに大いに役立つ方法である。上述した足守中学校でのプロジェクトの提案などは，子どもが大人たちの発想を超えており，未来の地球を救うためには子どもの参画が鍵になると思われる。

（2）ESD 教育の中のライフスキル教育の可能性

持続可能な未来をつくる「人」を育むという視点でこれまでライフスキル教育に触れてきた。この教育では，コミュニケーション能力の育成に力を入れている。特に，自分も相手も大切にした自己表現を育て，基本的な人権を尊重することが重要視される。また，共感性を培うことは，多文化や多様性への理解を深め，新しい未来をつくる創造性も培うスキルも育成する。問題に直面したときに解決する力など，ライフスキルの教育は大きな可能性を持ち合わせているのではないだろうか。

引用・参考文献

生方秀紀・神田房行・大森享編（2010）『ESD（持続可能な開発のための教育）をつくる――地域でひらく未来への教育』ミネルヴァ書房。
開発教育協会内 ESD 開発教育カリキュラム研究会編（2010）『開発教育で実践する ESD カリキュラム――地域を掘り下げ，世界とつながる学びのデザイン』学文社。
川畑徹朗（1997）『WHO・ライフスキル教育プログラム』大修館書店。
菊池章夫（2007）『社会的スキルを測る―― KiSS-18ハンドブック』川島書店。
子安増生（2005）『やわらかアカデミズム・〈わかる〉シリーズ　よくわかる認知発達とその支援』ミネルヴァ書房。
五島敦子・関口知子（2010）『未来をつくる教育 ESD ――持続可能な多文化社会をめざして』明石書店。
白井利明（2006）『やわらかアカデミズム・〈わかる〉シリーズ　よくわかる青年心理学』ミネルヴァ書房。
JKYB 研究会（2006）『第15回 JKYB 健康教育ワークショップ報告書』。
多田孝志・手島利夫・石田好広（2008）『日本標準ブックレット No. 9　未来をつくる教育 ESD のすすめ――持続可能な未来を構築するために』日本標準。

田中治彦（2008）『開発教育——持続可能な世界のために』学文社。
永井徹（2008）『思春期青年期の臨床心理』培風館。
服部祥子（2000）『生涯人間発達論』医学書院。
ロジャー・ハート（2000）『子どもの参画——コミュニティづくりと身近な環境ケアへの参画のための理論と実際』萌文社。
皆川興英（1999）『総合的学習でするライフスキルトレーニング』明治図書。
皆川興栄（2005）「ライフスキルを核とした『総合的な学習の時間』カリキュラムの検討」『新潟大学教育人間科学部紀要』8(1)。
吉田敦彦（2009）『世界のホリスティック教育——もうひとつの持続可能な未来へ』日本評論社。
Bandura, A. (1997) Self-efficacy Toward a unifying theory of behavioral change, *Psychological Review*, 84.
WHO (1993) Division of Mental Health: Training Workshops for the Development and Implementation of Life Skills Programmes, Part 3 of the Document on Life Skills Education in Schools: 1-11.

（富岡美佳）

第5章
実践コミュニティからみた持続可能な発展

　　　　教育は，コミュニティに新しい世代を迎え入れ，彼らが新しい，よりよい
　　　　世界を創っていくためになされる。そう考えると，すべての教育は本来的に
　　　　ESDだと言える。それはクラス，学校，地域といったローカルなコミュニ
　　　　ティの生命を受け継ぎ活かし続ける原動力であり，ひいてはグローバルなコ
　　　　ミュニティ，地球全体を持続可能な形で発展させることにつながるものであ
　　　　る。
　　　　　本章では，教育における世代と世代の出会いについて，「実践コミュニ
　　　　ティ（community of practice）」の観点から考察する。この観点は，ESD
　　　　における教育内容ばかりでなく，ESDにおける教育のプロセスや教育者の
　　　　あり方について考えるうえで，一つの示唆を提供するであろう。

1.　教育に内在する葛藤——新しい世代と出会うこと

　いまからおよそ100年前，日本の幼児教育を創りあげていく出発点となった，東京女子師範学校附属幼稚園（現・お茶の水女子大学附属幼稚園）にて。新入園児を迎える保姆たちに，園長であった倉橋惣三は，次のように語った。
　たとえば，"経験を積んだ"教育者は，ともすれば次のような姿勢で新しい子どもたちを迎えるかもしれない。

　　　　年々歳々繰りかえされるお定まりの年中行事の一つとして，何等別段の
　　　　感動もなく迎えることも出来る。若し感想が起こるとすれば，あの腕白に
　　　　は随分手がかかりそうだ，ひと通り幼稚園の生活になれさせるまでは骨の
　　　　折れることだといった風の，新入園児すなわち厄介者観をもって迎えるこ
　　　　とも出来る。　　　　　　　　　　　　　　　　　　　（倉橋，1916）

　次いで倉橋はこう語る。

　　　　しかし，一人の幼児を新たに幼稚園に迎えるということは，幼児にとっ

ても，幼稚園にとっても，重大な事件である。〔中略〕今新しい幼児が，その新しい声と顔をもって，あなたのもとに来たのである。あなたもまた新しい心をもって迎えざるを得ない。〔中略〕

　歴史的には幼稚園は何時から創まっているにしても，あなたが幼稚園教育に何年従事しているにしても，幼児のためには新入園の時から幼稚園が始まるのである。またその幼児のためには，あなたもこの時から始めて保姆になるのである。考えて見れば大いに心を新たにせられざるを得ない。

（倉橋，同書）

　倉橋の言葉は，100年経った今も新鮮に響く。

　現に，似たようなことは教育の場において，いつでも繰り返されてきている。子どもたちを「厄介者」だとか，ひところのように「問題児」などと公言することはなくなったとしても，「気になる子」への「支援」や，次の学校への「接続」・「入学前教育」などにまつわって，これから新しい人々を迎えるにあたっての教育「大変だ」感は世に絶えることがない。いずれも，これから迎える次の世代にどう「手をかけ」，どう自分たちに「なれさせる」かに注目が集まりがちだが，迎える側の世代のあり方は，どれだけ問われてきただろうか。

　日本の幼児教育を切りひらき，現場に身を置いて語り続けた倉橋の著作は，どれも古びることなく今に受け継がれているが，なかでも先に挙げた言葉が新鮮に感じられるのは，それが教育に本来的に内在する葛藤を描き出しているからであろう。それは，新しい世代をどう迎えるかという葛藤である。

2. 正統的周辺参加の概念——学びを捉える観点

　世代と世代の葛藤が教育にとって本来的なものであることは，学びを「正統的周辺参加（legitimate peripheral participation）」と捉える，レイヴとウェンガーの学習理論によって，より明らかになる（Lave & Wenger, 1991）。この正統的周辺参加の概念は，学びの人間的な意味を広い視野から捉えなおすことによって，教育と心理学の世界に大きな影響を与えてきた。まずはここで，この概念のアウトラインを見ていきたい。

（1）学びは実践の中で生まれる

　レイヴとウェンガーの考えは，学び（learning）についての従来の観念を超えるものである。それをよく表しているのが，「学びと教え（teaching）は因果関係によって結ばれてはいない」——少なくとも，教えの結果として学びが起こるとは限らない——という考え方である。むしろ，学びはあらゆる場に存在している。

　たとえば，学校でつまらなくてピンと来ない授業を受けた覚えは，誰にもあるだろう。教えがおこなわれたからといって，教師の意図に沿った学びが生じるとは限らない。しかしだからといって，そこに学びがないとは限らない。生徒たちは，「つまらない授業でもおとなしく聞いたふりをする」とか，「なんとなく分かったかのように振る舞ったり，わかったと思い込んだりする」といった「スキル」を学んでいるのかもしれない。あるいは，自分でも楽しくなさそうな授業の端々に浮かぶ教師の表情から，人生の機微を学び取っているのかもしれない。よきにつけ悪しきにつけ，人は何かを学ばないで過ごすことはできない。

　学校教育が念頭にあると，どうしても教えと学びを因果関係で捉えてしまいがちだが，実際の学びはそうなってはいない。そこでレイヴとウェンガーが注目したのが，学校教育以外の学びであり，広い意味での徒弟制（apprenticeship）であった。学校が生まれる前から，また学校の外にある生活の中で，人は学び，成長し続けてきている。

　彼らが挙げている印象的な例の一つが，ユカタンの産婆の事例への分析である（事例そのものはジョーダン（Jordan, 1989）による）。一般に，徒弟制の事例の中で，教えることはとくに大事な役割を果たしてはいない。産婆たちは，「知識はすべて夢の中で学んだ」と語るほどである。多くの場合，産婆の家系に生まれた少女が産婆になっていくことが多いが，当の本人もまわりも，「産婆として育つ・育てられる」というほどの意識もないままに，必要な使い走りや手伝いをさせられるうち，あるいは日常の会話や生活の中で産婆として生きるとはどういうこと自然と感じ取るうちに，いつか自ら出産に立ち会うようになり，自分自身が産婆になるのだと自覚していく。

　ここに見られる学びのプロセスは，いまの学校教育を絶対視する立場からは

第5章　実践コミュニティからみた持続可能な発展　71

たいへん意外なものに思えるけれども，産科学が確立されて初めて人間が子どもを産むようになったわけではないことを思えば，むしろ人類の歴史の大部分において，人はこのようにして子どもを産み，それを助ける専門性を受け継いできたことが分かる。このプロセスにおいて，職業に就くことと，自らのアイデンティティを意味あるものとして実感することは，不可分であり直結している。

　つまり，学びは人と人との間で，何らかの実践に参加することを通じて生まれるものであり，それは人々のアイデンティティの変容に関わっているというのが，レイヴとウェンガーの考えである。産婆の例で言えば，その仕事をしている人たちの傍らにいて，使い走りのような形でその一端を担うことからはじまって，人はその個々の用事に関する知識を得るだけでなく，いったい産婆になるとはどういうことなのかを，少しずつ実感していく。これとは対照的だが，先に挙げた退屈な授業の例においても，実際の学びは教師と生徒たちとの関係の中で，「ともかく黙って席に着く」という実践を通じて生じているのである。

　このような学びの実態を描くうえで，徒弟制の例は印象的だが，古典的な職人の徒弟制に限らず，あらゆる学びがこのように捉えられるという考えから，徒弟制よりも適切な言葉としてレイヴとウェンガーが選んだのが，「正統的周辺参加」であった。

（2）正統性と周辺性

　正統的周辺参加の概念において，正統性は，そのコミュニティへの所属を表しており，周辺性は，コミュニティにおける実践へのかかわり方——どこか一部に参加するというあり方を指している。産婆の例で言えば，その家系に生まれたということが正統性の表れであり，使い走りの中で少しずつ自分もかかわっていくことが，周辺的参加の深まりにあたる。

　やや直観的につかみにくい「正統的周辺参加」の概念を筆者なりに平たく言い換えるなら，「認められて一端を担うこと」という表現が思い浮かぶ。ここで，産婆より誰にも身近な例を挙げてみよう。

　たとえば，母語をしゃべるという高度な能力を獲得するのに，教科書が必要なわけではない。「赤ん坊のころにいい教科書を与えて系統的な反復練習をさ

せなかったせいで，母語をしゃべるのが困難になった」などということは起こらない。むしろ教科書や反復練習は，逆効果であろう。文字が生まれる前から，人と人とが自然にかかわりあう中で母語を体得していくその才を，人は生まれつき持っている。生まれてきた子どもは，母語のコミュニティに当然属していてきっとそのうち母語を話すだろうという信頼を受け，母語によって語りかけられる。その子が少しずつ発する声は，最初から完全なものでなかったとしても，母語の芽生えとして大切に聴き入れられる。そのように，母語のコミュニティに所属する新たな一員として「認められ」，母語で語り合うという実践の「一端を担う」ことが，学ぶための条件になる。

　このように「認められて一端を担うこと」──コミュニティへの所属が正統なものとみなされ，その実践のすべてではないとしても周辺的な一部に参加すること──による学びは，徒弟制や母語の例ばかりでなく，幅広い状況において認められる。レイヴとウェンガーは，非正統的・非周辺参加的な学びというものはないと断言している。

　そうすると，この概念はどこからどこまでを指しているのかという疑問も出てくるわけで，概念が曖昧だと批判されるかもしれない。概念の本質に立ち戻って考えることが，この疑問への答えになる。

　まずもって，それはあまりに限定的であったこれまでの学習概念を変えるものなのである。訳者の佐伯胖も指摘するように，従来の認知科学的アプローチでは，「特定の「与えられた」教科内容を，特定の子どもがいかにして理解に達するかということに焦点が置かれた」（レイヴ＆ウェンガー，1993：訳者あとがき）。しかし，こうした限定的な内容に焦点化されたアプローチとは違って，正統的周辺参加の概念においては，学ぶ意味，学ぶことによるアイデンティティの変容など，人間的な意味での学びが想定されている。個別的，限定的な学習ではなく，学びが幅広い全人的な視野から捉えられているのである。

　また，実際のところこの概念は「どこからどこまで」というような概念ではない。レイヴとウェンガーは，それが「概念」であると同時に「分析的視座 (analytical perspective)」でもあると述べている。つまり，現場実習だとか体験学習のような，特殊な学びのあり方をとりあげたり推進するための概念なのではなくて，それはあらゆる学びに対するものの見方を変えるための概念なので

ある。

　したがって，すべての学びは正統的周辺参加の観点から捉えられる。ただし，その参加のあり方や深さは様々である。メンバーが参加を深めていける環境もあれば，そうしづらい環境もあり，それによって学びが促進されたり阻まれたりする。したがって，どんな環境を工夫するか，どのように新参者を参加させていくかなど，学びを促進するためのアイディアを触発するのも，この概念の意義である。のちにウェンガーらが著した『コミュニティ・オブ・プラクティス』(Wenger, McDermott & Snyder, 2002；原題は *Cultivating Commuities of Practice*――"実践コミュニティを育てる") には，企業をはじめとする様々な組織・地域において，学び続けるコミュニティを活性化するための方法が論じられており，社会的に意味ある学びのあり方を考えるうえでもたいへん興味深い。生涯学習・生涯教育は，日常生活の番外編なのではなくて，職場を含む日々の社会生活や人間関係の中にこそ，息づいているのである。

　ただ，このように学びを促す方法や環境づくりの側面だけが注目されて，正統的周辺参加の考えが，要するに「習うより慣れよ」の意義に学的な市民権を与えたものという程に理解されていることも少なくない。しかし，ただそれだけなら，「新たな視座を得て学びに対するものの見方が変わる」とは言えない。また，「習うより慣れよ」だけでは，場合によっては先人や業界の慣習を無批判に継承してしまうこともありうるが，正統的周辺参加は，必ずしもそのような学びを意味しているわけではない。むしろ，その逆を可能にするための概念だと言える。

　正統的周辺参加の，視座としての重要な意義は，この概念が，世代と世代との間に働く，学びを促す力と学びを妨げる力との葛藤を捉えることのできる，力動的なものである点にある。

3．コミュニティに内在する葛藤

　その力動性は，とくに周辺性の概念の中に含まれている。そのことは，レイヴとウェンガーが，周辺的参加の反対は中心的参加ではないと考えている点に表れている。つまり，"コミュニティの中に重要なポジションとそうでないポ

ジションが存在していて，周辺的ポジションは中心よりも価値が低い"といったことは想定されていない。

社長は現場よりも，王様は民衆よりも，実践の中心にいるとは限らない。教師は，子どもたちをさしおく学びの主役であるわけではない。それぞれが一人ひとり，周辺的に参加する中で，実践の一端をともに担っているのである。

レイヴとウェンガーは，彼らの著書の終わりの一節に，こう述べている。

> 正統的な周辺性は，「建設的な素朴さ」をもった（constructively naïve）観点や疑問を育てるうえで重要である。こう考えると，経験が浅いというのは，むしろ生かされるべき長所なのである。しかしそれは，経験を積んだ実践者が，限界を理解しつつも役割を認め，支えてくれるような，そんな参加の文脈によってのみ，生かされることになる。こうした素朴なかかわりから，現在の活動への反省が促されたり，また新参者の貢献がときに取りあげられたりするためには，参加の正統性がきわめて重要である。こうした新しい観点とのたゆまぬ出会いが受け入れられるなら，すべての人の参加は何らかの意味で正統的に周辺的なものになる。言い換えれば，すべての人は，程度の差はあれ，変わりゆく未来のコミュニティに対する「新参者」と見なされうるのである。　　　（Lave & Wenger, 1991, 引用者訳）

コミュニティの古参者（old-timer）にとって，長年の経験は，熟練を高めることもあれば，ルーチン化による停滞を生むこともある。実践へのコミットメントを深めることもあれば，修正の効かない自己過信を招くこともある。経験や，コミュニティで過ごした時間の長さは，学びを促す力にも，学びを妨げる力にもなりうるのである。自己更新のできない停滞したコミュニティは，状況や社会の変化に対応することができず，したがって持続的な発展を遂げることができない。

コミュニティが新参者（newcomer）を迎えるとき，それはこれまで当然視されていた前提や慣例を超えるできごとが起こるときであり，それらが挑戦を受けるときでもある。しかし，新参者が正統性をもって迎えられる限り—つまり，コミュニティが新参者を排除したり，新参者の参加を厳しく制限したりするのではなく，そのコミュニティに所属する者として内側に受け入れるなら，それ

はコミュニティがもつ前提を問いなおし，よりよいものへと変えていくチャンスになるであろう。

　この観点からは，教育の意義は，継承と創造の相互作用にあると言える。教育は，コミュニティが培ってきた伝統や達成を受け継ぐだけではなくて，新しい世代とともにコミュニティのあり方自体を問いなおし，その生命を更新していくための，原動力となるべきものである。

　ただ，このような世代と世代の出会いは，しばしば葛藤を生む。それまでコミュニティを築いてきた世代にとってそれは，自分自身の前提が問いなおされることにもつながるからである。新しいメンバーがコミュニティに加わるとき，コミュニティのすべてのメンバーは，自分自身の立ち位置がいくらかなりとも，場合によっては揺るがされる体験を，余儀なくされる。こうした葛藤にどう取り組むことができるかが，コミュニティが持続する力の試金石となる。

4. コミュニティの自己更新

　未来のコミュニティのあり方は，あらかじめ決まってはいない。それは，古参者と新参者がともに創り出すものである。ただ，そのような共同の創造が可能になるためには，レイヴとウェンガーが指摘するように，古参者が新参者による参加の意義を理解していなければならない。そのように新参者を受容することは，しばしば古参者の立ち位置やこれまで培ってきたアイデンティティを揺るがすような葛藤を生む。

　冒頭に挙げた倉橋の言葉は，このような葛藤を乗り越える必要性を示したものであろう。子どもたちがいてはじめて教師は教師でいることができる。新しい子どもたちが訪れるとき，教師はその子たちの教師として生まれ変わる。入園式のイニシエーションは，子どもたちだけでなく，教師もともに受けているのである（西，2007）。

　同様に，自ら子どもたちと出会い続けた臨床教育学者のランゲフェルド（M. J. Langeveld）は，教育をともに成長することと捉えている。そしてそれは，我々自身が子どもたちと出会うことによって自らを問いなおし，新たに成長することによって，はじめて可能になるのである。

われわれが教育者として経験を積むには，それぞれに異る子供たちとの多様な交り，次々に生ずる新たな課題，はからずも直面する様々な障碍などを，自らの全人格的な力を投入して克服し，やり遂げてゆかねばならない。かくして，われわれ自身の人格の「統合」も，その都度改められ是正されて，より豊かに成長してゆかずにはいない。ところが残念なことに，いわゆる「心理療法家(セラピスト)」にしても，普通の教育者にしても，こうした全人格的な取り組みから逃避して，ややもすればオーソドックスと称される硬直した「理論(セオリ)」なるもので鎧っている嫌いがある。しかし，子供を一人ひとり独自の人格として理解しようと願う教育者にとって，先ず以って必須の要件は，真摯な自己批判と積極果敢な自己更新でなければなるまい。

　　　　　　　　　　　　　　　　　　　　　　（ランゲフェルド，1974）

　ESDについて考えるとき，たとえば環境問題について何をどのように子どもたちに伝えていくかといった，知識面での検討がなされてきている。それとともに，本章で扱ってきたような，コミュニティそのものが相互的な自己更新を進めるプロセスの観点からも，検討を進めていくことが必要だと考えられる。環境問題であれば，ただ知識を伝えるだけではなくて，その環境問題を作りだしてきた従来世代の一員として，新しい世代にどう出会えるか，新しい世代の参加をどう生かせるかが問われる。環境問題に限らず，教師はこれまで培われた文化の担い手として，新しい世代からの問いかけを受け続ける存在なのであろう。

　その際，倉橋やランゲフェルドが強調しているのは，一人ひとりの子どもたちと出会う姿勢である。どんな子どもがやってきても，「年々歳々繰り返される」例年通りの実践を続けるなら，コミュニティは変わらない。新しい世代の問いかけに答え，自らを問いなおす姿勢は，一人ひとりと新しく出会う姿勢につながっている。教育者一人ひとりがそのような姿勢をもつとともに，コミュニティ全体にそのような風土が醸成されることによって，教育が持続可能な発展に貢献することが可能になるであろう。

引用・参考文献

　倉橋惣三（1916［1965］）「新入園児を迎えて（先生方へ）」『倉橋惣三選集　第二巻』フレー

ベル館。

西隆太朗（2007）「教育におけるイニシエーションの相互性——倉橋惣三の言葉から」『ノートルダム清心女子大学 児童臨床研究所年報』第20集。

M. J. ランゲフェルド（1974）「個々の子供を理解し解釈すること」岡田渥美・和田修二監訳『M. J. ランゲフェルド講演集 教育と人間の省察』玉川大学出版部。

Jordan, B. (1989) Cosmopolitical obstetrics: Some insights from the training of traditional midwives. *Social Science and Medicine*, 28 (9).

Lave, J & Wenger, E. (1991) *Situated Learning: Legitimate Peripheral Participation.* CA: University of California Press.（佐伯胖訳（1993）『状況に埋め込まれた学習——正統的周辺参加』産業図書）

Wenger, E., McDermott, R. & Snyder, W. M. (2002) *Cultivating Communities of Practice.* Harvard Business School Press.（櫻井祐子訳（2002）『コミュニティ・オブ・プラクティス——ナレッジ社会の新しい知識形態の実践』翔泳社）

（西　隆太朗）

第6章
ESD と学校教育

　　　　　ESD においては，持続可能な社会の構築のために求められる価値観や行動力の育成が求められるが，価値観や行動様式の習得過程にある児童・生徒に対する教育活動に関与することは，成人に既存の価値観や行動様式の変容を求める以上に，教育効果が期待されるとして，学校教育，とりわけ初等・中等教育における ESD の実施への期待はきわめて大きい。しかしながら，日本の初等・中等教育では ESD の重要性に対する理解がまだ不十分であり，学校における ESD の実践も普及過程にあるとみることができる。
　　　　　本章では，学校教育が ESD を実践するにあたって直面する教育カリキュラム，学校運営，学校外連携の3つの課題について検討し，福山市立駅家西小学校による体系的な ESD カリキュラム構築の取り組みと，岡山市南区藤田学区の5校連携による ESD の取り組みによる具体的な実践事例を通して，それらの課題を解決するため糸口を提示する。

1. 学校教育における ESD の課題

（1）学校教育への期待

　持続可能な社会の構築のためには，現代の世界が直面している多様な課題に対峙してそれらを解決していかなければならない。しかしながら，相互の課題は複雑に関連しており，その解決のために，持続可能性の3要素とされる環境の持続可能性，経済の持続可能性，社会の持続可能性を検討するだけでも，利害関係が対立する場面が少なくない。
　したがって，社会的公正の実現や自然環境との共生を重視した持続可能な社会の担い手を育成する ESD においては，持続可能な社会の構築のために求められる価値観の育成はもとより，様々な課題が相互に連関していることに気づく体系的思考力，課題の本質の理解や解決のために多様な可能性を検討し判断を行う多面的・批判的思考力，課題の解決のために他者と協力して行動する能力などを伸長させることが必要となる。
　日本においては，2006年の『我が国における「国連持続可能な開発のための

教育の10年」実施計画（ESD 実施計画）』（以下，本章では ESD 実施計画とする。）において，優先的に取り組む課題として環境保全を中心とした課題を入り口とすると示されたことなどから，環境教育が先行する形での ESD 普及が図られてきた。しかし，ESD の理念を鑑みると，環境教育のみならず，開発教育・平和教育・国際理解教育・消費者教育・キャリア教育等が一体となって推進されるべきものであり，すべての人が質の高い教育の恩恵を享受することをうたう ESD の目標からも，学校教育，とりわけ初等・中等教育における ESD の実施への期待はきわめて大きいと言える。

（2）ESD の阻害要因

　日本の学校教育の現場では ESD の重要性への理解が依然として十分に浸透していないという現状があるが，ESD において求められる価値観，体系的思考力，多面的・批判的思考力，他者と協力して行動する能力，の育成はこれまでの学校教育において全く看過されてきた訳ではない。たとえば，文部科学省が学校教育の理念として掲げる「生きる力」の育成は，思考力・判断力・表現力・課題発見力・問題解決能力から構成される確かな学力，自律心・協調性・感動する心から構成される豊かな人間性，たくましく生きるための健康・体力，の3つのバランスがとれた力から構成されているとされ，上述の ESD で育成すべき能力とかなり重複していると解釈できる。したがって，十分な説明を尽くせば学校教育の現場における ESD の重要性に対する認識を高めることは，さほど困難ではないと考えられる。

　一方，ESD においては，ESD で求められる価値観・能力を獲得する学習プロセスが重要だとされる。

　ESD 実施計画や，「持続可能な開発のための教育の10年」推進会議（ESD-J）(2006) が指摘するように，体系的思考力，多面的・批判的思考力の育成のためには，学習課題や学習内容を関連付けた継続的な学習プロセスが必要とされる。また，他者と協力して行動する能力の育成のためには学習者と地域・社会の多様な人びととをつなぐ参加体験型の学習活動が必要となるとともに，習得した能力を用いて持続可能な社会の構築のための行動を実践するプロセスも求められる。日本の学校教育においては，これまで ESD が求めるこうした学習

プロセスをあまり積極的に採用してきておらず，これが学校教育におけるESDの阻害要因となってきたとみることができる。

(3) 3つの課題

学校教育でESDにふさわしい学習プロセスを導入するためには，教育カリキュラム，学校運営，学校外連携の3つに関する課題に取り組まなければならない。

佐藤ほか (2011) は，イギリスの学校教育におけるESDの取り組みであるサステイナブルスクールプロジェクトを紹介する中で，ESDが学校におけるカリキュラムや新たな指導方法を活性化するために重要な役割を果たすこと，ESDを意識した学校の持続可能な管理や運営が前向きで持続可能な習慣を身につけるための媒介になること，ESDによる保護者や地域社会とのふれあいを通して学校が持続可能なコミュニティ推進に寄与することを指摘している。ESDのこうした効果を説明することで，日本の学校教育においてもESDが普及するのではないかとの期待もあるが，これまでの学校教育におけるESDの浸透度や，日本とイギリスでは学校長や各教員の裁量権や教員異動の頻度に差異があることなどを鑑みると，日本におけるこれらの課題の解決はさほど容易ではないように思われる。しかしながら，日本においてもそれらの課題を解決するための糸口となるであろうと考えられるESDの実践事例も散見される。

2. 教育カリキュラム上の課題解決の取り組み

ESDの教育カリキュラム上の課題は多岐にわたる。とくに，ESDでどのような内容を取り上げ，どのような学習指導をすべきなのかについては，学校教育におけるESDの根幹的な課題である。しかしながら，この問題は小・中・高等学校の様々な教科についてESDを採用した内容・指導法を検討した国立教育政策研究所 (2012) のほか，ユネスコ・アジア文化センター (2009)，開発教育協会内ESD開発教育カリキュラム研究会 (2010)，中山ほか (2011) などの研究で既に多角的かつ具体的に議論されているので，この問題の検討はそれらに譲り，本稿ではESDのカリキュラム形態を中心に具体的な事例を紹介し

つつ教育カリキュラム上の課題を解決する方向性を提示したい。

（1）学習指導要領における ESD

　日本の学校教育カリキュラムは文部科学省の定める学習指導要領に基づいて編成されている。したがって，ESD の教育カリキュラム上の課題を解決する際には，学習指導要領において ESD がいかに位置づけられているのかが重要となる。この点では，2011年度から学校種ごとに段階的に改訂実施されている学習指導要領に「持続可能な社会」の記述が盛り込まれたことは，学校教育で ESD を実践する際の大きな推進力と言える。

　学習指導要領における ESD に関する記載を学校種ごとに確認していくと，小学校の学習指導要領においては，持続可能な社会についての直接的な記載はないものの，たとえば，指導要領解説の社会科改訂の趣旨として，持続可能な社会の実現を目指すなど，公共的な事柄に自ら参画していく資質や能力を育成すること（文部科学省，2008a）が示されるなど，指導要領の各所に ESD の理念が反映されていることがわかる。この点については，中山ほか（2011）も，従来の学習指導要領でも用いられていた「よりよい社会」という記載が，今回の改訂で「持続可能な社会」を指すと方向づけられたことに注目している。

　中学校および高等学校の学習指導要領においては，表1-6-1に示したとおり，中学校では社会科，理科に，高等学校では地理歴史科，公民科，保健体育科，家庭科の内容項目に「持続可能な社会」が記載された。

　このように各教科に ESD に関する記載がなされたことに加えて大きな意味をもつ改訂が，総合的な学習の時間の位置づけの明確化である。今回の改訂によりこれまで総則において定められてきた総合的な学習の時間が，総則から取り出され，目標，内容，内容の取扱等が明記され，いずれの学校種の学習指導要領においても，総合的な学習の時間の活動内容について，たとえば国際理解，情報，環境，福祉・健康などの横断的・総合的な課題についての学習活動を行なうことと示されている。ここで注目すべき点は，その解説に，国際理解，情報，環境，福祉・健康などの横断的・総合的な課題のいずれもが，持続可能な社会の実現に関わる課題であり，現代社会に生きるすべての人が，これらの課題を自分のこととして考え，よりよい解決に向けて行動することが望まれてい

表1-6-1　学習指導要領内容項目における「持続可能な社会」記載箇所

学校種	教科（分野）	記載箇所
中学校	社会科（地理的分野）	(2) 日本の様々な地域 ウ．(エ) 環境問題や環境保全を中核とした考察
	社会科（公民的分野）	(4) 私たちと国際社会の諸課題 イ．よりよい社会を目指して
	理科（第1分野）	(7) 科学技術と人間 ウ．(ア) 自然環境の保全と科学技術の利用
	理科（第2分野）	(7) 自然と人間 ウ．(ア) 自然環境の保全と科学技術の利用
高等学校	地理歴史科（世界史A）	(3) 地球社会と日本 オ．持続可能な社会への展望
	地理歴史科（世界史B）	(5) 地球世界の到来 オ．資料を活用して探究する地球世界の課題
	地理歴史科（地理A）	(1) 現代世界の特色と諸課題の地理的考察 ウ．地球的課題の地理的考察
	公民科（現代社会）	(3) 共に生きる社会を目指して
	公民科（政治・経済）	(3) 現代社会の諸課題
	保健体育科（体育）	H体育理論 (3) 豊かなスポーツライフの設計の仕方について理解できるようにする。
	家庭科（家庭基礎）	(2) 生活の自立及び消費と環境 オ．ライフスタイルと環境
	家庭科（家庭総合）	(4) 生活の科学と環境 エ．持続可能な社会を目指したライフスタイルの確立
	家庭科（生活デザイン）	(2) 消費や環境に配慮したライフスタイルの確立 イ．ライフスタイルと環境
	家庭科（消費生活）	(4) 持続可能な社会を目指したライフスタイル イ．持続可能な社会の形成と消費行動
	理科（全科目）	［内容の取扱等に記載あり］
	工業科（環境工学基礎）	［内容の取扱等に記載あり］
	理数科（全科目）	［内容の取扱等に記載あり］

資料：文部科学省（2008）『中学校学習指導要領　平成20年3月告示』東山書房。
　　　文部科学省（2011）『高等学校学習指導要領　平成21年3月告示』東山書房。

ると明記されていることである（文部科学省，2008b）。この点は，学校教育において総合的な学習の時間を中心としてESDカリキュラムを構築可能とする明確な根拠を学習指導要領が与えたものと言え，極めて大きな意義をもつ。

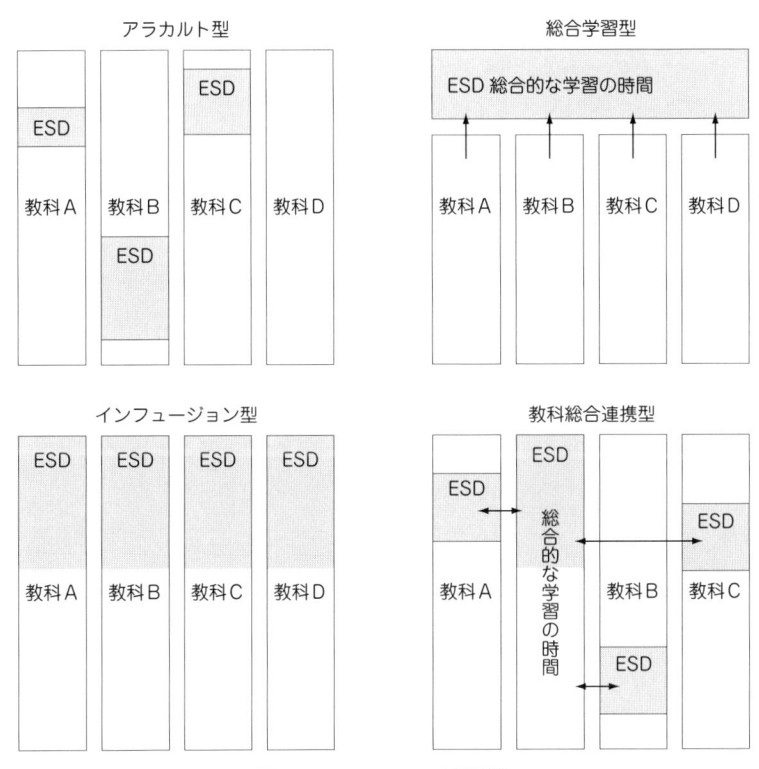

図1-6-1　ESDの実践形態

（2）ESDのカリキュラム形態

ESDのカリキュラム形態は，主に図1-6-1の4形態に分けることが可能である。

アラカルト型は，各教科の一部でESDを実践するというもので，たとえば，社会科における世界のエネルギー資源に関する学習，理科における自然環境保全に関する学習などESDと関連する学習を個別に実施し，その総体をもってESDの実践とするものである。日本の中学校や高等学校では教科担任制がとられており，教科横断的な教育活動が実践しにくいという現状がある。こうした中で，アラカルト型は通常の教科指導にESDの視点を導入すれば，1人の教員が1単元ないし1次の授業から実践可能であることから，きわめて取り組みやすい形態であると言える。

総合学習型は、各教科の学習を基盤としてESDを総合的な学習の時間で実践するというものである。ESDに関する横断的・総合的な内容を、探求的・主体的・創造的・協同的方法で取り組むには、総合的な学習の時間は好適で、この形態は総合的な学習の時間が学校教育法の各教科等の授業時数の中に規定されている日本ならではの実践形態であると言える。

インフュージョン型は、すべての教科の学習の中にESDを浸透させるというものである。最終的にはすべての科目・すべての内容を持続可能性に関わる課題を意識してESDにふさわしい方法で実践するもので、持続可能な開発のために求められる原則、価値観及び行動が、あらゆる教育や学びの場に取り込まれるという、ESDの目標を具現化する形態とも言える。これについて永田（2010）は、近代教育思想自体が現代の持続不可能な状況を生んでおり、インフュージョン型の採用がその改革につながることを示唆している。

教科総合連携型は、総合的な学習の時間を中心としてESDを実践するものの、各教科の中でもESDを実践し、それらを相互に連携させながら学校全体でESD実践に取り組むという形態である。この形態は永田（2010）のいうホールスクール・アプローチとほぼ同義ととらえることができ、この実施には、学校全体による継続的なESD実施体制が構築されていることが不可欠となる。

（3）福山市立駅家西小学校の取り組み

ESDのカリキュラム形態の中で、すべての科目・すべての内容をESDとして実践するインフュージョン型が理想的だと考えられるが、学習指導要領に準拠し、検定教科書を利用する日本の学校教育においてはインフュージョン型の採用は容易でない。他方、総合的な学習の時間が学校教育における正規の内容に位置づけられており、学習指導要領においてもESDの中心的教育活動とすることが可能となっている日本の特色を活かすとすると、教科総合連携型の採用が望まれることになる。

そこで、教科総合連携型のカリキュラム形態を採用している例として、広島県福山市立駅家西小学校の実践をみてみたい。

駅家西小学校のESD実践は、図1-6-2で示したESD関連カレンダーからわかるように、生活科と総合的な学習の時間を中心としつつ、他の教科や教科

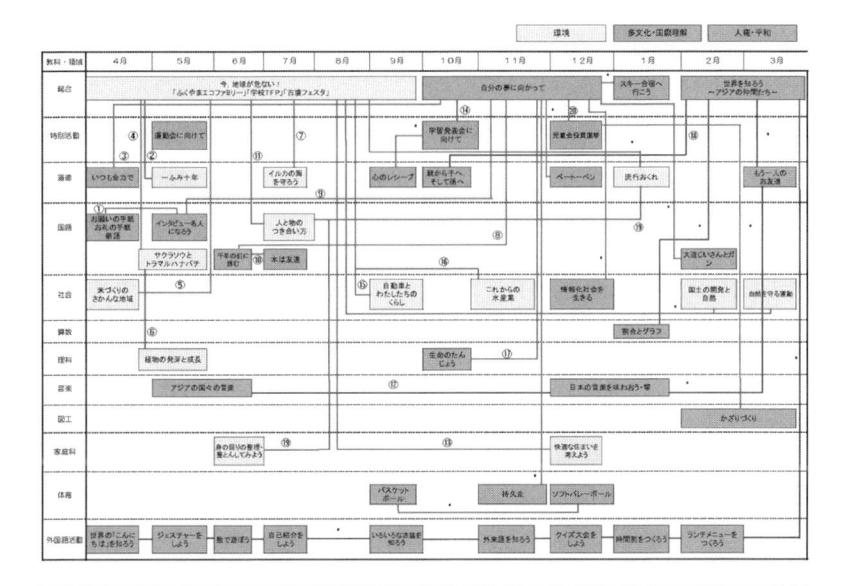

①	国語科において，インタビューや手紙の書き方についての基本的な技能を身に付けることができるから。
②	動植物や自然の美しさ，雄大さに触れ，感動する心をもつことが，動植物や自然を愛することや自然を保護することにつながる。わずかマッチ棒の太さしかないチングルマにも10年間に及ぶ成長があり，その生命力の尊さを感じ取ることができるから。
③	自分の夢を実現するためには，絶えず自分自身と向き合いながら，さまざまな不安や誘惑に打ち勝つ，自分ができることに全力を尽くす必要がある。イチロー選手の記録に挑む姿から，希望や勇気を決して失わずに，いつも全力で物事に取り組んでいこうとする強い気持ちを感じ取らせる。自分もそうありたいと願い，夢や理想に向かって着実に前進していこうとする気持ちを育てることができるから。

図 1-6-2　ESD関連カレンダー

出典：藤井・川田（2012）。

外の教育活動と連結された体系的なカリキュラムの下で実践されている（藤井・川田，2012）。このような教科総合連携型のカリキュラムの構築のためには，学校全体での取組みが不可欠であることから，学校経営や教員組織マネジメントといった学校運営上の課題を解決する必要がある。

駅家西小学校においては，学校の課題を共有しESDの目標や考え方についての研修を重ねることにより，教員間でESDについての理解を深め，ESD実践の基盤が構築された。駅家西小学校のESDの推進には，学校長のリーダー

シップのもとで，学校外の専門家を教育実践と教員の指導力の向上に活用してきたこと，および，教務主任を中心として ESD 推進のための教育研究体制を確立したこと，同学年を指導する教員グループが共同で単元開発，教材研究に取り組むとともに，中堅教員による助言が得やすい雰囲気を醸成したことなどが効果的に作用した。

ESD 関連カレンダーは，単元や活動どうしの関連性をとらえ，教科・領域を越えた横断的・統合的指導を行なうために東京都江東区立東雲小学校で開発されたものであるが（多田ほか，2008），駅家西小学校の ESD 関連カレンダーは，単元や活動のつながりの理由を明記することにより，これを進化発展させたものとなっている。つながりの理由の記載は，持続可能な社会を構築するために求められる原則や価値観の習得および行動の誘発のためのいかなる教育効果が期待できるのかを想定した単元構想や授業実践を容易にするという極めて大きな効果がある。それに加えて，各教育活動と ESD との関連をわかりやすく伝達することができるため，教員の異動が多い公立学校において学校全体での ESD の取り組みを持続可能とするのに大きく貢献している。

3. 学校外連携上の課題解決の取り組み

（1）ESD における学校外連携

ESD において重視される参加体験型の学習プロセスの導入は学校内だけでは実現できない。したがって，学校と地域社会が連携して，地域の教育資源を活用することが有効な手立てとなる。日本ユネスコ国内委員会（2011）も，ESD を実践する際には，同学校種の学校との連携，異学校種の学校との連携に加えて，学校教育と社会教育，行政・NPO 等との連携など多様な連携が重要であるとしている。

こうした，学校と地域社会との連携は，学校にとっては学外講師の利用などにより専門的な学習活動を展開できるようになることや，地域による学校理解が深まるなどの利点がある。一方，地域社会にとっては学校の教育活動に参加するという自己実現の機会が得られることや，世代間の結びつきが強化されるなど地域活性化に寄与するなどの利点がある。しかしながら，これまでの学校

教育においては，教授型の学習プロセスが中心的で学校外の教育資源の活用がさほど重視されてこなかったことや，学校と地域社会との協働関係を構築する際に，相応の時間と労力がかかることなどから敬遠されがちであった。

こうした状況を，ESD を推進することにより制度的に改善し，多様な連携を構築して持続可能な社会の担い手を育成しようとしている取り組みとして，岡山市の取り組みがある。

（2）岡山市の学校教育における ESD 推進体制

岡山市は，ESD の理念がこれまで岡山市で進めてきた教育の方向性と重なるものであるとの認識から ESD の推進に積極的に取り組んでいる。岡山市の ESD 推進の特色は，重点的に育てる能力を中学校区ごとに定め，それを幼児教育，小学校，中学校で一貫的かつ段階的に指導育成していくという岡山型一貫教育と，中学校区で，家庭・保護者・地域社会などが学校園と協働して子どもの教育に当たる地域協働学校の理念に基づいて，中学校区内にある複数の学校が協力しながら地域と連携して ESD を進めるという体制をとっていることである。

岡山市の学校教育で ESD を進める中心的プロジェクトである，ユネスコスクール推進事業では，図1－6－3のように，中学校区内の学校園を一体として推進校園に指定して，ESD の理念にもとづく教育を学校間連携，地域協働の中で実践する取り組みを進めている。岡山市教育委員会は，これまで岡山市で ESD 推進の中核的役割を果たしてきた岡山市環境局および岡山大学と連携しながら，この取り組みを支援し，最終的には全市的な取り組みとすべく，中学校区における ESD の取り組みの輪を拡大する方針である。

こうした，岡山市の中学校区を単位とした ESD に取り組みは，学校を中心とした多様な連携を構築するというだけでなく，都心部のきわめて都市的な中学校区，中山間地域の農村的な中学校区，海岸に面する中学校区など市内の中学校区ごとの自然環境，社会環境の多様性に対応した ESD を保障したものと言える。以上のことから，岡山市では中学校区ごとに特色ある多様な ESD 実践がなされているが，本章では，その一例として岡山市藤田地区の事例をとりあげ，連携構築の過程をみてみることにする。

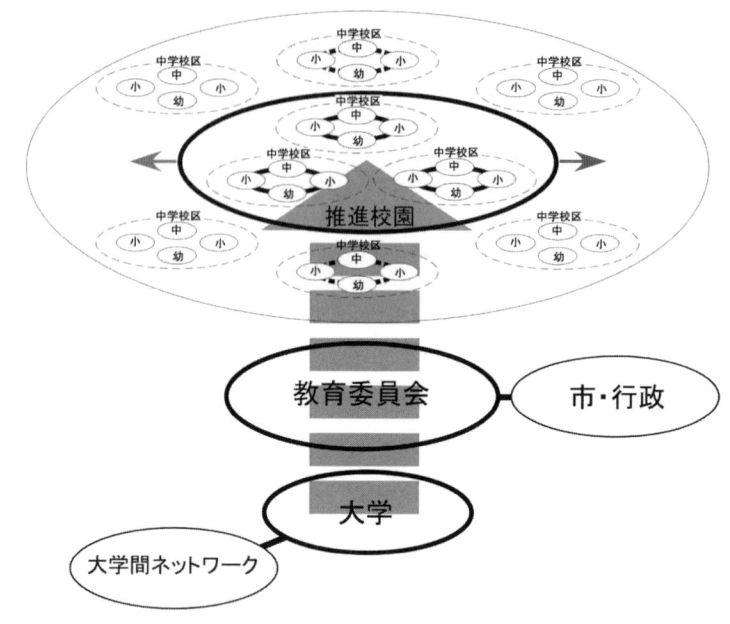

図1-6-3　岡山市における ESD の推進体制

（3）岡山市藤田地区の学校教育における ESD 実践

　岡山市南西部に位置する藤田地区は，人口約1万3,000人（2012年5月現在）の地区である。この地区は児島湾干拓事業によって造成された農地が広がる農業地域となっている。しかし，1960年代以降，地区北部を中心に工業団地や物流センターなどが立地するなど，非農業的土地利用も進み，兼業化も進んでいる。また，近年は，小規模な宅地開発が進み新住民の流入も散見される。

　地区内には，第一藤田小学校，第二藤田小学校，第三藤田小学校，藤田中学校，興陽高等学校の5校が立地しているが，これら5校が協働して学校教育におけるESD の取り組みは開始したのは，この5校に藤田公民館，岡山市環境保全課が加わる藤田地区学校 ESD 連絡会（当初は藤田地区 ESD・環境教育連絡会という呼称であった）が発足した2008年度のことである。

　藤田地区学校 ESD 連絡会は，学校間および地域社会との連携を深めることにより子どもの成長が一層豊かになるとともに，教員の負担軽減にもつながるとの期待から，小中学校9年間の系統的な学習の充実を念頭において，まず，

各校の総合的な学習の時間の年間指導計画について情報交換し，現状と課題の確認するところから活動を開始した。その結果，各校とも特色のある取り組みを実施していることが確認されたが，とくに小学校においては，細部は異なるものの干拓地に広がる農業地域という地域環境を活用した類似した教育実践がなされていることが判明した。一方，小学校での学習を中学校の学習にいかに反映できるのかを考えなくてはならないことや，義務教育9年間のESDでどのような能力を身につけさせたいのかを共有すべきであることなどの課題も明確となった（岡山市立中央公民館，2009）。

2009年度になると，小学校3校の総合的な学習の時間を基盤として，中学校，高等学校が関与していくという具体的活動の方向性が決定され，3小学校で共通した年間指導計画のモデルを作成するプロジェクトが開始した。その中で，ESDを念頭においた参加体験型学習の学びの場づくり，発表の場づくり，連携組織の強化が重要となることが共有された。

2010年度には，前年度に作成された3小学校共通の年間指導計画のモデルをもとに，第5学年での総合的な学習の時間において地域連携にもとづく実践を試行した。この実践は，藤田地区の持続可能性を考えることを通して，持続可能な社会の担い手となり得る普遍的な能力につけさせることを目的とし，農業を通して藤田の未来を考える多様な学習活動を3校共通で実施した。具体的には，NPOの外部講師によるフードマイレージについての学習活動，藤田公民館，地域住民，岡山市環境局の協力を得て実施した藤田地区の未来を議論する学習活動，稲作体験，興陽高校の高校生と連携したアヒル農法の学習，農家への3小学校同時インタビュー調査，藤田中学校との協働による学習のまとめと校内発表，地区内行事の藤田ふれあい祭りでの学習成果の展示発表などの活動が実施された。

2011年度は，各校ともESDの活動を学校全体に広げることを目標に活動を行い，前年度に第5学年で実施した連携的な学習を第3～第6学年に広げ，各学年とも共通のテーマを設定し，各学年の担当者が一同に会して情報交換しESDについての理解を深め，年間指導計画を作成実施した（藤田地区学校ESD連絡会，2012）。その際，懸案となっていた藤田地区の学校におけるESDで育てたい能力を，共感力，思考力，判断力，課題発見力，問題解決力，実践力と

することで共通認識が得られた。

4. 学校教育における ESD の展望

　駅家西小学校の実践は，ESD のためのより良いカリキュラムの構築のための取り組みが，同時に学校運営上の課題をも解決し，学校全体ですべての教育活動を ESD を意識して実践することにつながっている。

　一方，岡山市藤田地区の ESD を契機とした学校間連携および地域連携の取組みは，現在，各校において学校全体のカリキュラムを ESD の視点で見直し，系統的に再構築する取り組みに展開している。

　この2つの事例は，学校教育で ESD にふさわしい学習プロセスを導入するための教育カリキュラム，学校運営，学校外連携に関する3つの課題は，相互に関連しており，当初に取組む課題は異なるものの，次第に相互の課題を解決しつつ総合的体系的な取組みへと展開していくことを示唆している。

　その際，駅家西小学校ですべての教員が ESD の実践を継続できるように指導案を定式化し共有する一方で，学習活動自体がルーティン化することなく改善されるべきものであるとの認識を共有していることと，藤田地区での取組みにおいて各校の学習活動を共通化するのではなく，ESD で育てたい能力を共通理解し，共通の活動テーマのもとで，各校・各教員の独自性を活かした教育活動を展開するという方向性が示されていることは，学校教育において ESD を実践する際に，組織的な取り組みも重要であるが，各教員の主体性も十分に保障されることが不可欠であることが示唆されており，きわめて興味深い。

　いずれの実践においても，ESD によって児童・生徒の地域への愛着の醸成，コミュニケーション能力，社会参加意識の向上に寄与すること，教員が協力して学習活動を実施することにより学校全体の教育力が向上すること，学校の教育活動に対する地域社会の理解が深まり，学校への協力支援が得やすくなったことなどの成果が確認されていることから，この成果を発信し，取り組みの経緯を共有することで学校における ESD の実践がさらに拡大することが期待される。

引用・参考文献

岡山市立中央公民館（2009）『公民館プロジェクトチーム　平成20年度　報告書』岡山市立中央公民館。

開発教育協会内 ESD 開発教育カリキュラム研究会編（2010）『開発教育で実践する ESD カリキュラム――地域を掘り下げ，世界とつながる学びのデザイン』学文社。

国立教育政策研究所（2012）『学校における持続可能な発展のための教育（ESD）に関する研究［最終報告書］』国立教育政策研究所教育課程研究センター。

佐藤真久・岡本弥彦・五島政一（2011）「イギリスにおけるサステイナブル・スクールの関連施策・取組と日本の教育実践への示唆」中山修一・和田文雄・湯浅清治編『持続可能な社会と地理教育実践』古今書院。

持続可能な開発のための教育の10年推進会議（ESD-J）編（2006）『未来をつくる『人』を育てよう』持続可能な開発のための教育の10年推進会議。

多田孝志・石田好広・手島利夫（2008）『未来をつくる教育 ESD のすすめ――持続可能な未来を構築するために』日本標準。

永田佳之（2010）「持続可能な未来への学び　ESD とは何か」五島敦子・関口知子編著『未来をつくる教育 ESD ――持続可能な多文化社会をめざして』明石書店。

中山修一・和田文雄・湯浅清治編（2011）『持続可能な社会と地理教育実践』古今書院。

日本ユネスコ国内委員会（2011）『ユネスコスクールと持続発展教育（ESD）』日本ユネスコ国内員会。

藤井浩樹・川田力監修・広島県福山市立駅家西小学校編（2012）『未来をひらく ESD の授業づくり　小学生のためのカリキュラムをつくる』ミネルヴァ書房。

藤田地区 ESD 学校連絡会（2012）『平成23年度　藤田地区 ESD のまとめ』藤田地区 ESD 学校連絡会。

文部科学省（2008a）『小学校学習指導要領解説　社会編　平成20年8月』東洋館出版社。

文部科学省（2008b）『小学校学習指導要領解説　総合的な学習の時間編　平成20年8月』東洋館出版社。

ユネスコ・アジア文化センター（2009）『ESD 教材活用ガイド　持続可能な未来への希望』ユネスコ・アジア文化センター。

（川田　力）

> コラム1　国際観光時代の到来にむけて必要な人材育成について

　これまで日本における観光は国内観光が主流であり，国際観光，とりわけ海外からの観光客の誘致（インバウンド）にについては，国としての政策は打ち出されてこなかった。しかしながら，国内観光の低迷，新たな日本の産業の柱の育成という，国内経済が直面する課題への解決の一つの方策として，国際観光の振興に対する期待が高まり，その結果，2008年10月に国土交通省に「観光庁」が設置された。

　観光庁では，海外からの観光客数を2020年までに2,500万人にすることを政策目標として，2016年までに1,800万人にすることを目標に掲げ*，その実現に向け，世界15カ国を重点国として（とりわけ，中国，韓国，台湾，香港，米国を当面の最重点市場として）日本への観光プロモーションに特に力を入れている。その成果もあって，2010年には韓国から244万人，中国から142万人，台湾から127万人（出所：日本政府観光局「JNTO」）の観光客が訪れるようになった。こうした中で，2011年3月11日に発生した東日本大震災と原発事故により日本への観光客増大に急ブレーキがかかったが，現在では震災前の水準に戻りつつある**。

　さて，こうした観光客の増大に対して国内の受け皿はどうなっているかというと，実のところまだ十分な対応ができているとは言えない。鉄道，道路といった交通機関や主要観光地における多ヶ国語表記が不足していることに加え，海外からの観光客のおもてなしをする人材の育成についても立ち遅れが目立つ。とりわけ，多くの観光客が訪れているアジア諸国で用いられている言語を話すことができる人材の育成は未だ十分とは言えない。繰り返し日本を訪れる観光客もいるが，多くの場合は初めて日本を訪れる観光客である。日本での観光をする際の楽しみの一つは，買物やテーマパークで遊びといったこともあるのだが，日本文化とのふれあい，日本人との交流という要素も大きい。先日中国の旅行代理店関係者と懇談した際にも，中国人観光客の関心として東洋文化（古来の文化）と西洋文化との融合をどのようにすればうまく融合できるか，そのポイントを知りたい観光客が増えているという話があった。そうした観光客が増えるということは，それだけ日本人との直接の交流をする機会が拡大する可能性が高いといえることから，ニーズに応えた人材の育成に力を入れることが必要となっている。

　また，日本への渡航がよりしやすくなるにつれ，学校レベルでの交流（修学旅行生の受け入れ）や長期滞在を通じた日本文化の習得など，観光のバリエーションはより豊富になってくるだろう。そうした時代の到来に向け，持続性のある人材を育成することは日本における観光産業が，我が国の基幹産業として定着するために欠かすことができな

い。

　現在国内に観光学部をもつ大学は限られており，学部の設置のハードルは年々高くなっているため，学部設置による解決というのは簡単な話ではないだろう。加えて，観光を専門とする教授クラスの人材も限られており，手法として限界がある。しかし，学部は設置でなくとも言語教育を通じた観光マインドの醸成は可能である。たとえば，これまでの文法中心の言語教育ではなく，観光客との交流の場面で使う「ことば」，といった形で実践を重んじた語学教育の持続的な展開でも上記の課題への対応になるだろう。観光振興に役立つ人材の持続的な育成が学校教育の場で図られることを切に求めたい。

　＊2007（平成19）年に施行された観光立国推進基本法の規定に基づき，観光立国の実現に関する基本的な計画として新たな「観光立国推進基本計画」が閣議決定された（2012年3月30日閣議決定）。

　＊＊米国を除く4ヶ国については，領土問題によるわが国の観光への影響が発生しており，日本への観光客の増大に再び急ブレーキがかかることが懸念されている。

（松永　久）

| コラム2 | 地域に密着した歴史系ミュージアムの維持・発展に必要な人材の育成について |

　我が国には博物館法に基づく登録博物館数907館，および博物館相当施設341館，そして同法に根拠をもたない博物館類似施設が4,527館ある（文部科学省「平成20年度文部科学省社会教育調査報告書」）。2011年11月現在で，日本の自治体数は1,719（特別区を含む）なので，単純に計算すると，一つの自治体に3館以上のミュージアム（ここでいう「ミュージアム」は，登録博物館数，博物館相当施設，博物館類似施設の総称とする）がある計算となる。

　ところで，こうしたミュージアムの中で館のカテゴリー別に見ると，地域の歴史，文化，偉人などを取り扱ったものが多く，全体（4,527館）の3分の2近くに及ぶ。しかしながら，そうしたミュージアムの展示を見ると，史料，寄贈品などの事物がただ置かれているだけか，あるいは人形とジオラマ，パネルなどで「見せるだけ」というケースが多い。しかも，こうしたミュージアムの展示解説は，開館したときに作って以降，更新されることはまずない。加えてここ数年は，行政改革の波が教育分野にまで押し寄せており，赤字・黒字の議論からおよそほど遠かった，行政設置のミュージアムまでもが「経営」努力を求められていて，存続をめぐって厳しい立場に置かれている。

　このような状況を打開するために，ミュージアムを支える学芸員や運営スタッフは力を合わせて収入源の獲得や来館者増加に向けた取り組みを，経費削減と並行して実施しているが，それだけでは十分な効果が出ていない。地域の歴史，文化，偉人といったテーマは，本来地域住民が「誇り」としているものであり，地域住民がミュージアムを拠点として交流できる仕組みがなければ展示物に命が吹き込まれ，地域住民の存続支援の声を得ることはできない。その意味では，ミュージアムに必要な努力は地域密着性をより高める仕掛け，仕組みを作り上げることはきわめて重要である。

　さて，そうした仕掛け，仕組みに参加してもらえる人材はどこにいるか，ということになるのだが，私は一つの可能性として地元の高齢者に焦点を当てたい。

　高齢者は，地元を良く知る人たちであることは言うまでもないが，これまでそうした人たちの交流は郷土史研究会くらいで，ミュージアムとのかかわりをもちながら展開しているケースは数少ない。そこで，高齢者を対象に，自分が幼少の頃からの町の歴史，当時慣れ親しんだおもちゃ，地域の郷土芸能など，地域に密着したテーマのワークショップをミュージアムで実施し，高齢者がミュージアムに足を運ぶきっかけを作ってもらうことで，ミュージアム活性化の第一歩を築くことが考えられる。なお，この取り

コラム2　地域に密着した歴史系ミュージアムの維持・発展に必要な人材の育成について　95

組みは，ミュージアムに成人大学的な機能をもたせるだけでなく，高齢者の認知症予防にもつながることが期待できる＊。また，この展開の延長として，地域の歴史，文化をテーマとした演劇（ミュージアムシアター）が展開できれば，ミュージアム活性化の効果はさらに高まるものと考える。

　また，別の方法による人材育成も手法もある。アメリカでは，展示解説や収蔵物の修復のサポートを行う「ミュージアム・ボランティア」になるためには，ドーセント・プログラム（ドーセントとは「案内人」の意味）を半年から1年間受講し，そこで一定の成績を収めるとともに，講習の最後のテストに合格しないと，晴れてミュージアム・ボランティアになることができない。しかしながら，学芸員の資格は無くとも，学芸員と並んで博物館の重要なスタッフの一人として活躍できる場があることは，アメリカの場合，地域の高齢者にとって，大きな励みとなっている。こうした仕組みが日本にも導入できれば，博物館の運営に対する理解者，協力者は増えることが期待できるだけでなく，高齢者の新たな交流拠点としてミュージアムの活性化も期待できると考えている。

　＊エジンバラの子どもの博物館では，数十年前のおもちゃを集め，それを持って高齢者施設に慰問に訪れている。高齢者が，自分が幼少の頃のおもちゃを触ることで認知症の状態が一時的に改善する効果があるという。

（松永　久）

第Ⅱ部　環境論の視点から

第1章
環境教育と ESD

　1960年頃から本格化した環境教育が，1992年の地球サミットを契機に持続可能な開発のための教育（ESD）に発展した。本章では環境問題及び環境教育の歴史を概観するとともに，環境教育と ESD の基礎的な概念を示す。
　また環境から見た持続可能な開発とはどういうことか，イースター島の教訓や気候変動（地球温暖化）などを例に示す。解決のキーワードは経済成長と環境負荷のデカップリングである。

1. 環境教育から ESD へ

　環境問題及び環境教育の概念は歴史と共に変化している。ここでは，まず環境教育が ESD へと発展してきた経緯を概観する。

（1）環境教育のはじまり

　「環境教育」（Environmental Education）という用語は，1948年の国際自然保護連合（IUCN）の設立総会で最初に用いられたと言われている。当時の環境問題は主として開発に対する自然保護であり，環境教育も自然保護教育から始まったと言える。
　その後，1960年代から70年代にかけて，先進工業国における環境汚染の激化，カーソンの『沈黙の春』やローマクラブによる『成長の限界』の出版などにより，資源や公害問題が大きくクローズアップされた。
　日本でも環境教育という用語が本格的に使われるようになったのは，1960年代からの深刻な公害問題や自然破壊に対する解決的手段として，その必要性が広く認められるようになってからである。欧米と同様に，まず，自然保護協会が1957年に学校教育の中での自然保護教育の必要性に関する要望書を政府や国会に送るなど，自然保護教育が広まった。また，公害が大きな問題となった1960年代には，各地で公害反対運動が展開されたが，児童を公害から守る観点

から，教員や教育委員会等も自発的に公害教育に取り組んだ。1964年には東京都小・中学校公害対策研究会が発足，1967年には全国小・中学校公害対策研究会が発足し，1971年からは小中学校の学習指導要領に公害学習が盛り込まれ，今日まで継続している。

（2）環境教育の必要性の国際合意：国連人間環境会議（1972）

1972年には環境に関する初の国連の会議である「国連人間環境会議」がスウェーデンのストックホルムで開催された。

国連人間環境会議では，「かえがえのない地球（ONLY ONE EARTH）」のために，「人間環境宣言」や「行動計画」が採択された。環境教育は，人間環境宣言の原則（19）に，「環境問題についての若い世代と成人に対する教育は——恵まれない人々に十分に配慮して行うものとし——個人，企業及び地域社会が環境を保護向上するよう，その考え方を啓発し，責任ある行動を取るための基盤を拡げるのに必須のものである。」と述べられ，その必要性が合意された。また各国や国際機関がとるべき行動を示した行動計画や勧告にも環境教育が盛り込まれた。

（3）今日の環境教育の基礎：環境教育政府間会議（1977）

国連人間環境会議を受けて，5年後の1977年に，ユネスコ主催の「環境教育政府間会議」がソ連（開催当時，以下同じ。）のトビリシで開催され，「トビリシ政府間会議宣言（トビリシ宣言）」が採択された。また，これに先立つ1975年に，準備会合として環境教育専門家ワークショップがユーゴスラビアのベオグラードで開催され，「ベオグラード憲章」が採択されている。

トビリシ宣言には，環境教育の役割・目的・指導原理，国内の教育政策に環境教育を取り入れること，人材養成，教材，研究の促進，国際協力などが盛り込まれている。トビリシ宣言における環境教育の5つの目的*と12の指導原理（Guiding Principles）を表2-1-1に示す。

　　＊ベオグラード憲章では，表2-1-1の5項目に「評価能力（Evaluation Skills）」
　　　を加えた6項目を環境教育の目的としているが，トビリシ宣言では，評価能力は
　　　「技能」に含めている。

表 2-1-1 トビリシ宣言における環境教育の目的と指導原理

(1) 目標

関　心 (Awareness)	社会集団と個々人が，環境全体及び環境問題に対する感受性や関心を獲得することを助けること
知　識 (Knowledge)	社会集団と個々人が，環境及びそれにともなう問題の中でさまざまな経験を得ること，そして環境及びそれにともなう問題について基礎的な知識を獲得することを助けること
態　度 (Attitude)	社会集団と個々人が，環境の改善や保護に積極的に参加する動機，環境への感性，価値観を獲得することを助けること
技　能 (Skills)	社会集団と個々人が，環境問題を確認したり，解決する技能を獲得することを助けること
参　加 (Participation)	環境問題の解決に向けたあらゆる活動に積極的に関与できる機会を，社会集団と個々人に提供すること

(2) 指導原理

① 環境の全体性—自然と人工，技術と社会（経済，政治，文化，歴史，倫理，審美）の側面—を考慮すること
② 学校教育，学校外教育を問わず，就学前から生涯にわたって継続されること
③ 全体を見通したバランスのとれた視野を得るために，各学問分野に依拠しつつ，学際的なアプローチをとること
④ 学習者が他の地域における環境状況について理解を得られるよう，自分たちの住む地域，国全体，アジアなどの地域全体，国際的な視点から，主要な環境問題を取り上げること
⑤ 歴史的な視野を取り入れつつも，現在と未来の環境の状態に焦点を当てること
⑥ 環境問題の解決と予防のためには，地域，国，国際的な協力の必要性と重要性を啓発すること
⑦ 開発や経済の計画において，環境の側面をきちんと考えてみるようにすること
⑧ 学習活動を計画する際に学習者が役割を担ったり，意思決定や決定結果を受け入れる機会を提供すること
⑨ 環境に対する感性，知識，問題解決技能，価値観の明確化は，各年齢に応じたものとするが，早期段階では，自分たちの住む地域における環境への感性の形成を重視すること
⑩ 学習者が，環境問題の現象や原因を発見できるように手助けすること
⑪ 環境問題が複雑に絡み合っていることを強調し，そのために批判的思考や問題解決技能の開発の必要性を重視すること
⑫ 実践活動や直接体験を重視しながら，環境について，そして環境から学び教える広範な手法を活用するとともに，多様な学習環境を活用すること。

出所：http://www.eeel.go.jp/111.html?entry=4

世界の環境教育の概念は，このトビリシ宣言及びベオグラード憲章を基礎としており，日本においても，現在の環境教育の基本的な考えとなっている。

(4) 地球環境問題の顕在化，ESD の起源：地球サミット (1992)

「持続可能な開発 (Sustainable Development)」という考え方は，1980年に国際

自然保護連合（IUCN），国連環境計画（UNEP）などがまとめた「世界保全戦略」の中で初めて登場した。その後，日本政府の提唱で設置された「環境と開発に関する世界委員会（委員長を務めたノルウェー首相の名をとってブルントラント委員会ともいう）」が1987年に公表した報告書「我ら共有の未来（Our Common Future）」の中で，「将来世代のニーズを満たす能力を損なうことなく，現在の世代のニーズも満足させるような開発」と説明付けがなされた。

一方，1980年代には，オゾン層の破壊，地球温暖化，有害廃棄物の越境移動，生物多様性の劣化などの地球環境問題が顕在化し，内外のマスメディアで大きく報道され，地球環境問題に関する様々な条約作りも進められた。

環境に関する国際的な意識が高まる中，国連人間環境会議の20周年を機に，1992年に「国連環境開発会議（地球サミット）」がブラジルのリオ・デ・ジャネイロで開催された。地球サミットには，115カ国の元首または首脳を含む，181カ国の代表が参加し，「持続可能な開発」を中心的考え方として，地球環境保全や経済社会開発の諸課題について議論した。その結果，「環境と開発に関するリオ宣言」，その行動計画として「アジェンダ21」，「森林原則声明」が合意され，また気候変動枠組条約，生物多様性条約が署名に付された。

環境教育も「持続可能な開発のための教育」（ESD）として，アジェンダ21の第36章「教育，人々の認識，訓練の推進」の中で，その重要性と取組の指針が盛り込まれた。ESDという用語はアジェンダ21が起源といってよいだろう。

（5）環境教育からESDへ：テサロニキ会議（1997）

アジェンダ21を受けて，地球サミットから5年後の1997年に，ギリシャのテサロニキにおいて，「環境と社会に関する国際会議：持続可能性のための教育と意識啓発」が開催された。この会議でまとめられたテサロニキ宣言では，

- ●持続可能性の概念は，環境だけでなく，貧困，人口，健康，食料，民主主義，人権，平和を含む。最終的には，持続可能性は道徳的・倫理的規範であり，そこには尊重すべき文化的多様性や伝統的知識が内在している。（第10節）
- ●環境教育は，トビリシ環境教育政府間会議の勧告の枠内で発展してきたが，「アジェンダ21」やその他の主要な国連会議で議論されるような世界的な問題にも幅広く取り組んできており，持続可能性のための教育としても扱われてきた。この

> ことから，環境教育を，「環境と持続可能性のための教育」と表現してもかまわない。(第11節)

と述べられた。すなわち，ESDは，従来の環境教育を軸に，開発教育，人権教育，平和教育など幅広い概念を含むものとされたのである。

そして，2002年の「持続可能な開発のための教育の10年」(DESD)の提案・採択へとつながっていくが，詳細については序章を参照されたい。

(6) 日本での取り組み

前述のとおり，環境教育は自然保護教育と公害教育の両面から進展してきたが，1980年代になると環境問題の態様が産業公害から生活排水や自動車公害など国民一人一人に起因するものに変容してきたことから，環境教育はますますその重要性を増した。そこで環境庁は1986年に環境教育懇談会を設置し，環境教育の理念や課題等を整理した(懇談会報告「みんなで築くよりよい環境を求めて」1988年)。これを受けて，1990年の平成2年版環境白書から，「環境教育の推進」という項が新たに設けられた。

また，1992年の地球サミットを受けて，日本でも1993年に環境基本法が制定され，同法第25条で「国は，環境の保全に関する教育及び学習の振興並びに環境の保全に関する広報活動の充実により事業者及び国民が環境の保全についての理解を深めるとともにこれらの者の環境の保全に関する活動を行う意欲が増進されるようにするため，必要な措置を講ずるものとする。」と，環境教育・環境学習の重要性が法制上初めて位置づけられた。さらに，環境基本法に基づき制定された環境基本計画（1994年，以後おおむね5年ごとに改訂）においても，「持続可能な生活様式や経済システムの実現のために環境保全に関する教育及び学習を推進すること」が位置づけられている。

学校における環境教育のあり方については，1996（平成8）年の中央教育審議会第一次答申「21世紀を展望した我が国の教育の在り方について」において，『環境から学ぶ（豊かな自然や身近な地域社会の中での様々な体験活動を通して，自然に対する豊かな感受性や環境に対する関心等を培う）』，『環境について学ぶ（環境や自然と人間とのかかわり，環境問題と社会経済システムの在り

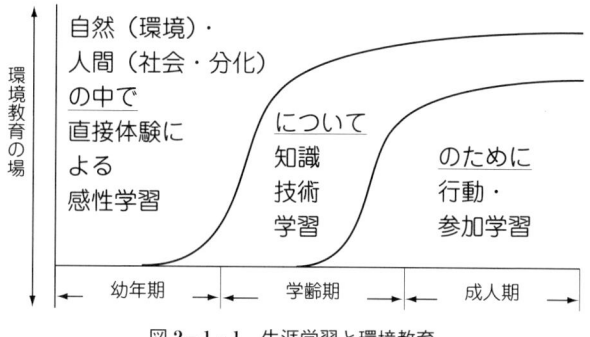

図2-1-1 生涯学習と環境教育

環境教育の場：
- 幼年期：自然（環境）・人間（社会・文化）の中で直接体験による感性学習
- 学齢期：について 知識・技術学習
- 成人期：のために 行動・参加学習

出典：阿部（1993）。

方や生活様式とのかかわりについて理解を深める）』，『環境のために学ぶ（環境保全や環境の創造を具体的に実践する態度を身に付ける）』という視点（図2-1-1）の重要性が指摘された。

2003年7月には，ESDの10年の提言等を背景として「環境の保全のための意欲の増進及び環境教育の推進に関する法律」が制定され*，2004年9月には，同法の基本方針が閣議決定された。この基本方針では，持続可能な社会の構築に向けて，環境保全活動及び環境教育の実施に当たり重視すべき基本的な考え方，学校・地域・職場等の様々な場における環境教育の推進方策，人材育成，拠点整備のための施策等について定めている。

> *本法は，2011（平成23）年6月に一部改正され，名称も「環境教育等による環境保全の取組の促進に関する法律」となった。法の目的に協働取組の推進が，また基本理念・定義規定に，生命を尊ぶこと，経済社会との統合的発展，循環型社会形成等が追加され，体験学習に重点を置いた取組から，幅広い実践的人材づくりへと発展している。

2006（平成18）年12月には教育基本法が全面改正され，教育の目標の一つとして，「四　生命を尊び，自然を大切にし，環境の保全に寄与する態度を養う」（第2条）が位置づけられた。さらに2007（平成19）年6月には学校教育法が改正され，義務教育の目標の一つとして「二　学校内外における自然体験活動を促進し，生命及び自然を尊重する精神並びに環境の保全に寄与する態度を養うこと」（第21条）が位置づけられ，今日に至っている。

2. 環境からみた持続可能性

（1）持続可能な開発に含まれる2つの公平性

　日本のDESD実施計画等には、「環境の保全、経済の開発、社会の発展（中略）を調和の下に進めていくことが持続可能な開発です」とあり、また持続可能な開発には、「世代内の公平」——地域間の公平、男女間の平等、社会的寛容、貧困削減など——と「世代間の公平」——人類の活動を資源の有限性、環境容量の制約、自然の回復力などを意識した節度あるものとし、将来世代へと持続させること——の2つの公平性が含まれているとされている。では、環境の保全、経済の開発、社会の発展を調和の下に進めていくというのはどういうことだろうか。また、環境の保全と貧困削減や男女平等など世代内の公平はどのように関わりがあるのだろうか。

（2）密閉された容器

　密閉された容器に土と植物と小さな動物（ミミズ）を入れ、太陽光があたるようにしておくと（図2-1-2a）、ミミズは密閉容器の中でも生き続ける。植物は光合成により二酸化炭素を吸収して酸素を作り、ミミズは酸素を吸って二酸化炭素を出す。ミミズは枯れ葉や土の中の栄養分を食べ、その糞は植物の栄養となる。蒸発した水分は夜には冷えて露となり、土に戻る。容器という閉ざされた系の中で、水も空気も栄養分（物質）も循環し、絶妙なバランスを保っているのである。これが「持続可能」な状態である。自然状態の生態系はこのようなバランスを維持している。

　しかし、この密閉容器に、ミミズではなく、蓄えられている資源を消費し、分解能力を超えて不要物を排出するような動物（ネズミ）を入れたら（図2-1-2b）どうなるだろうか？　資源を消費しつくし、不要物が分解できず、やがてはネズミ自身も死ぬだろう。これは「持続可能ではない」。

　この密閉容器は宇宙に浮かぶ地球の姿*である。ミミズやネズミは人間の経済活動、すなわち生産と消費に相当する。生産と消費には資源の利用と不要物の排出が伴う。

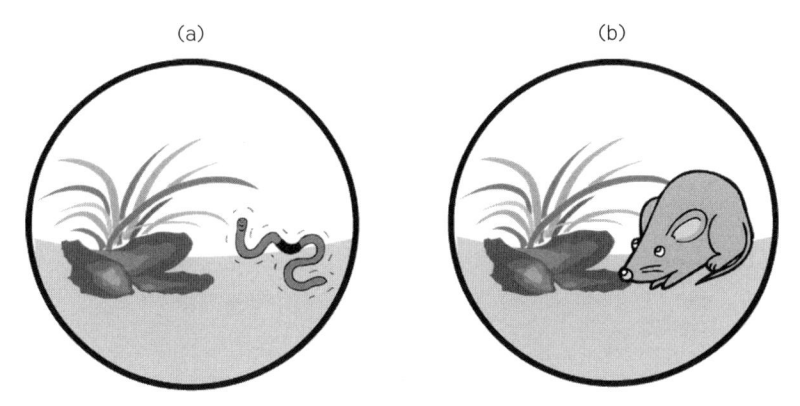

図 2-1-2 密閉された容器の生態系バランス

＊地球を「宇宙船地球号」と呼ぶ考え，すなわち人口，天然資源，環境資源など地球上のあらゆる要素が複雑微妙に相互依存しており，有限かつ一体のものとして，この地球をひとつの宇宙船にたとえ，みなが協力してこれを守っていかなければならないという考えは，1960年代に提唱され，1972年の国連人間環境会議の背景の一つとなった。

（3）環境問題の2つの側面

人口密度が低く，かつ1人当たりの需要が十分に小さい社会では，社会が消費した資源は自然が再生した。しかし，経済の発展に伴って，人口が増加し，一人当たりの需要が大きくなると，自然が再生できる速度を上回る速度で資源が採取され，資源は劣化する。経済活動に伴って，資源が枯渇し，継続的な利用が困難になることを資源劣化という。

また，自然界には，人間社会が環境中に排出した不要物を分解・浄化する能力がある。しかし，自然の浄化速度を上回る速度で不要物が排出されれば，環境中に蓄積する。排出された不要物が自然の浄化能力を超えて環境中に蓄積することを汚染という。

資源劣化と汚染が環境問題の2つの側面である（図2-1-3）。再生可能な資源の再生能力や自然の浄化能力を環境容量といい，資源の利用や不要物の排出を環境負荷という。環境負荷が環境容量を上回ると持続可能ではなくなる。

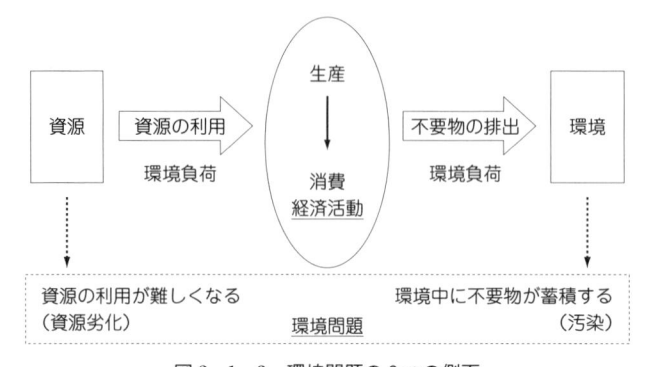

図2-1-3 環境問題の2つの側面
出典：藤倉良・藤倉まなみ（2008）『文系のための環境科学入門』有斐閣。

（4）イースター島の教訓

　モアイ像で有名なイースター島（チリ）は南米西岸から3,700km離れた太平洋の絶海の孤島である。現在はほとんど樹木のない不毛な景観を呈しているが，近年の花粉分析により，かつては高木を含む豊かな植生が島を覆っていたものと考えられている。5世紀頃より人が定住し，人口は徐々に増え（16世紀には7千人），農地としての開墾や，燃料・生活用具・草葺き小屋・漁労用カヌーの材料として森林を伐採していった。最も大きな木材需要は重い巨大な石像（モアイ）を島の各地の祭祀場に運ぶ必要から生じた。やがて木はなくなり，カヌーを造れなくなった島民は島から出られなくなる。さらに森林伐採が土壌の流出・荒廃と食料生産の減少を招き，島民は枯渇する資源をめぐって抗争にあけくれるうちに，人口が減少して文明が滅亡した。閉鎖された島で，島民は森林という資源の利用に関して，適切なバランスを維持していくような持続可能なシステムをつくることができなかったのである。イースター島と島民の関係は，現代の地球と人類の関係と同じではないだろうか？

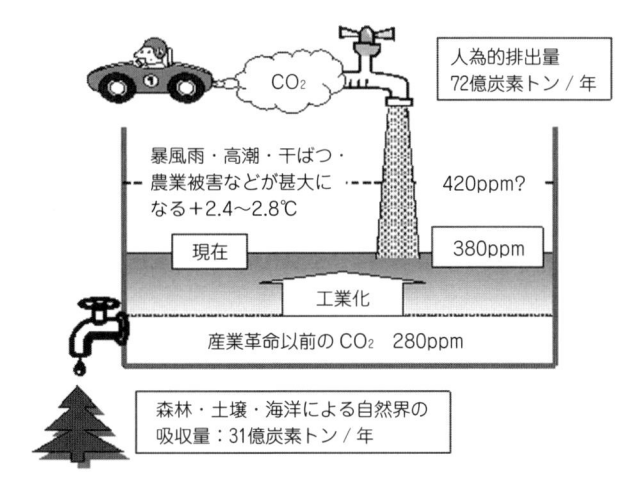

図中:
- 人為的排出量 72億炭素トン/年
- 暴風雨・高潮・干ばつ・農業被害などが甚大になる +2.4〜2.8℃
- 420ppm?
- 現在
- 380ppm
- 工業化
- 産業革命以前の CO_2　280ppm
- 森林・土壌・海洋による自然界の吸収量：31億炭素トン/年

地球の CO_2 濃度をお風呂にたとえている。蛇口から注がれる水（CO_2 排出量）は，排水口から出る水（CO_2 吸収量）の2倍以上で，水かさ（CO_2 濃度）は増え続けている。誰が，いつまでに，どのくらい蛇口を閉めることができるのだろうか。

図2-1-4　二酸化炭素排出量と吸収量

出典：西岡秀三「低炭素社会の到来〜化学に裏付けられた長期戦略の推進〜」中央環境審議会21世紀環境立国戦略特別部会（第5回）資料より作成。

（5）気候変動（地球温暖化）

　気候変動（地球温暖化）は最も典型的な「自然の浄化速度を上回る速度で不要物が排出されている」問題である。また，汚染（不要物の排出）だけでなく資源の劣化とも不可分な問題である。

　不要物である温室効果ガスの主たるものは化石燃料の燃焼に伴う二酸化炭素（CO_2）である。産業革命以前は，森林や海洋などの CO_2 吸収量が CO_2 排出量を上回っていたので，地球の CO_2 の平均濃度は280ppmで安定していた（図2-1-4）。持続可能だったのである。しかし産業革命以降，CO_2 排出量は増加し，一方で吸収源の一つである森林は減少し続けている。今や，世界の CO_2 排出量は，自然界の吸収量の2倍を超えており，吸収されなかった CO_2 は地球の大気に貯まり続けている。現在の CO_2 濃度は約380ppmで，年間約2ppmずつ増加し続けており，400〜440ppmになると，暴風雨・高潮・干ばつ・農業被害などが甚大になると予想されている*。

* 地球温暖化に関する知見は膨大である。詳細は，まず気候変動に関する政府間パネル（IPCC）の第5次報告書（環境省ホームページに和訳あり）を参照されたい。

　気候変動は貧しい人々を直撃する。貧しい人々の方が，水や食料など生活の糧の多くをより自然環境に依存しているからである。海面が上昇すれば，低い土地や小さな島が水没や高潮被害にあう可能性は増大するし，飲料水も塩水化のおそれがある。異常気象により食料生産は大幅に低下するおそれがあり，洪水は住居の被害や不衛生をもたらす。マラリアなど亜熱帯性の伝染病が広範囲に広がるおそれもある。途上国は資金や技術が不足していることからこれらの悪影響に備える力が乏しく，より大きく被害を受けてしまうのである。しかも，途上国の人々自身のCO_2排出量はきわめて少ない。

　どうすればよいか？　CO_2吸収量を倍にすることは難しいので，CO_2排出量を半減するしかない。ただしこれは世界全体である。公平性を考えて1人当たりのCO_2排出量（2005年）でみると，世界平均は4トンだが，日本は10トン，米国は20トンも排出している。これを世界平均の半分である2トンにするためには，日本は80％，米国は90％削減する必要がある*。

* 2009年の主要国首脳会議（ラクイラサミット）で合意された目標「世界全体の温室効果ガス排出量を2050年までに少なくとも50％削減，先進国全体としては80％以上削減する」の根拠はここにある。

* 地球温暖化に関する参加体験型授業を2つ紹介する。
　① 開発教育協会の新・ワークショップ版「世界がもし100人の村だったら」には地球温暖化のアクティビティがあり，貧富の格差と共に1人当たり排出量の差（世代内格差）に気づきを得られる。
　② 全国地球温暖化防止活動推進センター（JCCCA）のプログラム【A14-01】「未来は変えられる」は，自分の年齢に重ね合わせて未来の地球温暖化の影響（世代間格差）を実感することができる。

（6）水資源

　水についても考えよう。水は人間だけでなく全ての生物の命の源である。地球は「水の惑星」であるが，人間が利用できる湖沼や河川の水は地球の水全体の0.009％に過ぎない。水は海洋から蒸発して雲となり，雨となって地上に降

り注ぐ。水は循環しており，再生可能な資源であるが，無限ではない。

水は貧困や公衆衛生，男女間の平等にも深く関連している。人間に必要な飲料水は1日約2.5リットルだが，手や体を洗わなければ伝染病で命を落とすため，1人1日当たり最低50リットルの安全な水が必要である。しかし，世界では，9億人が1日20リットルの水のために30分以上歩かなければならず，25億人がトイレなどの衛生施設を利用できない（データは2006年）。安全な水とトイレなどがない非衛生な環境が原因となり，毎年，下痢で180万人が死亡しており，そのうちの90％が5歳未満の子どもである。また，サハラ砂漠以南のアフリカでは何百万人もの女性や子どもが水汲みのために多くの時間を費やし，女性は労働時間を，子どもは教育を受ける機会を奪われている。

このような状況を改善するため，2000年に合意された国連ミレニアム開発目標（MDGs）では，「目標7　環境の持続可能性の確保」の一つとして，「安全な飲料水及び衛生施設を継続的に利用できない人々の割合を半減する」ことが目標となっている。

しかし，人口が増加し，食料の増産などのための水需要が増す一方で，気候変動により水資源は質・量ともに状況が悪化すると予想されており，世界の1人当たりの再生可能な水資源量は減少すると予測されている。水の持続可能な利用を考えなければならない*。

*水資源に関する参加体験的な授業は，たとえば橋本淳司「明日の水は大丈夫？ 〜バケツ1杯で考える「水」の授業」に詳しい。

（7）生物多様性

地球上の生物は様々な環境に適応して進化し，未分類のものを含めると3,000万種ともいわれる。生物多様性には生態系の多様性，種間の多様性，種内の多様性（遺伝子の多様性）の3つのレベルの多様性があり，全体として地球の生態系システムを構成している。生物多様性の恵み（生態系サービス）には以下のようなものがあり，全ての生物のいのちと暮らしを支えている。

　●全ての生命の存立基盤：酸素の供給，水や栄養塩の循環，豊かな土壌，気温・湿度の調節
　●暮らしの基盤：食べ物，木材，医薬品

● 豊かな文化の根源：地域性豊かな文化，自然と共生してきた知恵と伝統
● 自然に守られる暮らし：マングローブや珊瑚礁による津波の軽減，山地災害，土壌流出の軽減

　しかし，人間活動による影響が主な要因で，地球上の種の絶滅のスピードは人間が存在しない自然状態の約100～1,000倍，年間4万種にも達すると推定されている。その原因は開発や乱獲による種の減少・絶滅，生息・生育地の減少，人による伝統的な関わり（里山等）の喪失，外来種等の移入による生態系の攪乱，そして地球温暖化（気候変動）である。「いのちはつくれない」のだから，我々人間は生物多様性の恵みを持続可能な態様で利用しなければならない。

　生物多様性は地球温暖化（気候変動）とともに，ユネスコが策定したESDの10年後半戦略（ボン宣言）でも焦点化を図る課題とされている。

（8）持続可能な経済社会への転換

　環境への負荷と経済社会の発展との関係について，『人口が爆発する』の著者エーリックは，「I＝PAT」という式を提示した。環境影響（Impact）は，人口（Population），豊かさ（Affluence），技術（Technology）の積で表される，すなわち，経済社会の発展に伴い，環境負荷は人口の増加以上に増大することを示している。たとえばエネルギー消費量を産業革命以前と現代で比較すると，人口（P）は約7倍，1人当たりのエネルギー使用量（A×T）は約4倍になっており，その結果，年間のエネルギーの使用量は実に30倍にもなっている。

　では，地球温暖化の防止などのために，我々はイースター島のように豊かさや文化を手放さなければならないのか？　貧しい国の「開発」をどのように進めればよいのか？　それに対するキーワードは「デカップリング（decoupling）」である。デカップリングとは，密接な関係にある2つの要素を引き離すことをいい，環境問題に関しては，経済が発展しても環境負荷が増えない社会を作ること（図2-1-5）である。かつて欧米や日本は，経済が発展すればするほど公害が悪化する時代を経験した。しかし，多くの痛みを伴って政治や社会が変換し，現在は経済が発展しても公害を出さない社会をほぼ達成した。このようなデカップリングへの変換は，現在直面している地球温暖化などの諸問題についても，技術革新と，経済社会の仕組みの変革の両輪でなしえるだろう。たとえ

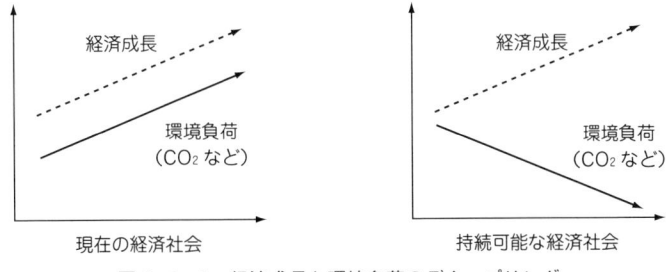

図2-1-5 経済成長と環境負荷のデカップリング

ば，化石燃料に課税して（炭素税），その財源で太陽光発電等の再生エネルギーの普及に補助することは，太陽光発電の製造や電気系統との連結という技術を基盤としており，また経済的な動機づけで化石燃料から太陽光発電へと転換する人を増やす社会経済の仕組みである。ちなみに，太陽光発電などの再生可能エネルギーは地産地消できる分散型エネルギーなので，石油輸入のために外貨を獲得せねばならない開発途上国にとっては社会経済的な効果も大きい。

このように，経済が発展しても環境に負荷を与えない社会をつくることが環境・経済・社会の統合であり，持続可能な開発なのである。国際社会でも，地球サミットから20年後となる2012年6月に，ブラジルのリオ・デ・ジャネイロで開催される「国連持続可能な開発会議」（リオ＋20）では，「グリーン経済」がテーマとなった。持続可能な社会へ転換するためには，これからのESDは，市民としての行動の変容だけでなく，環境負荷の少ない商品やサービスを開発・提供したり，政策で支援したりするような人材の育成をより積極的に目指す必要があるだろう。

出所・参考文献
トビリシ宣言　原文（UNESCO）
　Final Report, Intergovernmental Conference on Environmental Education, UNESCO, ED/MD/49, April 1978.
　http://unESDoc.unesco.org/images/0003/000327/032763eo.pdf
テサロニキ宣言　原文（UNESCO）
　International Conference Environment and Society: Education and Public Awareness for Sustainability, UNESCO-EPD-97KONF.40 lKLD.2, 12 December 1997
　http://unESDoc.unesco.org/images/0011/001177/117772eo.pdf

「国連持続可能な開発のための教育の10年」関係省庁連絡会議，わが国における「国連持続可能な開発のための教育の10年」実施計画，平成18年3月30日決定・平成23年6月3日改訂　http://www.cas.go.jp/jp/seisaku/kokuren/

阿部治（1993）「生涯学習としての環境教育」『子どもと環境教育』東海大学出版会．

『平成7年版環境白書』平成7年6月．

『平成2年版環境白書』平成2年6月．

環境教育懇談会（環境省）（1988）「『みんなで築くよりよい環境』を求めて」．

立教大学ESD研究センター・NPO法人持続可能な開発のための教育の10年推進会議（ESD-J）共同翻訳，ボン宣言．http://www.ESD-world-conference-2009.org/fileadmin/download/ESD2009_BonnDeclarationJapanese.pdf

ポール・エーリックほか，水谷美穂訳（1994）『人口が爆発する──環境・資源・経済の視点から』新曜社．

（藤倉まなみ）

第 2 章
ESD のための『KODOMO ラムサール』

　　　　ラムサールセンター（RCJ）は,「ラムサール条約（国際湿地条約）」の
　　　普及と，その中心的理念である「湿地の賢明な利用」を推進するための
　　　CEPA（対話，教育，参加，啓発）を活動の中心におく NGO である。日本
　　　とアジアのラムサール条約登録湿地の子どもたちをネットワークし,「人と
　　　湿地と生きもの」について学び，考え，行動できる子どもたちを育てる参加
　　　型の環境教育活動を2002年から実践してきた。
　　　　この章では,「〈日本・中国・韓国〉子ども湿地交流」（2002～）にはじま
　　　り，「KODOMO ラムサール」（2005～2008），「KODOMO バイオダイバシ
　　　ティ」（2009～2010），「ESD のための『KODOMO ラムサール』」（2011～）
　　　へと展開し，さらに，2014年の「国連・持続可能な開発のための環境教育の
　　　10年（DESD）」の終了年に向け，具体的な成果をあげ，国際的に発信する
　　　ことを展望する RCJ の，湿地と生物多様性をめぐる環境教育プログラムを
　　　紹介する。

1. ラムサール条約と「湿地の賢明な利用」

　ラムサール条約は，正式名称を「とくに水鳥の生息地として国際的に重要な
湿地に関する条約」といい，1971年2月，イランのラムサール市で開催された
国際会議で採択されたので「ラムサール条約」と通称されている。

　地球自然環境の保全をあつかう多国間条約の草分け的存在で，湿地の生態学
的機能が動植物にとってかけがえのない生息地を提供すると同時に，経済，文
化，レクリエーション上など，人間にとっても大きな価値をもつことに注目し，
湿地を将来にわたって「賢明に利用（Wise Use）」することをうたっている。

　「賢明な利用」という概念は条約条文では明らかにされていないが，1987年
のラムサール条約第3回締約国会議（カナダ・レジャイナ）で,「生態系の自
然特性を変化させないような方法で，人間のために湿地を持続可能な方法で利
用すること」「持続可能な利用とは将来の世代の需要と期待に対して湿地が対
応しうる可能性を維持しつつ，現世代の人間に対して湿地が継続的に最大の利

益を生産できるように湿地を利用すること」と定義されている（勧告3.3）。「持続可能な開発（Sustainable Development）」概念を前面に打ち出したブルントラント委員会の報告書「我ら共有の未来（Our Common Future）」が同じ年に発表されており，ラムサール条約は自然資源の「持続可能な開発」を具体的にうながした初の国際条約である。生態系の価値と保全の重要性に，5年後の1992年に誕生する「生物多様性条約（CBD）」にさきがけて言及している点でも，きわめて先駆的だった。

ラムサール条約の「賢明な利用」定義は，第9回締約国会議（2005年，ウガンダ・カンパラ）で，「持続可能な開発の趣旨にそって，生態系アプローチの実施を通じて，湿地の生態学的特徴の維持を達成することである」と，「ミレニアム生態系評価（MA）」（2005年）の成果をふまえて再定義されている（決議IX.1）。

ラムサール条約は，条約のめざす「湿地の賢明な利用」を推進する最も強力なツールは「対話，教育，参加，啓発（Communication, Education, Participation and Awareness = CEPA）」であると位置づけており，私たちRCJが1990年の設立当初から重点をおいてきたのも，このCEPA活動である。

2.〈日本・中国・韓国〉子ども湿地交流

ラムサールセンター（RCJ）は1990年の設立以降，「アジア湿地シンポジウム」（1992，日本）や「湿地と生物多様性ワークショップ」（1994，インドネシアほか）の開催など，科学者や行政官，NGOリーダーなど「おとな」を対象にしたCEPA活動をつづけてきたが，「子ども」を対象にした環境教育活動に具体的に取り組んだのは2002年からである。きっかけは環境省「開発途上国環境教育支援事業」（1996～1998）への協力で，アジアの若い湿地科学者やNGOリーダーたちと，環境教育ビデオのコンテンツをめぐってブレインストーミングを重ねる中で，地球環境を守るためには，地球規模で考え，行動できる子どもたちを育てるのがいちばんの近道だと，お互いに実感したからである。

2002年，RCJは「アジア湿地ウィーク：子どもと湿地キャンペーン」をスタートさせ，RCJのアジア会員によびかけて，各地で子どもを対象にした湿

地環境教育のイベントを展開してもらった。そして，その中核活動として2003年1月18〜19日，千葉県の「谷津干潟」（ラムサール登録湿地）で第1回「〈日本・中国・韓国〉子ども湿地交流」を，RCJと習志野市の共催で開催した。「ウェットランドインターナショナル中国（WI中国）」と「ウェットランド韓国（W韓国）」の2つのNGOの協力を得て，中国の北京と蘭州（甘粛省）から3人，韓国の釜山から3人の子ども代表を招き，日本からは習志野市立谷津南小学校の6年生代表3人が参加した。9人の子どもたちは，谷津干潟自然観察センターでそれぞれの地域の湿地や水鳥について発表し，干潟の自然を観察し，最終日には谷津南小のパソコンルームで，日本，中国，韓国語の文章を併記した「アジア湿地新聞」をいっしょにつくった。

　参加した子どもは全員，母国語以外の言葉をほとんど理解しなかったが，出会って数時間のうちに，身振り手ぶりで笑ったり，教えあったりのコミュニケーションを積極的にとりはじめた。「湿地」や「水鳥」という共通の関心事項が，言語や文化の壁を超えて，子どもたちのコミュニケーションや相互理解をどれほど加速するかを，私たちは目の当たりにした。とくに「渡り鳥」のパワーはたいしたもので，谷津干潟に憩うカモの姿に，「ぼくの国にもいる」「家のそばの池にも渡ってくる」と目を輝かせて伝えあった子どもたちの表情を，私は忘れることができない。中国や韓国から子どもたちを引率してきた先生やNGOスタッフの思いも同じで，RCJ，WI中国，W韓国の3つのアジアのNGOは，その後も年に1回のペースで，お互いの湿地を訪ねあって「日中韓子ども湿地交流」を継続することを確認した。

　「日中韓子ども湿地交流」は，翌年度，韓国のウーポ湿地（ラムサール登録湿地）で，2004年度は中国の大豊湿地（同）で開催され，2006年度からはWI中国が中核団体となりRCJとW韓国が協力する形で，中国のラムサール登録湿地を舞台につづけられた。さらに2008年度からは東アジア〜オーストラリア地域の水鳥の渡りのルートを共有するタイ，マレーシアが参加して「〈日・中・韓・タイ・マレーシア〉子ども湿地交流」に発展し，2009年度はタイのクラビ湿地（同）で，2010年度はマレーシアのサンダカンで開催された。参加した子どもの数は2010年までの9年間で延べ1120人を超え，確かなネットワークが築かれつつある。

これら一連の「国際子ども湿地交流」の基本プログラム構成は，①フィールド学習（湿地を知る），②活動発表（お互いを知る），③共同作業（成果物づくり）である。このスタイルは第1回「谷津干潟」で編み出され，その後も踏襲されている。③の共同作業は，絵を描く，書を書く，マングローブを植える，水質調査をする，寸劇を演じる，民族舞踊を踊る，郷土料理をつくるなど，主催地となった湿地のカルチャーを色濃く反映しながら，多彩なプログラムとして実施されている。

この活動を通じて中国には，湿地環境教育に重点を置く学校による「湿地の学校ネットワーク連絡協議会（WSNCC）」が2010年に誕生し，現在15校が参加している。WSNCCは2012年度，環境再生保全機構地球環境基金（JFGE）の助成を受け，「中国における湿地ESDの推進～ラムサール条約湿地と湿地公園における教師の人材育成を通して～」を3年計画でスタートさせた。先生たちの相互研修やモデル授業の実施，湿地環境教育の教材の共同開発などさまざまな活動が期待される。

3. アジア・アフリカ子ども湿地交流

2005年11月，RCJはアジアのラムサール登録湿地を代表する子ども7人をアフリカのウガンダに派遣した。日本の涛沸湖（北海道），琵琶湖（滋賀県），中海（鳥取県），漫湖（沖縄県）からそれぞれ男の子，韓国のウーポ湿地，タイのタレノイ湿地からそれぞれ男の子，そしてインドのチリカ湖からの女の子，11～17歳までの計7人である。全員，世界の湿地を知りたいという積極的な意欲をもっての自発的な参加で，ちなみにそのうちの3人は，「日中韓子ども湿地交流」に参加した子どもたちである。

ウガンダの首都カンパラでは11月8～15日，ラムサール条約第9回締約国会議（COP9）が予定されていて，それと並行して8～10日の3日間，ウガンダ政府，現地NGOと協力して「アジア・アフリカ子ども湿地交流――KODOMOラムサール」をおこなった。会場となったカンパラ市内のインターナショナルスクールの野外スタジアムで，7人のアジア子ども代表は，カンパラ市内の全中学校のエコクラブ代表200人と合流し，互いの湿地紹介と活動発

表の後，半日にわたるグループディスカッションを経て，「COP9のための子どもアピール」を英語でつくりあげた。そして60人の子どもが代表としてCOP9開会式に参加を認められ，16人がステージに招かれ，1000人を超す政府代表の前で，「COPの討議内容を子どもにもわかるように配信してほしい」，「湿地の管理に子どもも参加させてほしい」，など10数項目にわたるアピールを読みあげた。ラムサール条約35年の歴史上，公式プログラムに「子ども＝次世代」が参加し，意見を述べたのはこれが初めてで，国際的にも大きな評価を得た。

COP9の会期中，ウガンダ政府はカンパラ市内の小中学生代表を交代で会議場に招き，展示ブースの見学や，楽器演奏とダンスなどのパフォーマンスを政府代表に披露する機会を設けた。会議場には連日，子どもたちを満載した大型バスが横づけされ，つねにどこかに子どもの姿と笑い声が絶えない印象的なCOPとなった。

「我々がなぜ巨額の予算と時間を費やしてCOPを開催するためにここに来ているのかを思いだした。この子どもたちの未来のためなのだ」。ブリッジウォーター条約事務局長（当時）は，プレスインタビューでこう発言している。

しかし，日本から参加した4人の子どもはとまどってもいた。「ぼくらは日本の子どもの代表とはいえない」「日本の湿地，全体のことはよく知らない」「ウガンダで見たり聞いたりしたことを，日本の子どもに伝えないといけない」と口々にいってくる。

その子どもたちの思いを基礎にはじまったのが「ラムサール条約を子どもたちものにする『KODOMOラムサール』」活動（2006〜2008。以下，KODOMOラムサール）である。ウガンダの子ども会議で採択された「COP9のための子どもアピール」を日本に持ち帰り，子どもたちの手で実行に移すことを目標にした活動がはじまった。

4. KODOMOラムサール

「KODOMOラムサール」は，「日中韓子ども湿地交流」や「アジア・アフリカ子ども湿地交流」に参加した子どもの感想や意見をもとに，RCJがそれま

でアジアに置いていた活動の軸足を日本に移し，日本のラムサール登録湿地の子どもを主な対象として計画・実行した環境教育プログラムである。

2006年からの3年計画で，1年に2～3回の「KODOMOラムサール」を，各地のラムサール登録湿地で開催し，他の登録湿地からの子どもを招いて情報と経験を交換し，湿地保全に関心をもち，行動する子どもたちの広範なネットワークをつくることをめざした。そしてその実績と成果を，2008年10月に韓国・昌原で開催が決まっていたラムサール条約第10回締約国会議（COP10）に子どもたちの手で持っていくという目標を立てた。COP9（ウガンダ）に続き，締約国会議にみんなの声を届けよう，と子どもたちによびかけた。

プログラムの基本構成は，「日中韓こども湿地交流」の経験を基礎に，①フィールド学習，②活動発表，③グループディスカッション，④全体会議での成果物（KODOMOメッセージ）づくり，の4本柱とし，週末や連休などを活用した1泊2日の合宿形式を原則とした。「日中韓子ども湿地交流」にくらべて画期的な点は，滋賀県の小学校の現職教師である中村大輔先生が，子どもたちの交流とディスカッションを活発にするためのファシリテーター役を，ボランティアとしてプログラムを通じて引き受けてくれたことだった。中村先生は2004年，韓国での「日中韓子ども」に引率として参加した経験があり，子ども湿地交流の意義と効果を理解し，快く協力を約束してくれた。

「KODOMOラムサール」は，2006～2008年の3年間に9回開催されたが，中村先生はその全プログラムに参加し，ファシリテーターを務めた。おとながお膳だてしたプログラムに「お客」として参加するのでなく，子どもたちが自分で考え，発見し，発言し，行動し，協力して成果を出せるようにと，ゲームやクイズも交えながら，中村先生はたくみに場を盛り上げていく。出会った当初はおずおずとしていた子どもたちが，時間が経つにつれて目を生き生きと輝かせはじめ，積極的に手を挙げて意見をいい，反論し，大きな拍手で賛意を示すようになる。そして，1泊2日のプログラムの最後の1時間で，自分たちだけの「KODOMOメッセージ」を，怒涛のようなエネルギーで自信をもってつくりあげる。毎回，それはまるで，魔法の手品を見ているようだった。

子どもと接するプロである小学校の先生の継続的な協力によって，どの回の「KODOMOラムサール」に参加する子も，自分が参加しなかったそれまでの

回のバトンを引き継ぎ，さらに自分たちの成果を次の「KODOMO ラムサール」につないでいく，という実感をもつことができるようになった。そして，「ラムサール COP10 に KODOMO メッセージを届ける」という最終目標を共有することが可能になった。子どもたちが自分で考え，進行し，協力して成果を出す過程に参加できる環境が整った。

「KODOMO ラムサール」開催地の選定にあたっては，ラムサール条約登録湿地を抱える自治体約80に広報して協力を求めた。2005年に新しくラムサール登録された涛沸湖がある北海道・網走市がいち早く応じ，2006年10月7～8日，第1回の「KODOMO ラムサール」を，網走市と共催で開催した。

参加する子どもの募集は，RCJ 会報の「ラムサール通信」やホームページ，ラムサール条約登録湿地関係自治体，各地の湿地センターなどに案内を送り，さらにかつて「日中韓子ども湿地交流」や「アジア・アフリカ子ども湿地交流」に参加したことのある子どもにも連絡した。もっとも活発な反応が，実は，この子どもたちグループから返ってきた。

たとえば北海道・釧路湿原の隣の鶴居村在住の佐藤奈津子さんは，小学5年生のとき韓国での「日中韓子ども湿地交流」（2004）に参加した女の子だが，第1回の涛沸湖での「KODOMO ラムサール」に，中学生となって，釧路湿原代表として意気揚々と戻ってきた。佐藤さんはその後も，学校行事の合間をぬって複数の「KODOMO ラムサール」に参加し，初参加の子どものリーダー役として活動をひっぱった。佐藤さんは，地元の高校を卒業した後，関東地方の大学に進学し，国際コミュニケーション学を専攻している。「日中韓子ども湿地交流」の経験者で，「KODOMO ラムサール」のリーダー役を務めた子どもは，ほかにもたくさんいる。

1つのプログラムに参加することで，ほかの湿地への関心が増し，2回3回と参加を繰り返すリピーターが多いのも，「KODOMO ラムサール」の特色だった。子どもたちは，参加を繰り返すうちに，大きな声ではっきり意見をいうようになり，グループディスカッションや全体会議では積極的に発言し，多様な意見を集約して1つのメッセージにまとめていく最終局面では，こちらが驚くほどの調整力や協調性を見せるようになっていった。リピーター参加者の多くは，湿地や環境への関心を日常的にも持ち続け，たとえば第1回「日中韓

子ども湿地交流」(谷津干潟)を物かげから見学していたという田辺篤志くん(当時小学5年生)は，中学生になってからKODOMOラムサール，KODOMOバイダバに繰り返し参加するようになり，いまは大学の水産学部で研究者の道をめざしている。2005年，「アジア・アフリカ子ども湿地交流」に最年少(11歳)で参加した琵琶湖の山本賢樹くんは，いま高校3年だが，大学に進学して生物生態学を学びたいと猛勉強中である。

「KODOMOラムサール」は，2006年10月から08年2月までに7カ所で8回開催し，08年8月にはまとめの活動として，「KODOMOラムサール国際湿地交流inにいがた」を，新潟市の佐潟はじめ近郊の福島潟，鳥屋野潟，瓢湖をフィールドに，4泊5日でおこなった。中国，韓国，ロシア，タイ，インドのラムサール登録湿地を含む全国25湿地から101人が参加し，英語と日本語を駆使して何時間もディスカッションをつづけ，COP10に届けるための集大成としてのKODOMOメッセージ「湿地がある，命がある，ぼくらがつなげて宝になる」「Wetlands are there. Life is there. We connect them. They become treasures」をつくりあげた。

こうしてKODOMOラムサール全体の参加子ども数は延べ6か国530人となり，9種類のKODOMOメッセージが成果物として残った。

RCJはこれらメッセージとともに，3年間の「KODOMOラムサール」活動で中心的な働きをした全国18人を選び，2008年10月のCOP10(韓国・昌原)に送った。「日中韓子ども湿地交流」以来，協力関係にあったW韓国は，COP10の主催地の昌原市に働きかけ，市の協力で韓国内のラムサール登録湿地と，過去9回のラムサールCOP開催都市からの子ども代表を招待することになった。その結果，COP10にさきがけて9か国60人の子どもによる「世界子どもラムサール会議」が開催され，COP10開会式で，各国子ども代表9人がそれぞれのメッセージを発表する機会を与えられた。COP9に次いで，ラムサールCOPの公式の場への次世代の参加が実現したのである。

5．KODOMOバイオダイバシティ

ラムサールCOP10への子どもたちの参加を実現したあと，RCJは子ども向

けの環境教育プログラムにいったん区切りをつけるつもりでいた。しかし，2008年12月の末，COP10に参加した子ども18人連名の長い手紙がRCJに届いた。3年間の「KODOMOラムサール活動」に参加した子どもたちが，自分たちで主な参加者に対し，アンケート調査を実施し，結果をまとめ，「活動継続のお願い」を送ってきたのだ。「もっと多くの湿地で，もっと多くの子どもたちをまきこんで，湿地交流活動を継続してほしい」と子どもたちは強く求めていた。このとき，子どもたちの意見を集め，要望書としてまとめようと提案し，具体的な作業を担ったのは，釧路湿原の佐藤さん，谷津干潟の田辺くん，琵琶湖の山本くん，藤前干潟の佐藤くんなどのリピーター参加者だった。

　この声を受け，2009年4月，RCJは「KODOMOバイオダイバシティ（生物多様性条約と生きものを守る子どもたちの運動）」（以下，KODOMOバイダバ）をスタートさせた。2010年10月に開催されることになっていた生物多様性条約第10回締約国会議（CBD_COP10）を新たな目標に定め，「湿地と生物多様性」に焦点をあわせた子ども湿地交流プログラムである。「日中韓子ども湿地交流」や「KODOMOラムサール」のようなRCJ単独の事業とせず，NGO（RCJ），自治体（滋賀県），企業（積水化学工業）から成る「実行委員会」を組織して実施した。資金，人材など活動の基盤を強化する目的もあったが，生物多様性条約が強くもとめる「多様なセクターの協働」を具現化し，より多彩な湿地交流への参加者の広がりを期待したからでもある。

　「KODOMOバイダバ」のプログラムは，「KODOMOラムサール」と同様，ラムサール登録湿地を舞台に，1泊2日で，①フィールド学習，②活動発表，③グループディスカッション，④全体会議で成果物，を基本に構成したが，フィールド学習により重点をおき，地元の人をガイド役に，湿地の「宝」をみつける「宝さがし」を企画した。グループごとにみつけた宝に順位をつけ，上位6つの絵を描き，キャッチコピーを考えるというシナリオを立てた。「KODOMOラムサール」では，KODOMOメッセージをつくってラムサールCOP10に届けることを目標にしたが，「KODOMOバイダバ」では，「湿地の宝ポスター」をCBD_COP10に持っていくことを，目標にした。

　「KODOMOバイダバ」は，2年間で9回おこない，最終プログラムは，2010年8月，滋賀県の琵琶湖で「KODOMOバイオダイバシティ国際湿地交流

写真2-2-1 KODOMOバイオダイバシティ〈串本沿岸海域〉

in琵琶湖」として実施し，中国，韓国，タイ，マレーシアの子どもを招いての国際交流プログラムとした。最終日の全体会議で，参加6か国76人の子どもたちが選んだ琵琶湖の宝は「固有種，かばた（川端），水のつながり，活動する人々，ヨシ（葦），琵琶湖博物館」，キャッチコピーズは「守りつづけよう，ぼくらの湖（うみ）」に決まった。ちなみに川端とは，自然の湧水を家の中にひきこんで炊事や洗濯に利用する伝統的な水利用で，琵琶湖東岸の高島市針江地区などにいまも残されている。

　全9回のKODOMOバイダバに参加した子どもは延べ340人，活動の成果の「湿地の宝ポスター」は，CBD_COP10の「生物多様性交流フェア」に開設した「KODOMOバイダバ」のテントブースに展示され，ブースを交代で訪れた子どもたち47人が，訪れる人に活動の成果を説明した。ポスターを子どもたちの手でCOP10に届けるという目標は，こうして達成された。

　KODOMOラムサールとKODOMOバイダバの大きな違いの1つは，一方の成果物が言語情報としての「メッセージ」だったのに対し，一方は視覚情報の「ポスター」だった点である。キーワードを抽出して，ディスカッションをしながら1つのフレーズにまとめていく作業は，討論に参加できる子どもには緊張感と大きな達成感をもたらすが，小学生～高校生まで年齢差のある混成チームで活動する「KODOMOラムサール」の場合は，言語力の劣る年少の子どもの参加はどうしても制限される。多国籍の子どもが混在する国際湿地交流ではとくに，言語の壁をこえられないという限界があった。

一方「湿地の宝ポスター」の場合は，言語力を必要としない分，年齢や国籍に関係なく，だれもが参加できるよさがあった。しかし，絵を描く作業は基本的に個人技なので，みんなで妥協したりされたりしながら1つのものをつくりあげていくメッセージづくりのような一体感や達成感は薄かったともいえる。どちらがいい，悪いということでなく，参加者の顔ぶれや環境によって，使い分けていけばいいのだろう。

6. ESDのためのKODOMOラムサール

2011年4月からRCJは，「ESDのための『KODOMOラムサール』―持続可能な開発のための環境教育」（以下，ESD-KODOMOラムサール）という新しい環境教育プログラムをスタートさせた。2014年，日本政府が先導している「国連・持続可能な開発のための教育の10年（DESD）」の達成年に向けて，「日中韓こども湿地交流」「アジア・アフリカ子ども湿地交流」「KODOMOラムサール」「KODOMOバイダバ」と積み重ねてきた子ども湿地交流プログラムを検証，継承，発展し，日本とアジアの子どもと地域住民を対象に，フィールドに基盤をおいた持続可能な社会を実現するための環境教育プログラムとして，改めて取り組もうとしている。ESDの専門家や企業などと協力して，国内のラムサール登録湿地（2012年7月現在46）だけでなく，アジア（中国やタイなど）の湿地をフィールドに，現地のNGOや研究者とともにプログラムを実施していくのが目標である。3年計画で活動をすすめ，2014年には，ESDのアジアモデルの1つとして提示，貢献することを目標としている。第1年の2011年度は，6月4〜5日の環境省主催「エコライフ・フェ2011」にブースを出展して，ESDについての一般市民への普及啓発を図り，全国の子ども代表27人による「ESDのための『KODOMOラムサール』」キックオフ宣言をした。10月8〜10日には，「KODOMOラムサール国際湿地交流〈無錫〉」を中国で，11月19〜20日には「KODOMOラムサール〈周南〉」を山口県で，2012年1月6〜9日には「KODOMOラムサール国際湿地交流〈チェンマイ〉」をタイで開催した。これらの活動に参加した子どもの総数は，延べ200人を超えている。

写真2-2-2　KODOMOラムサール国際湿地交流〈チェンマイ〉

　2012年度は，CBD_COP11の開催されるインドで10月に「KODOMOラムサール国際湿地交流〈ハイデラバード〉」を，11月に名古屋で「KODOMOラムサール〈藤前干潟〉」を，2013年1月にはふたたびタイで，「ESDのためのKODOMOラムサール国際湿地交流〈ナコンサワン〉」を開催する計画である。

　心強いのは，「日中韓子ども湿地交流」では小学生だった参加者がいまでは大学生になり，ボランティアとして事務局を手伝ったり，中村先生のファシリテーターの補佐として，湿地交流を成功させる側の裏方スタッフに加わってくれるようになったことである。

　ESDは「持続可能な社会を支える人づくり」であるといわれる。これからもRCJは，子ども湿地交流をつづける中で，地球規模で考えるセンスと，国際社会で行動できるフットワークを持った若い世代を育てていきたいと願っている。おとなより長く生きつづける子どもたちへの環境教育こそ，持続可能な地球を実現するための鍵である。

（中村玲子）

「KODOMO ラムサール」プログラムの基本構成

期間：1泊2日以上
参加：小学生高学年〜高校生（年齢層を混合することが原則）
場所：ラムサール登録湿地を中心とした湿地
内容：1．フィールド学習
　　　　主催地のラムサール登録湿地をよく知る地元の人の協力による自然観察。保全活動に参加する子どもがガイドを務めたケースもある。
　　　2．活動発表
　　　　各湿地からの参加者によるプレゼンテーション。「湿地」「生きもの」「自分たちの活動」の3枚写真で、1湿地3分の発表が原則。
　　　3．グループディスカッション－キーワードの抽出
　　　　フィールド学習と活動発表の中から、印象に残った部分を、「キーワード」として抽出。
　　　5．全体ディスカッション－キーワードの絞り込みとメッセージづくり
　　　　グループごとのキーワードを共有し、さらに代表的なキーワードをつなぎあわせでフレーズにし、「メッセージ」をつくる。
　　　6．メッセージフラッグへの署名
　　　　大きな布（フラッグ）に参加者全員が署名

「KODOMO ラムサール」活動リスト

(ラムサールセンター　中村玲子)

2003年	1月18~19日	千葉県習志野市谷津干潟／〈日中韓〉子ども湿地交流／30人
2004年	1月16~18日	韓国釜山・ウーポ／〈日中韓〉子ども湿地交流／60人
	12月24~28日	中国・大豊湿地／〈日中韓〉子ども湿地交流／100人
2005年	2月7~8日	インド・チリカ湖／チリカ湖・サロマ湖・ソンクラ湖国際子ども湿地交流／3人
	7月30日~8月3日	中国ザーロン自然保護区／〈日中韓〉子ども湿地交流／100人
	11月8~10日	ウガンダ／アジア・アフリカ KODOMO ラムサール／207人
2006年	7月27日~8月1日	中国・蘭州(黄河)／〈日中韓〉湿地の学校／100人
	10月7~8日	北海道網走市／KODOMO ラムサール〈濤沸湖〉／59人
	11月17~18日	鳥取県・島根県／KODOMO ラムサール〈中海・宍道湖〉／31人
	12月2~3日	新潟県新潟市／KODOMO ラムサール〈佐潟〉／82人
2007年	1月27~28日	沖縄県那覇市／KODOMO ラムサール〈漫湖〉／44人
	7月27~31日	韓国・安山／〈日中韓〉湿地の学校／50人
	9月8~9日	滋賀県近江八幡市ほか／KODOMO ラムサール〈琵琶湖〉／49人
	10月6~7日	北海道美唄市／KODOMO ラムサール〈宮島沼〉／30人
	12月24~28日	中国・ポーヤン湖／〈日中韓〉湿地の学校／80人
2008年	2月9~11日	島根県・鳥取県／KODOMO ラムサール〈中海・宍道湖〉／100人
	6月7~8日	千葉県習志野市／KODOMO ラムサール〈谷津干潟〉／34人
	8月20~24日	新潟県新潟市／KODOMO ラムサール国際湿地交流 in にいがた／101人
	8月26~28日	北海道サロマ湖／サロマ湖-チリカ湖子ども湿地交流／50人
	10月26~30日	韓国・昌原市／世界子どもラムサール COP10／60人
	12月23~27日	中国・湛江／〈日中韓タイマレーシア〉湿地の学校／150人
2009年	4月25日	沖縄県久米島町／KODOMO バイオダイバシティ〈久米島〉／24人
	7月25~26日	北海道浜頓別町／KODOMO バイオダイバシティ〈クッチャロ湖〉／39人
	9月21~22日	沖縄県那覇市ほか／KODOMO バイオダイバシティ〈漫湖〉／28人
	10月31日~11月4日	中国・武漢／〈日中韓〉子ども湿地交流／40人
	11月14~15日	和歌山県串本町／KODOMO バイオダイバシティ〈串本沿岸海域〉／39人
	11月21~22日	宮城県大崎市／KODOM バイオダイバシティ〈蕪栗沼・周辺水田〉／20人
	12月23~28日	タイ・クラビ／〈日中韓タイマレーシア〉湿地の学校／400人
2010年	2月20~21日	石川県加賀市／KODOMO バイオダイバシティ〈片野鴨池〉／29人
	5月1日	愛知県名古屋市／セキスイ KODOMO バイオダイバシティ〈藤前干潟〉／61人
	6月19~20日	宮城県大崎市／KODOMO バイオダイバシティ〈蕪栗沼・周辺水田〉／28人
	8月5~8日	滋賀県高島市ほか／KODOMO バイオダイバシティ国際湿地交流 in 琵琶湖／78人
	10月11~29日	愛知県名古屋市／KODOMO バイオダイバシティ in COP10／47人
2011年	3月15~19日	マレーシア・サンダカン／〈日中韓タイマレーシアバングラデシュ〉湿地の学校／100人
	6月4~5日	東京・代々木／ESD のための KODOMO ラムサールキックオフ／31人
	10月8~10日	中国・無錫／ESD のための KODOMO ラムサール〈無錫〉／40人
	11月19~20日	山口県・周南市／ESD のための KODOMO ラムサール〈周南〉／47人
2012年	1月7~9日	タイ・チェンマイ／ESD のための KODOMO ラムサール〈チェンマイ〉／31人

<u>参加した子どもの人数合計：2762人</u>

第 3 章
アジアにおける高等教育の展開

　　　　　大学等の高等教育機関は，その使命である研究・教育・地域貢献のすべての側面で ESD 上重要な役割をもっており，高等教育レベルで，既存の教育に持続可能性や持続可能な開発の考え方を統合したり，主流化したり，組み込んだりする努力がすでに行われている。
　　　　　本章では，アジア太平洋地域の高等教育機関における ESD への取り組みを概観するとともに，国際連合大学が提唱している ESD に関する地域の拠点（RCE）において高等教育機関が果たしている役割，また，アジア太平洋環境大学院ネットワーク（プロスパーネット）の活動から，いくつかの実践例を紹介する。

1. 高等教育機関の使命と ESD

　大学等の高等教育機関は，その使命としている研究・教育・地域社会への貢献の全ての側面で ESD 上重要な役割を担っている。
　すなわち，研究に関する面では，大学における ESD に関連する研究に基づき，ESD を推進する上での知識ベースを提供することができる。また，教育に関する面では，まさに将来，社会のリーダーとなる，あるいは持続可能な社会づくりに参加しうる若者を教育しており，あらゆる学部や教科において ESD 的なものの見方や考え方を身に付けさせることができる立場にあるとともに，将来の教育者も教育しており，その際，ESD 的な意識を植え付けることができる。そして，地域社会への貢献という面では，地域社会の ESD 的な活動を支援したり，参加しうる立場にある。また，高等教育機関自体大きな企業体であり，物品購入，施設・キャンパス整備，学生の活動をはじめとする様々な行動が ESD 的であることが期待される。
　このような認識に基づき，高等教育レベルにおいて，既存の学部・学科や教育カリキュラム・プログラム（教師教育，工学，公共政策等）に，持続可能性や持続可能な開発の考え方を統合したり，主流化したり，組み込んだりする努

力がすでに始められている。その努力は、まだ試行的なものから、学際的な持続可能性科学の学位プログラムや持続可能な開発に関する修士プログラム、大学院における ESD に関する授業の創設まで様々である。

2. アジア太平洋地域における高等教育機関と ESD

(1) 環境の要素の高等教育への導入

環境省の委託調査（『持続可能なアジアに向けた大学における環境人材育成ビジョン』2008年）によると、環境や持続可能性の要素の高等教育への導入に関しては、北東・東南アジアの大学においては、1970年代に自然科学分野に専門教育として導入されるようになり、その後1980年代を通じて環境関連の科目や学科数が増加していった。一方、南アジアでは、1990年代になってようやく自然科学分野の専門教育に環境の要素が取り入れられるようになった。1990年代には、人文・社会科学分野のプログラムにも環境や持続可能性の要素が取り入れられるようになり、1990年代後半以降は、大学院レベルでの教員養成のプログラムにも環境が位置付けられるようになった。

発展段階の高いアジアの国の大学における環境教育や ESD は、環境系の教育科目を主として専門教育の中で取り上げられている。特に環境系の専門教育の中では、人文科学・自然科学の両方で、環境や ESD についての科目が設置されている。

(2) 各国の状況と ESD への取り組み

同調査によると、アジア太平洋地域における高等教育機関の環境教育や ESD に関連するプログラムの焦点は、各地域の社会経済状況やプライオリティによって異なっている。

すなわち、北東アジアは公害防止などの問題が天然資源管理よりも重視される傾向があるのに対し、南太平洋地域では、公害問題よりも天然資源の保全・管理に力が置かれている。南・東南アジア地域では、公害防止・天然資源管理共に焦点が当てられている。

発展段階にかかわらずアジアに共通しているのは、教養課程（一般教育）で

持続可能性の要素導入の試みが開始されているが、その事例は極めて少ないこと、その一方で、大学院の修士・博士課程、特に持続可能性を取り扱う専門コースをもった大学において、環境教育や ESD への取り組みが多くみられるようになっていることである。

アジアの大学では、特に知識の獲得に重点が置かれているため、講義・演習による知識伝達型の教育手法が一般的に採用されている。その反面、体験的なプログラムやインターンシップが提供されているのはごく少数となっている。なお、地域開発における課題解決との関連で、地域社会密着型・社会貢献型の教授法や学習法がアジアの大学教育に取り入れられるようになってきている。

（3）高等教育への就学率と ESD に関するカリキュラム

さらに同調査では、各国の高等教育への就学率（これは各国の経済発展レベルとも関係する）と ESD が高等教育のカリキュラムにどのように組み込まれているかの関連も指摘している。

高等教育への就学率が比較的低い国（15％以下。フィジー、パプアニューギニア、インド、中国など）では、環境教育が自然科学分野を中心としたカリキュラムに専門教育として組み込まれる傾向がある。

これに対し、高等教育就学率が15％以上の国（タイ、マレーシア、フィリピンなど）では、自然科学・人文社会科学の両分野において環境教育が一般教育（教養課程）と専門教育の両方のカリキュラムに組み込まれている。いずれも学際的・分野横断的なプログラムが導入され、公開大学・遠隔教育といった場面において、通信・PC 等の利用も盛んに行われている。これらの国では、環境センター（環境教育センター・環境情報センター等）が設立されるケースも多く、これらのセンターは学生に向けての情報提供の場として機能している。

さらに就学率が高い国（50％以上。韓国、日本、オーストラリアなど）では、産学協同教育や経験学習にも重点が置かれている。

3. 国際連合大学によるESDに関する地域の拠点（RCE）つくりの提唱

（1）国際連合大学のESDに関する取り組み

　国際連合大学（以下「国連大学」）では，2002年末の「ESDの10年（DESD）」に関する国連総会決議を踏まえ，2003年より国連大学高等研究所（在：横浜）（当時）＊に「持続可能な開発のための教育プログラム（ESDプログラム）」を，日本の環境省の財政支援により立ち上げた。

　　＊現在このプログラムは，国連大学サステイナビリティ高等研究所（在：東京）が実施している。

　ESDプログラムは，UNESCOからの要請を踏まえ，DESDに関する国際実施計画（2005年，UNESCO総会で採択）の実施の支援を図りつつ，主に次の5つの活動を進めている。①ESD及びDESDに関する普及啓発・周知活動，②ESDに関する地域の拠点づくりとそのネットワーク化の推進，③高等教育機関におけるESD活動の強化，④情報通信技術を活用したオンライン教育の推進，⑤教師及びトレーナーのためのトレーニング。これらのうちでも特に，②ESDに関する地域の拠点づくりと③高等教育機関のESD活動の強化を国連大学高等研究所におけるESDに関する中核的な活動と位置付けている。

（2）ESDに関する地域の拠点（RCE）とは

　ESDに関する地域の拠点（RCE：Regional Centre of Expertise on Education for Sustainable Development）づくりは，ESDを現場レベルで推進するための手立てとして，2004年に国連大学が提唱したものである。

　これは，1992年にブラジルのリオ・デ・ジャネイロで開催された地球サミットで採択された「アジェンダ21」でESDの重要性が述べられている（第36章）にもかかわらず，その後10年たっても地域（現場）レベルでなかなかESDが浸透していかなかったという認識に基づいている。

　RCEにおける関係者の連携のイメージを図に示している。地域レベルでESDに係わる様々な関係者が協力できる環境を整備し，異なる教育者間の「よ

```
                フォーマル教育              ノンフォーマル教育
                                          （科学）博物館
              研究機関
 た                                           植物園
 て    大  学        大  学
 の                              ←—→        自然公園
 連   中等教育       中等教育    側面的な連携・支援
 携                                          地方公共団体
      初等教育       初等教育
                                ←—→        地元企業
        ←——————————→                       メディア
              よこの連携                     地元 NGO
```

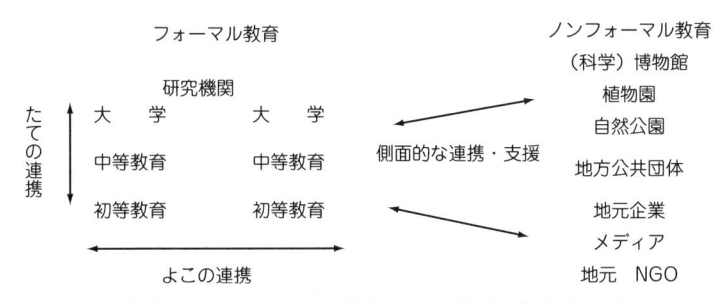

図 2-3-1　持続可能な開発のための教育に関する地域の拠点（RCE）における
　　　　　連携のイメージ

この連携」（たとえばある地域内にあるいくつかの小学校の教員間の連携），「たての連携」（たとえばある地域内の小学校，中学校，高等学校の教員の間や大学の教授との連携）を促進するとともに，学校教育などのフォーマル教育機関の間だけではなく，その地域内の ESD の推進に何らかの形で貢献でき得る各セクターを結びつける機能を果たす（「側面的な連携・支援」を可能にする）ことにより，持続可能な社会づくりを支える価値観を学び，それに貢献できるような力を身につけるための教育の実現に地域社会として取り組めるようにすることを RCE は目的としている。

　RCE の構成員としては，学校の教員，大学教授，研究者，博物館の学芸員，地方公共団体の職員，関係する NGO，地元企業関係者，マスコミ関係者などが想定される。

　RCE の考え方が具体化しつつあったとき，日本では既に各地で ESD を冠した様々な取り組みが始められていた。ESD が早くから日本で積極的に取り組まれてきた理由のひとつとして，2002 年に南アフリカ共和国のヨハネスブルグで開催された「持続可能な開発に関する世界首脳会議（ヨハネスブルグ・サミット）」において，日本政府が日本の NGO の提言を踏まえ，「ESD の 10 年」を提案したことがあげられる。

　実際，宮城県気仙沼市の面瀬小学校の体系的な環境教育カリキュラムや公民館を中心とした岡山市京山地区の ESD 環境プロジェクトなどの地域に根ざし，地域と連携した優良実践が RCE 構想を練る際のヒントとなった。これらの例があったからこそ，国連大学は，抽象的なモデルとしてではなく，具体的な実

践を支える仕組みとしてRCEを提唱することができた。

2015年2月末現在，世界で135か所のRCEが国連大学に認定されている。内訳は，アジア太平洋地域49か所（うち日本に6か所）ヨーロッパ地域39か所，中東・アフリカ地域28か所，南北アメリカ地域19か所である。

国連大学では，高等研究所にRCEサービスセンターを設置し，世界各地のRCEづくりとそのネットワーク化を支援している。ネットワークの強化を図るため，毎年1回，全世界のRCEを一堂に会し，国際RCE会議を開催するとともに，RCEの地域別ネットワーク（ヨーロッパ，アフリカ，アメリカ，アジア太平洋の各地域に存在）やテーマ別ネットワーク（保健（Health），持続可能な生産・消費，学生・ユース，生物多様性，気候変動とエネルギー，伝統的な知識，教師教育など）の推進，モニタリングや評価の実施等を通じ，RCEの活動の質の向上に留意している。

DESDの期間を通じ，世界各地のRCEづくりとそのネットワーク化を行うことにより，地域に根ざしたアプローチを進め，「言葉から行動へ」というヨハネスブルグ・サミットの方針を実現できると考えられている。そして，「持続可能な開発について考える世界的な学習の場」を形成することが，DESDの目に見える成果となり，その成功につながると考えられている。

（3）RCEと高等教育機関の役割

すべてのRCEはそのネットワークの中に，少なくともひとつの高等教育機関ないしは研究機関をパートナーとして擁している。

RCEのパートナーに高等教育機関の数が多い主な理由のひとつは，国連大学が新たなRCEを認定する際の要件として，そのネットワークに高等教育機関をパートナーにすることが挙げられているためである。これは，高等教育機関が，行政界や業種などの境界を越えたネットワーク化やイノベーションのための活動経験を豊富にもつことにある。さらに高等教育機関には，教育の分野における指針やリーダーシップを示し，持続可能性という難題に取り組む社会的責任と倫理的義務をもつことが期待されている。

その一方で，社会の様々な集団を含む参加型プロセスとして概念化されているRCEは，学問と社会の架け橋になることによって，高等教育機関のさらな

る発展に貢献することができる。RCE は，学問と社会の相互学習というビジョンの上に築かれており，それぞれの地域にネットワーク拠点をもつグローバルな運動として，研究と実践の結びつきを強化する可能性を秘めている。また，最良の科学知識と最良の教育実践の融合に高等教育機関が中心的役割を果たすことが期待される。

（4）アジア地域の RCE と高等教育機関（いくつかの実践例）

現在，アジア太平洋地域で認定されている49か所の RCE のうち，26か所の RCE で高等教育機関が RCE の事務局的機能を担っている。

日本では，仙台広域圏，横浜，中部，兵庫—神戸，岡山，北九州の 6 か所の RCE が認定されているが，このうち仙台広域圏（宮城教育大学），中部（中部大学），兵庫—神戸（神戸大学）で高等教育機関が事務局機能を担っている。

RCE 仙台広域圏の事務局となっている宮城教育大学では，同大学の環境教育実践研究センターが中心となり，気仙沼市の小学校などの体系的な環境教育のカリキュラムづくりに協力したり，教授や助教などを域内の小学校に派遣して出前授業を行ったり，気仙沼市教育委員会主催の教員研修に協力するなどして，ESD の地域への普及に貢献している。また，東日本大震災に際しては，宮城教育大学教育復興対策本部を立ち上げ，みやぎ・仙台未来づくりプロジェクトの実施を通じて，震災復興と学校・地域の未来づくりに貢献している。

RCE 横浜の事務局は横浜市であるが，市内に29の大学があるという特徴を生かし，それぞれの大学の学生が行っている多様な環境活動の相互連携を図り，ネットワークを形成するための情報交換や人の交流の場として，「大学生 Eco ネットワーキングカフェ」を定期的に開催し，また，各大学の環境活動サークルのメンバーに対して，それぞれの活動を活性化するための手法を学ぶ宿泊研修を開催したり，市内の各大学が日を決めて一斉に環境行動を行うことで内外にアピールする「一斉環境行動」の実施，横浜国立大学の協力を得てマレーシアの RCE ペナンやフィリピンの RCE セブと共に国際シンポジウムを開催するなどした。これらの若者による活動を引き継いだかたちで，2010年には RCE 横浜若者連盟が発足し，ESD のさらなる普及を目指している。

アジア地域では，RCE ペナンの事務局を務めるマレーシア科学大学（USM）

は，RCE の認定を受けたことをきっかけに，マレーシアの ESD リーダーとして，ユネスコからマレーシアの初等教育における ESD の状況分析を実施する助成を獲得するなど，様々な ESD 事業に参画してきた。USM では，教育カリキュラムに持続可能性を統合するなど，ESD の理念に基づき全学的な大学改革を進めている。また，地域貢献の分野においても，「インサイド・アウト・アプローチ」と呼ぶ手法で，RCE ペナンの枠組みを活用し，キャンパスから地域へ ESD の波及を図るため，革新的な取り組みを行っている。たとえば，「白い棺」キャンペーンは，発泡スチロールの使用に反対する学生のキャンペーンで，発泡スチロールの容器を白い棺に見立て，まず学生食堂での使用を禁止することに成功した。これが RCE ペナンのパートナーから強い支持を受け，キャンパス外にも運動が広がっている。また，キャンパスをあげて始まったリサイクル活動も地域コミュニティへと広がっている。

　インドネシアにある RCE ジョグジャカルタの事務局を務めるガジャマダ大学では，学生がコミュニティに入って活動することを必須単位としている。学年や所属学部を問わず30名ほどでグループを作り，指導教官と共に最低2ヶ月間コミュニティに入り，そこの人々とコミュニティの生活をよりよくするための活動をすることとなっている。たとえば，主婦たちが日頃作っている菓子に見栄えが良くなるようなアドバイスを学生が行い，市場で商品として売れるようにしたり，バティックの布に様々な飾り付けをして婚礼用の衣装に仕立て商品価値を高めるようなアドバイスをしたりした。また，当該地は数年前大地震にあいレンガを積み上げただけの当時の家はほとんど倒壊した。これに対し，オーストラリアの援助機関や世界銀行からモデルハウスを作る援助が行われていたが，村民は直接これらの機関と交渉することが難しいため，NGO と共に学生が仲立ち役を務めたという例もある。

　カンボジアの RCE プノンペン広域圏の事務局を務める王立農業大学では，食・農業・環境教育を通した持続可能な地域づくりを目指している。地域の小学生，教員，住民を対象とした有機農業と環境保全に関するワークショップやトレーニングを実施し，堆肥とバイオ農薬の作り方を教え，自分たちが作ったバイオ農薬を農園で利用したり，持続可能な農法に関するガイドブックを作ったりしている。また，環境と地域開発に関する国際的な学術誌を刊行している。

4. 国連大学による「アジア太平洋環境大学院ネットワーク（プロスパーネット）」の取り組み

（1）プロスパーネットとは

　国連大学は，高等教育機関におけるESD活動を強化することを目的として，大学院レベルの講座やカリキュラムに持続可能な開発を組み入れることを目指したアジア太平洋地域の主要な高等教育機関のネットワークを2008年6月に立ち上げた。英文の"Promotion of Sustainability in Postgraduate Education and Research Network"を省略し，ProSPER.NET：プロスパーネットと呼んでいる。加盟機関は，持続可能な開発とその関連分野における優れた教育・研究プログラムを設置しているほか，意欲的・革新的な教員等も擁していることが要件となっている。

　2007年11月，アジア太平洋地域の11の大学の学長レベルで準備会合を行い，大学におけるESDの取り組みについての情報交換を行うとともに，プロスパーネットの概念ペーパーの議論，憲章の合意，共同プロジェクト案の検討，策定を行った。

　2008年3月には，研究・組織会合を開催し，プロスパーネット規約の合意，共同プロジェクト案について優先順位付けの検討を行うとともに，2008年に開始する3つの共同プロジェクト（ビジネススクールのカリキュラムへの持続可能な開発（SD）の統合，政府機関職員対象のSDに関する研修，SDに関する大学教員研修モジュールの開発）について合意した。

　これらの会合を経て，2008年6月，北海道洞爺湖サミットの直前，北海道で18大学の参加を得て，正式に発足した。その後年1回の定期会合の開催や共同プロジェクトが展開されている。

　2015年2月末現在，アジア太平洋地域の33の高等教育機関・学術機関・地域大学がプロスパーネットに加盟している。

（2）共同プロジェクトの概要

　アジア工科大学（在タイ）がリーダーとなっている「ビジネススクールのカ

リキュラムへの持続可能な開発の統合」に関しては，まず，各メンバーがそれぞれのビジネススクールのカリキュラムに持続可能な開発を統合する際のアプローチを検討・開発した。マレーシア科学大学は持続可能な開発に関するMBAプログラムを開発。ガジャマダ大学は既存のMBAプログラムの見直し。信州大学は英国のビジネススクールにおいて，アジア工科大学はアジア太平洋地域のビジネススクールにおいて，持続可能な開発がどのように統合されているかを調査。さらに，ソーシャルビジネスの開発と管理に関する調査研究並びに貧困削減につながる開発のための社会的起業家精神スキル育成に基づく短期コース及び修士プログラム用の教材の開発を進めている。

マレーシア科学大学がリーダーとなっている「持続可能な開発に関する大学教員研修モジュール開発」に関しては，東京大学，TERI大学（在インド），アジア工科大学，ガジャマダ大学，岡山大学，宮城教育大学，北海道大学が参加し，持続可能な開発の原則と基本要素を反映したアプローチや優良実践を収集，ハンドブックにまとめた。また，モジュールに関する意見交換のワークショップを開催し，プロスパーネット参加大学に対して，持続可能な開発を授業に取り入れる際の注意点や問題点に関してアプローチと解決法を提案している。

TERI大学がリーダーとなっている「公共政策における持続可能な開発実践に向けたEラーニングプログラム開発」には，アジア工科大学，マレーシア科学大学，南太平洋大学（在フィージー），同済大学（在中国）が参加し，政策決定者や行政官のためのEラーニングプログラムを開発。ワークショップとニーズアセスメント調査により既存の公共政策大学院の持続可能な開発関連コースの問題点を割り出し，学際的なプログラムを目指した。天然資源管理，公共政策の経済学的論理的思考，気候変動の科学と政策の3つのモジュールが開発され，TERI大学によりオンラインで開講された。

アジア工科大学がリーダーを務める「貧困削減に関する革新的教育法の試行」には，フィリピン大学，ガジャマダ大学，マレーシア科学大学が参加し，アジア工科大学がラオスで提供している専門学位『貧困削減と農業管理』（学位プログラムの提供自体がコミュニティの貧困削減に直接的に貢献する仕組み）の手法の他国への応用を目指している。

RMIT大学（在オーストラリア）がリーダーとなっている「プロスパーネット持続可能な開発に関する若手研究者短期集中スクール」では，大学院生と若手研究者向けの持続可能な開発に関する調査研究と実践のための能力養成を目指しており，ホスト大学持ち回りで年一度短期集中スクールが開講されている。アジアの将来のエコリーダーのネットワーク形成が期待される。

北海道大学がリーダーを務める「ESDに基づいた新たな大学評価制度の開発と導入」は，アジア太平洋地域の大学が互いに教え学び合うことのできるESDラーニングコミュニティを構築することで，ESDに取り組む大学の価値と魅力を顕在化させることを最終目標としており，マレーシア科学大学，TERI大学，延世大学（在韓国），アジア工科大学，東京大学，RMIT大学が参加している。まず，大学が自らの取り組みを検証するためのESD大学評価モデルを構築し，次に明らかとなった課題を克服するために他大学からアドバイスを受ける仕組みの構築を目指している。

（3）プロスパーネット／スコーパス・持続可能な開発分野における若手研究者賞

プロスパーネットの重要な活動の一つとして，「プロスパーネット／スコーパス・持続可能な開発分野における若手研究者賞」がある。この賞は，アジア太平洋地域を拠点に持続可能な開発に関連する分野で目覚ましい貢献をした若手科学者を対象に毎年授与されている。

様々な分野に贈られるこの賞は，持続可能な社会づくりを先導することが期待できる若手研究者の業績を認め，そのキャリアを後押しすることで，持続可能な開発に関する研究を奨励しようとするものである。

この賞は，持続可能な開発に関連する様々な分野を対象とするため，毎年授与分野が特定され，査読付き文献やウェブ情報源の世界最大の抄録・引用データベースであるスコーパスと共同で運営されている。

引用・参考文献

持続可能なアジアに向けた大学における環境人材育成ビジョン検討会（2008）「持続可能なアジアに向けた大学における環境人材育成ビジョン」環境省．

国際連合大学高等研究所（2010）「RCE – ESD に関する地域の拠点 5 年間の歩み」。

（名執芳博）

第Ⅲ部　コミュニティとソーシャルキャピタルの視点から

第1章
コミュニティ再生に関する
理論的フレームワーク

　　コミュニティが直面している様々な問題の解決に，地域に蓄積した良質の
　ソーシャルキャピタルを活用しようとする取り組みがさかんである。
　　本章では，コミュニティという概念をサーベイしたうえで我が国における
　コミュニティ政策の変遷をふり返る。そのうえで地域に根ざした社会的ネッ
　トワークアクターの協働，信頼，互酬の規範が問題解決に果たしうる道筋を
　考察する。

1. コミュニティの現状と再生課題

　まず，最初に，コミュニティの分類と機能について考えてみよう。コミュニティに関する社会学的定義としては，テンニエス（F. Tönnies）とマッキーヴァー（R. M. MacIver）が有名である。テンニエスは，19世紀末近くになって工業化の進むドイツ帝国の中で，失われつつある前産業社会から進化する社会の視点に立脚し，人間の結合体を，共同社会としての人間が地縁・血縁・精神的連帯などによって自然発生的に形成した集団であり，縁に基づく家族，地縁に基づく村落，友情に基づく都市などのように，人間に本来備わる本質意思によって結合した有機的統一体としての社会＝ゲマインシャフトと，人間が特定の目的や利害を達成するため作為的に形成した集団としての都市や国家，会社や組合など，基本的に合理的・機械的な性格をもち，近代の株式会社をその典型とするゲゼルシャフトとに2分類した（テンニエス，1957）。

　また，アングロサクソン系政治社会学者であったマッキーヴァーは，態度と利害関心の観点から上記の2集団類型を，コミュニティとアソシエーションと位置づけたが，そこでのコミュニティ概念は，自己充足，統合，地域性（ローカリティ），コミュニティ・センチメント（我々意識，など）からなるものとされた（マッキーヴァー，1975）。

2. 我が国のコミュニティ崩壊への危惧と政策の動向

　最近の我が国におけるコミュニティ*への関心や政策要請の高まりは，昨今の個人主義の台頭や伝統的都市構造の劇的な変容，そこでの生活様式や価値観の変遷を受けてのコミュニティ崩壊が問題視されていることを受け，中央・地方レベルの政策当局において，コミュニティ再生・復興を喫緊の課題と位置づけるに至っている（大江，2007a, b）。

　　＊なお，今日的コミュニティの一形態として，ソーシャルネットワークサービス（Social Network Service：SNS）といわれるバーチャルなコミュニティが派生しているが，本章で考察の主たる対象とするのは，あくまでもリアルな現実社会の実態を伴って存在するコミュニティであることを付言しておく。

　そもそも，我が国では，1969年，国民生活審議会の「コミュニティ問題小委員会」の検討の結果，「コミュニティ生活の場における人間性の回復」と題する報告書が出版されて以来，コミュニティという用語が人口に膾炙するようになった。これを受け，翌年には，第14次地方制度調査会が，「大都市制度に関する答申」を行い，コミュニティの重要性を提案，さらに翌年の1971年には，自治省（当時）が，「コミュニティ（近隣社会）に関する対策要綱」によるモデルコミュニティ事業を開始した。当時の自治省の「モデルコミュニティ構想」は，先導的，予備的な施策として全国にモデルコミュニティ地区を設定し，住民と市町村が中心となって新しいコミュニティづくりのモデルを構築しようというもので，小学校区を基準とし，住民参加によるコミュニティ計画の策定，コミュニティ施設（コミュニティセンター，集会場，小体育館等）整備を中心とした近隣の生活環境整備，住民によるコミュニティ施設の管理運営，施設整備資金を住民から調達するためのコミュニティ・ボンド（コミュニティ施設整備債）の発行が盛り込まれる大規模なものであった。

　こうした背景には，当時の政策的課題として，我が国の地域社会においては，伝統的な地縁団体*である町内会，自治会など全住民が参加する組織はあったものの，それらが内包する旧い体質が厳然と残り，一方で，都市構造や地域社会の特質が激変し，過密都市化と農村部の過疎化が一気に進んだことにより，

健全な地域社会の維持・発展には，従前のコミュニティ意識・機能のみによるのではない，新たなスキームやメソッドを要請した事情があった（総務省，2007）。すなわち，この時点では，伝統的に我が国地域社会に根付いてきた既存の地縁団体では，時代の変遷とともに変容を続ける地域社会の健全化，活性化には貢献しえないとの批判的評価があったものと言える。

　　＊ここでいう伝統的な地縁団体としては，自治会，町内会，婦人会，青年団，子ども会等が該当するが，そこでは，共通の生活地域において，特定の目標，特定の行動など何らかの属性，仲間意識を共有し，相互にコミュニケーションを行っている実態が伴うことが，第一の特徴と言えるであろう。

　しかしながら，そうした問題意識から採択された，これら中央政府主導型・官主導型の新たなコミュニティ政策は，残念ながら期待された成果を上げることはできなかった。中央政府主導にかかる地方自治体政策の一環として実施されたこれらの施策は，町内会などの既存の地域集団へ実体化されやすかったこともあるが，行政による住民把握の媒介手段としての機能は発揮されたものの，本来，コミュニティ再生は，生活の場である地域社会における人間性の回復を目指すものでありながら，実態は，補助金政策により，各自治体による公的施設等いわゆる箱物整備が重視され，そこに住まう生活者の視点は置き去りにされる傾向が強かった（総務省，2007）＊。

　　＊また，コミュニティへの感心の高まりとその再生が要請された背景には，いわゆる「昭和の大合併」がもたらした影響も見逃せない。これは，昭和28年から36年まで政策的に強力に推進された，文字通り昭和を代表する地方自治政策の一環であったが，そもそも，新制中学の効率的な運営を目指し，人口8,000人を目安として進められて，その結果，市町村の数はそれまでの3分の1に減少し，改めて，そうした合併後の市町村を有機的に融合せしめ，機能させる上での装置を検討すべきことが求められた背景があったと言えよう。

　このように，日本のコミュニティ論は行政主導で始まり，コミュニティ論としてよりは，コミュニティ政策としての側面が色濃いことが特徴である。1971年の自治省による「対策要綱」では，当時のコミュニティづくりのイメージを表3-1-1のように整理している。

　表3-1-1にも明らかなように，我が国におけるコミュニティ関連施策は，

表3-1-1 「コミュニティ(近隣社会)に関する対策要綱」における政策イメージ

地域性	コミュニティづくりイメージ
都市的地域	都市の体質を人間生活本位に改めるという構想に沿って、住民が快適で安全な日常生活を営む基礎的な単位としてのコミュニティを形成するための生活環境整備を進める。このようなコミュニティの生活環境を場とし、またその整備をとおして、住民の自主的な組織がつくられ、多様なコミュニティ活動が行われることを期待する。
農村地域	集落の整備と配置に関する長期的な構想に沿って、住民が文化的で多様性のある日常生活を営むことができるように、各種のコミュニティ施設の整備を進める。このような生活環境を場とし、また整備を通じて、若い世代が参加するような開放的な組織がつくられ、コミュニティ活動が行われることを期待する。

　その基本とすべきコミュニティ概念の明確化よりは、むしろ、地域生活環境整備事業として進行したことが特徴であり、先に述べたとおり、モデル・コミュニティ地区の選定と当該地区の特性にあった生活環境整備の根幹としての生活環境整備の名の下に遂行されたコミュニティ設備の整備に関心が置かれ、社会目標としてのコミュニティの理念が明確にされないままに、コミュニティ政策＝コミュニティ・センター建設＝地域住民の交流促進といった簡略された図式により認識される傾向が強かった。そこでは、コミュニティが本来発揮すべき、相互扶助的な信頼醸成と共通意識に裏付けられた社会システムの構築レベルに至る議論はなされなかった。

　このことは、また、実質的にコミュニティ行政の中心事業だったコミュニティ・センターの機能面の検討をないがしろにし、住民の交流促進のための集会室主体のセンター設計ばかりが関心を集め、コミュニティ活動の具体的目標が示されないままに、地域の特性や住民の意思に応じた個性あるコミュニティ活動として収斂することはなかった。そこでは、1970年代より以前において、すでに実質的な住民交流を促進してきた地域社会における地域のご意見番や世話役的機能を発揮してきた一定の者、町内会長や自治会長にとどまらず、たとえば、中小商業者や郵便局長など、地域に根差した"顔の見える存在"の潜在的機能発揮の可能性を射程に捉えることはなく、コミュニティ再生において、大きく貢献する機能を持ち合わせているはずであった、各地域の貴重なリソースの活用という選択肢を埋没させることとなった。

　行政のコミュニティづくりの目標が、当時の自治省が強調し、宣言していた

「地域的な連帯感に支えられた新しい近隣社会の創造」にあるとしても，その地域的連帯感とはどのようなもので，どのようにして形成されるのか，形成していくことが近道なのか等は，議論の俎上から抜け落ちることとなっていった。

3. コミュニティ再生におけるソーシャルキャピタル

ところで，これまでの中央集権的コミュニティ政策の隘路を打開し，また，多様性を内包するコミュニティ問題に対峙し，有効な策を模索するに当たり，本章では，各地域社会における社会ネットワークのアクターである，企業やサービス拠点，事業体の潜在性に着目していくこととする。これは，前節において議論したように，これまでのコミュニティ政策においては，注目されることのなかったリソースである。昨今，我が国をはじめとする先進諸国における地域社会が抱える問題には枚挙に暇がない。各地域における犯罪率の上昇，子ども・高齢者等社会的弱者への思いやりの欠如，地域への帰属意識の低下やモラル低下，また，地域産業の活力の低下や地場産業自体の消滅がもたらす地域社会の荒廃は，非都市部のみならず，都市部においても顕在化し，これへの対処が重要な政策課題となっている。こうした状況に対し，最近の社会科学の分野では，ソーシャルキャピタルの動員による解決を模索することが一般化してきている。

これは，これら地域問題の解決に当たり，当該地域において良質なソーシャルキャピタルの蓄積を促し，そこから派生する構成員の相互信頼や協調行動により，問題の解決を図ろうとする取り組みとして現出する。我が国内閣府においても，非営利法人等の機能に期待し，従前の伝統的公的セクター主体のガバナンス手法からの脱却を目指している。こうした傾向は，地域社会に埋め込まれたネットワークアクターに着目し，それらが惹起する関係者間の相互信頼や互酬の意識の高まりに期待する施策と位置づけられよう（大江，2007a，2007b）。

（1）ソーシャルキャピタルへの期待と企業の社会的側面

それでは，コミュニティの再生におけるソーシャルキャピタルへの期待の構造は，具体的にはどのように捉えればいいのだろうか。Jacobs (1965) は，都

市開発論の中で，ソーシャルキャピタルという用語を「長期間にわたって醸成され，交差する個人間のネットワークであり，コミュニティにおいて，信頼，協力，共同行為の基礎となるもの」とし，都市開発を進める上での貴重な資源として位置付け，当時の大都市開発のあり方を真摯に批判した。宮脇（2004）は，これを財政危機，少子高齢化，過疎の進行，失業問題，治安の悪化等の地域社会問題に対し，「政策の窓」を開けてくれるものと位置づけ，地域のネットワークによってもたらされる規範と信頼であり，地域共通の目的に向けて協働するモデルと定義する。すなわち，共通目的の実現に資する地域のコンピテンシーであり，伝統的な社会資本の概念である物的な資本ではなく，行政・企業・住民を結びつけ，人間関係，市民関係のネットワーク＝「社会ネットワークとしての協働関係資本」と位置付ける。

良質なソーシャルキャピタルの蓄積に向け，企業・地方自治体・地域住民はじめ，それぞれの地域社会に存在する固有のネットワークアクターの協働あってこそ，ネットワーク全体の活性化を通じたコミュニティ再生が可能となるとされる点については，たとえば，大江（2007a，2007b）が強く主張するところでもある。

ところで，社会ネットワークのアクターである企業・事業体に，地域の協働資本としての機能発揮が求められることは言うまでもない。事実，最近，企業の持続可能な成長を目指して，企業の社会的責任（Corporate Social Responsibility：CSR）が注目を浴びているが，これについて，水尾（2005：1）は，このCSRを，「企業組織と社会の健全な成長を保護し，促進することを目的とし，（中略）社会に積極的に貢献していくために企業の内外に働きかける制度的義務」と定義している。水尾は，企業行動の原則として，常に内外の経営環境を分析・予測し，持続可能な成長に向け，事業構造を再構築するとともに，時代の変化に対応した新たな企業行動を確立しなければならないと強調している。そこには，企業行動の中核に，企業の「社会価値」を重視した経営行動が求められる時代背景がある。このことは，社会ネットワークの一員として，社会環境への貢献やそこでのアクターとしての企業の社会的影響や社会への貢献姿勢におけるベクトルを指し示してくれているソーシャルキャピタル論が，マーケティングの新展開においても有意義な示唆を提示してくれているものと

考えられる。

(2) コミュニティ再生のトリガーとしてのソーシャルキャピタル

本節では、コミュニティが根源的に内包する要素が、地域活性化のトリガーとなりうるとの漠然とした期待の所在を確認していく。先に述べたテニエンスやマッキーバーを生み出した欧米では、それよりも早く、19世紀後半から、コミュニティという用語は、「もう一度、かつてのように、人々の関係性をより緊密で親しく、また調和の取れたものに改善することが可能である」との漠然とした希望的ニュアンスとともに使われるようになったとされる（Elias, 1974, quoted by Hoggett 1997：5）。

1910年より以前には、"community" に関する社会科学の文献はそれほど多くはなく、明確にこの用語を考察対象とし、社会学的に定義づける文献が登場するのは、1915年になってである。これは、C. J. Galpin が農村地域のコミュニティが、中央部の商業地域の拡大に伴い、変容を迫られている事実との関係性において言及したものが最初とされる（Harper and Dunham, 1959：19）。これ以降、その定義については、多種多様な試みがなされることとなる。中でも、その大半の定義は、その地理的範囲に主眼を置くものと、そこでの共同生活の基盤面に主眼を置くものとの2類型が一般的であった。

このように異なる定義の枠組みが存在していたが、コミュニティの根源的要素として、一定の規範や共通の習慣を念頭に置くことは広く採られたアプローチであった。人々がソサイエティやコミュニティの規範――de Tocqueville が "habits of the heart" と称したもの（1994：287）――に準じて相互に依存しあい、良好な関係性に身を置きえるかどうかは、コミュニティの価値そのものであったであろう。コミュニティにおける住民生活に関する議論における主たる論点を、先行研究が示唆するところから抽出すると、「寛容性」「互酬性」「信頼」の3つの要素に整理できる（表3-1-2）。

(3) コミュニティ再生のための相互関係の重要性

Stacey（1969）は、コミュニィティ再生を論じる際には、むしろ、コミュニィティという概念を離れ、社会ネットワークの質を高めることに集中すべき

第1章 コミュニティ再生に関する理論的フレームワーク　*147*

表3-1-2　コミュニティ生活における3つの主要論点

要　素	主たる議論と出典
寛容性：Tolerance	an openness to others; curiosity; perhaps even respect, a willingness to listen and learn (Walzer 1997).
互酬性：Reciprocity	Putnam (2000) describes generalized reciprocity thus: 'I'll do this for you now, without expecting anything immediately in return, and perhaps without even knowing you, confident that down the road you or someone else will return the favor'.
信頼：Trust	the confident expectation that people, institutions and things will act in a consistent, honest and appropriate way (or more accurately, 'trustworthiness' - reliability) is essential if communities are to flourish. Closely linked to norms of reciprocity and networks of civic engagement (Putnam 1993; Coleman 1990), social trust - trust in other people - allows people to cooperate and to develop.

と論じた。確かに，Putnam（2000）が実証してみせた健康状態その他の便益に関する社会的つながりのメリットとインパクトは，ソーシャルキャピタルの根幹的要素が社会ネットワークであり，それは，communion ともいうべきものである。つまり，コミュニティ再生を目指す場合に，政策目標として掲げるべきは，人と人との相互関係であり，相互のつながり，交流促進の触媒探しである，という主張には説得力がある。

　確かに，ソーシャルキャピタルという概念は，コミュニティを考える上では，有効な視座を提供してくれるものであり，Beem（1999）が主張するように，Putnam はじめ多くの論者が，「公的な生活を取り戻す（reclaim public life）」ベクトルにのっとって議論する際の中核に置かれるべきものである。Putnam（2000：19）は，これについて，物理的資本は物理的目的があり，人的資本は個人の資質に関するものであるのに対し，ソーシャルキャピタルは，個人間の接続―社会ネットワーク，互酬の規範，彼らの間に醸成される信頼，であり，その意味するものは異なると総括している。これは，還言すれば，市民社会の美徳（civic virtue）とも言うべきものである。ここで着目すべきは，市民社会の美徳は，互酬の規範に支えられた社会ネットワークに埋めこまれた場合に，最も強固な価値として存在するという点であろう。つまり，多々ある美徳が孤立して存在しているような社会は，それだけでは，必ずしもソーシャルキャピタルが豊富であることにはならないのである。Beem（1999：20）が言うように，

表3-1-3　Putnam によるソーシャルキャピタル蓄積度合い計測尺度に関する議論

尺　　度	議　　論
子供の成長： Child Development	Child development is powerfully shaped by social capital. Trust, networks, and norms of reciprocity within a child's family, school, peer group, and larger community have far reaching effects on their opportunities and choices, and hence on their behavior and development (Beem 1999: 296-306).
公共空間： Public Spaces	Public spaces in high social-capital areas are cleaner, people are friendlier, and the streets are safer. Traditional neighborhood "risk factors" such as high poverty and residential mobility are not as significant as most people assume. Places have higher crime rates in large part because people don't participate in community organizations, don't supervise younger people, and aren't linked through networks of friends (Putnam 2000: 307-318).
経済的繁栄： Economic prosperity	A growing body of research suggests that where trust and social networks flourish, individuals, firms, neighborhoods, and even nations prosper economically. Social capital can help to mitigate the insidious effects of socioeconomic disadvantage (Putnam 2000: 319-325).
健康：Health	There appears to be a strong relationship between the possession of social capital and better health. 'As a rough rule of thumb, if you belong to no groups but decide to join one, you cut your risk of dying over the next year in half. If you smoke and belong to no groups, it's a toss-up statistically whether you should stop smoking or start joining' (Putnam 2000: 331). Regular club attendance, volunteering, entertaining, or church attendance is the happiness equivalent of getting a college degree or more than doubling your income. Civic connections rival marriage and affluence as predictors of life happiness (Putnam 2000: 333).

相互関係こそが，人々をしてコミュニティを構築せしめ，人々をお互いにコミットせしめ，社会的文様（social fabric）を織り成さしめることができるのである。ここに，個々には豊かな市民社会を約束しないソーシャルキャピタルの本質的要素をそれぞれの地域社会に編みこみ，根付かせ，社会的関係性の中に埋め込むことで，健全なコミュニティを育む原動力として昇華するための何らかのトリガー＝触媒の存在と仕掛けが要請されるのである。

　Putnam は，また，「子供の成長」「公共空間」「経済的繁栄」「健康」の4要素を，ソーシャルキャピタルの蓄積度合いを測る上での尺度として例示し，実際にアメリカのマクロデータを用い，実証的にそのことを論じている（表3-1-3）。しかしながら，ソーシャルキャピタルの大家である Putnam も，こ

うしたソーシャルキャピタル蓄積を促進する具体的方策，特に，そのために動員すべきアクターや仕掛けについては，解決策を提示してはいない。

4. 地域コミュニティの課題

こうした多様性をもちつつ存在する，我が国コミュニティが直面する問題に対峙するとき，いかなる方策により，その解決の道筋を模索することが待たれるのであろうか。事実，前節で整理した，都市部，中間地域，過疎地域という3区分毎に現出しているコミュニティ問題は，現実問題として，次のような現象を伴って我々生活者の暮らしに影響を及ぼしている。

①　地域経済の不振：中小の都市部では，中心市街地の衰退，シャッター通り。
②　経済活動や雇用機会の都市部への集中：公共事業の減少，産業構造の変化（建設業，製造業の縮小，情報通信業等の拡大など）は，都市部に有利に働く傾向が強い。
③　自営業者の減少：雇用形態の変化，地域コミュニティへのコミットメントが大きい自営業者の減少によるコミュニティ意識の欠落。
④　経済圏の規模の拡大：新幹線，高速道路等の交通手段の整備により，経済圏が拡大し，その結果，期せずしてストロー効果を派生せしめ，地域経済の活力が大規模都市に吸引される傾向が顕著。
⑤　ネットワーク経済の進展：従前の地域単位でクローズな経済圏の必要性を減じ，全国的規模，ひいては，世界規模での分業体制が構築されつつある。これにより，競争優位上の明確な資源や際立つスキルが存在しない場合，企業のみならず，生産活動の拠点としての地域自体が消滅しかねない危惧。

一方，まちの構造にかかわる課題も見逃せない。そもそも，コミュニティが生まれにくい都市住宅や都市構造の一般化である。居住地域の大型化・高層化は，職場や住居，余暇活動の空間をそれぞれに分断し，それらを交通手段で結びつける機能的な都市構造とあいまって，従来は，当たり前に見られていた人と人との結びつきや接触機会を滅ずる結果となっている。

たとえば，京都の町屋や欧州のパリッシュ（教区）単位のまちは，自ずから，人と人との接触や交流を生み出し，そこでのコミュニティ意識や相互扶助の精

神を育む土壌を提供していた。都市計画における先進的研究成果である Jacobs (1961) は，コミュニティが生まれやすい都市構造の例として，次の4点を提示している。

① 道路は狭く，折れ曲がっていて，一つ一つのブロックが短いこと
② 古い建物を残すこと（年代や様々な作り方が混じっていること）
③ ゾーニングをしないこと
④ 人口密度を十分高く保つこと

こうした都市空間においては，伝統的に，そこに暮らし，働く人々が享受していた，人が集まる公共的空間が減ぜられ，安全な"集い場所"や子どもにとっての遊び場，大人も子どもも自然に交流し，語らいあえる"場"の欠落が顕著である。そして，そのことは，コミュニティの精神的支柱の欠損をも意味しよう（大江, 2007）。事実，欧米に見られる交流機会としての plaza, square, park, common space の重要性は，Mumford and Power (2003) や New Economics Foundation (2003: 20-25) に明らかである。

5. ICT ネットワークの活用可能性

一方，今日に特徴的な社会状況の一つとして，ICT 普及によるインターネット利用の急増に伴う対面での"つきあい"の減少についても，コミュニティを支える人と人との交流や絆意識への負のインパクトが懸念をもって議論されている。大江（2007b：第3章）は，ソーシャルキャピタルの蓄積における ICT インパクトを巡る悲観論と楽観論の代表的論者の論点を引きつつ，我が国のヒューマンネットワークの事例から，ICT ベースのバーチャルなネットワークと対面でのリアルなネットワークの両活動から得られる便益の認知を比較考察する中で，むしろ，ICT メディアは，重層的なコミュニティの創出や対面での付き合いを複合的に補完することで，人間関係の深化に貢献しうる可能性を強調している。

最近，地域密着型の SNS（ソーシャルネットワーキングサイト）が急速に増加しており，情報通信を所管する総務省主導により，東京都千代田区と新潟県長岡市では地域 SNS の実証実験が展開された。また，地域密着型の兵庫県

のSNSモデル事業「コミュニティ活動支援型地域SNS＝ひょこむ」では、地域SNSが地域情報の集積地となることを目指し、また、会員にはリアルな対面での会合や地域の特典を提供するカードの配布などを通じ、顔の見えるネットワーキングとバーチャル・リアル両面での絆意識の醸成に向けた課題整理と実験を行っているが、上記大江（2007b）の議論にも明らかなように、バーチャルなつながりから、むしろ、ネットワーク構成員たちが自発的に参集しリアルな関わりを欲するようになる背景には、人々が、ネットワークの形態と機能の関係性を認識しており、双方機能を有効に組み合わせ、活用している実態を現しているものとも解釈できよう。

6. 地域における地縁性への着目

（1）地縁から好縁、そして地縁へ

　ここで一つの興味深いデータがある。それは、第3節で概観した地域社会が抱える課題の一つである、様々な要因が加速化している「まち」の変容の現象例としての、既存の地縁団体の動向である。ここでいう既存の地縁団体とは、町内会や自治会といった各まち、コミュニティに独自の住民主体の団体のことである。たとえば、横浜市の「地域活動との協働・支援のあり方検討委員会」（17年2月）*（以下、「検討委員会」と略す。）の報告書によると、町内会等の加入率自体は上昇しているにもかかわらず、実際の活動者が増えないとされ、特に都市部におけるこの傾向が顕著であるという。

　* http://www.city.yokohama.jp/me/shimin/tishin/tiikisien/teigen.html　参照のこと（平成20年6月13日アクセス）。

　たとえば、人付き合いや地域活動に関する意識・志向としては、近所づきあいの忌避、地域コミュニティの活動の衰退（世話役を引き受けたがらない、地域コミュニティのルールに従わない、活動全般の低調）が顕著であり、これに対し、目的のはっきりした活動を志向する傾向が見られ、居住地域による地縁的活動よりも、共通目的による特定の活動集団への参画は増加している現状が指摘されえもいる。都市部でも、この傾向は同様で、たとえば、東京都区部での自然を守る活動や野鳥を見る会の活動などはさかんに行われているという

(平成17年国土交通白書)。こうした事実について,堺屋太一は,『世は自尊好縁――満足化社会の方程式を解く』(1996)の中で,「血縁・地縁・職縁以外に,趣味や嗜好など好きなもので人々が繋がる時代が来る」と主張しているが,今日の実態は,職縁中心の生活から,個々の趣味や志向性により繋がる,好縁関係により,この時代を生き抜け,という指針を提示した堺屋の趣旨とは異なり,地縁性が薄れ行くことが,災害対応や防犯の視点からは,地域社会における絆機能に期待する側面が大きいことに照らせば,手をこまねいて傍観しているべき状況ではなかろう。

(2) 双方向の関係作りとパートナーシップ

前出の検討委員会は,自治会町内会の活動がさらに活発に展開できる環境づくりをめざして,現状の課題を整理し,行政との協働・支援のあり方を検討するために設置されたものである(同検討委員会Webページより抜粋)が,横浜における地域自治の確立に向けて,「双方向の関係づくり」と「多面的支援」の時代への考え方が重要であることを踏まえ,具体的な協働・支援策を提言するという意欲的なものとなっている。

特に,行政自らの変革(行事,会議の改善や依頼業務の整理など職員の意識改革)や財政的支援の見直し等に加え,地域の力を引き出せる新たな支援策として,地域コミュニティや地域活動の重要性の広報,地域の事務局づくりや運営支援等などを提言しているが,ここで筆者は,「双方向の関係作り」に根ざした支援の重要性を強調している点に着目する。こうした考え方は,サセックス大学開発研究所(IDC)の持続可能な生計(Sustainable Livelihood:SL)アプローチが,開発援助におけるアプローチの一つのモデルとして,ソーシャルキャピタルを,生計を持続的に維持するのみならず,経済・社会的な条件との関係性,すなわち,より広範なスペックで議論すべきことを強調していることとも平仄を一にする。Camagni (1991)の「ミリュー(milieu)論」では,地理的近接性を前提とした文化的・政治的・心理的態度の類似性が,地域の環境(local milieu)への帰属意識により個人的コンタクトと協力・情報交換を円滑化せしめる点を強調している*が,このことを横浜市が試みている双方向の関係性=社会ネットワークにおけるアクターとしての関係性による地域再生・活性

化への方策を模索する趣旨に照らすならば，同一の地域環境におけるステークホルダーが協調する上で，一つの有効なアクターとして，既存の地縁団体を明示的に活用しようとしている点は，平成の大合併という政策潮流の下で，公的な行政区画に変容がもたらされる中にあって，活用すべきフレームワーク，リソースとしての地縁団体の潜在性に期待するものとして，大いに着目すべきであろう。

　＊ただ，ミリュー内部では，イノベーションに不可欠な「暗黙知（tacit knowledge）」の共有化や伝播に，当該地域内での関係者間のフェイス・トゥ・フェイスによる綿密な交換と接触が求められ，その結果，地域環境（local milieu）に埋め込まれた暗黙知が競争優位の源泉となる一方で，同質性や凝集性が高まり過ぎた場合には，イノベーション能力を減退せしめる「負のロックイン効果」が発生しがちである点を指摘する。そのため，地理的範囲を超えた遠隔地とのリンケージによる異質かつ多様な関係者間の交互作用を期待すべきとの主張もなされている（Keeble & Wilkinson 2000）。

　また，Acs（2000）は，地域のイノベーションの原動力は，企業等地域における顔の見えるアクター間のネットワークにあり，それは経済的側面にとどまらず，制度や社会的文脈（価値観・規範）にも影響を受け，関係者の連携促進にあたっては，企業家のリーダーシップが欠かせず，そこでは，仲介機関（enabling agency）や地方自治体などの関与が意味をもつ点を指摘している点に照らせば，我が国の地域社会に根付いてきた地縁団体に期待すべき機能発揮の大きさはおのずから明らかであろう。今日，多くの地域社会が抱える種々の問題や課題を解決し，学習効果を持続し，イノベーション能力を向上し続けるには，ネットワークのオープン性による多様性・異質性の受容と刺激の交互作用が重要であり，地域の再生・活性化における既存のアクター（行政，地域住民，NPO，企業等と並んで地縁団体等）の相互作用と機能発揮の帰結には，大いに着目していくべきであろう。

　これらの論点から得られる知見は，当該地域社会におけるアクターとしての既存企業や関係者が連携し，協調行動をとることで効率的に問題解決を進め，彼ら自身が主たるポジションを維持してきた当該地域において，異質性や新規性を受容するオープンかつ柔軟な姿勢により，既存のネットワークを活性化し，

効率的に問題解決のための方策を編み出しうることを示唆しているように思われる。

関係者が一同に会し，交流し，交換しつつ共通認識を醸成する「場」の必要性についても，言うまでもなかろう。この「場」において，関係者を束ね，調整し，交流促進を図るコーディネーターの不足は，先の横浜における検討委員会が課題として指摘している点でもある。また，（財）地方自治情報センターの「地域コミュニティづくりに役立つICTツールに関する研究会」では，ICT媒体，メディアの活用による共通認識醸成の重要性を指摘してもいる。

（3）協働概念

第27次地方制度調査会答申（平成15年11月13日）は，「地域における住サービスを担うのは行政のみではないということが重要な視点であり，住民や，重要なパートナーとしてのコミュニティ組織，NPOその他民間セクターとも協働し，相互に連携して新しい公共空間を形成していくことを目指すべきである」とした。これは，言うまでもなく，行政と何らかの民間の担い手との協力によって社会が必要とする公共サービスを確保していこうとする社会構想の表明である。現在多くの自治体で制定されている自治基本条例においても，「協働」は「参加」と並んで自治体運営の基本原則としてうたわれるようになった。このことは，裏側から，読み解けば，財政危機に喘ぐ自治体の危機感の現れとも評価できる。ヨーロッパでは最基底の地域的まとまりは市町村であり，その後市町村合併を余儀なくされた歴史的経緯を経てもなお，大規模自治体の中に都市内分権制度を創設し，最基底の地域的まとまりが公的な制度として十分に住民に身近で民主的な構成をもつように工夫されてきた（総務省，2007）。農村部では，小規模な自治体を残し，新しい高度な公共サービス需要には，幾層もの自治体の連合組織を制度化して対応してきた歴史の社会的知恵がある。

これに対し，日本ないしアジアでは，開発主義的な国造りが一般的であり，地方自治制度の成立当初から，市町村の区域は地域生活の最基底のまとまりとは一致せず，日本における自治会・町内会のような地縁団体は，その原点を民間団体として組織された経緯がある。総務省（2007）では，公共サービスはもともと「協働」遂行型であったにもかかわらず，高度成長期から1980年代ま

での間，個人所得の向上と行政サービスの充実により，民間地域団体の役割は後退（出る幕がなかった）ところ，1990年代のバブル崩壊後は，一変して，各自治体が抱える財政課題の健全化により，再度，民間の公共サービスへの貢献と機能発揮に期待せざるを得ない皮肉な状況があった。こうした時代の流れの中で，地縁団体の組織力が改めて必要とされ脚光を浴びるに至り，新しいコミュニティ政策に，これら地縁団体の参画が必須な要件として一般化していく。地域福祉などの生活福祉にかかわる公共サービスの十分な提供において，既存の地縁団体のみならず，NPOや住民組織等を設置し，その機能発揮に期待する実態を，先の第27次地方制度調査会答申が追認し，公認したという図式で解釈するのが適当であろう。

こうしたモデルは，福祉国家体制により，公共サービスが原則として行政サービスとして提供されるドイツでも，財政危機により，協働概念を浮上させるに至る。今日，先進諸国は協働型社会構想を追求するのが一般化しており，たとえば，ドイツを含む欧州連合では，欧州型パートナーシップによる公共サービスの下支えを政策的に明言する傾向が強い。名和田是彦氏（総務省コミュニティ研究会座長）は，こうした傾向を，「見捨てられた地域的まとまりの基底部分の再制度化」（総務省，2007）と称しているが，こうしたモデルが，21世紀において安定的な社会システムを創成しうるかについては，必ずしも楽観してはいない。

7. パートナーシップ構築とICT

21世紀における安定的社会システムの構築において，見捨てられた基底部分としての既存の地縁団体をはじめとするネットワークアクターの動員により，従来，公共的主体が先導すべきとされてきた各種公共サービスの提供が，十分に可能となるのか，については，いまだ多くの議論があり，実績の蓄積を待つほかないものであるが，しかしながら，少なくとも欧州型パートナーシップ型モデルを成功させる上で，関係者＝パートナーシップの円滑な協調遂行に当たっては，情報交換と共通認識の醸成が不可欠であり，何よりも，そこでは情報を円滑に流通せしめ，同一のベクトルと戦略上に，関係者をポジションする

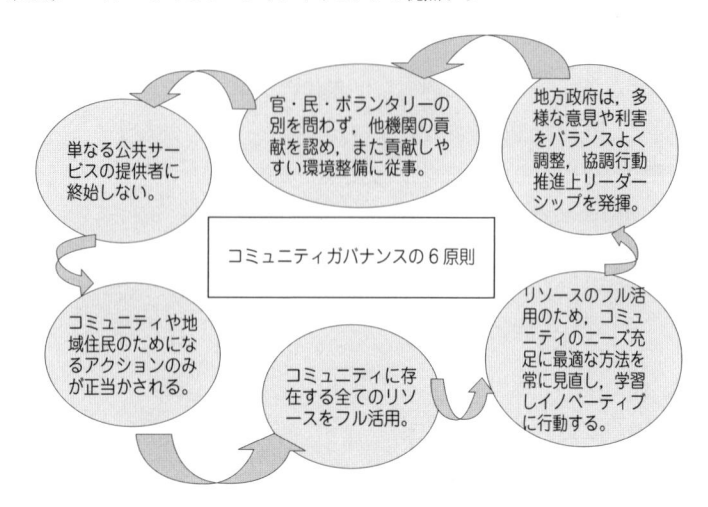

図3-1-1　英国におけるコミュニティガバナンスモデル
出典：Clarke and Stewart, 1998：2-3 より筆者が作成。

ための支援が必要であるという点は，明確な問題意識となっているようである。

コミュニティガバナンスにおける「市民参画」「エンパワメント」「ルーラルコミュニティの維持」の3要素に着目し，新たなるモデル構築を模索している英国における政策努力においては，特にコミュニティリーダーシップに着目して，依拠すべき原則とシステマティックなアプローチを提案している。Michael Clarke and John Stewart (1998) は，ガバナンスのキーファクターとして，複雑多様なネットワークアクターを交互に巻き込み，進化するモデルとして位置づけるべきことを強調している（図3-1-1）。

また，Day (2002) は，コミュニティの構成員がパラレルな関係性によりICT媒体を通じて公平にネットワーキングされ，円滑な情報流通を通じて協調行動をとることにより，関係者が積極的に地域づくりにまい進しうる環境整備が可能となると論じている。地域社会の再生・活性化に貢献するアクターの共通認識を醸成し，問題意識を明確化しつつ，相互作用を促進し，協調行動を惹起していく上で，相互の円滑な情報交流は必須であり，そうした情報流通を可能ならしめるICTネットワークやメディアの活用は，一つのツールとして重要な要因として位置づけるべきであろう。すなわち，ESDの具体的方策を社会のあり方に引き寄せて考察するにあたって，ICTのICTの機能発揮の可

能性に常に留意すべき事は言うまでもなかろう。

　このことを踏まえ，次章において，さらに詳細に持続可能なローカルマネジメントのあり方と情報，ICTの関わりについて，英国での取り組み事例をもとに具体的な考察を行っていこう。

引用・参考文献

Acs, Z. J. (ed.) *Regional Innovation, Knowledge and Global Change*, Cassell..

Beem, C. (1999) *The Necessity of Politics: Reclaiming American public life*, Chicago: University of Chicago Press.

Camagni, R. (ed.) (1991) *Innovation Network: Spatial Perspectives*, Belhaven Press.

Clarke, M. and Stewart, J. (1998) *Community Governance: Community Leadership and the New Local Government*, Joseph Rowntree Foundation UK.

Coleman, J. C. (1990) *Foundations of Social Theory, Cambridge*, Mass.: Harvard University Press.（久慈利武監訳（2004）『社会理論の基礎』上下巻，青木書店）

Day, P (2002) "Designing Democratic Community Networks: Involving Communities through Civil Participation" Digital Cities II: Computational and Sociological Approaches, Lecture Notes in Computer Science, Volume 2362/2002 pp 125-129.

Harper, E. H. and Dunham, A. (1959) *Community Organization in Action: Basic literature and critical comments*, New York: Association Press

Hoggett, P. (1997) 'Contested communities' in P. Hoggett (ed.) *Contested Communities: Experiences, struggles, policies*, Bristol: Policy Press

Jacobs, J. (1961) *The Death and Life of Great American Cities*, Random.

Keeble, D. and F. Wilkinson (eds.) (2000) *High-Technology Clusters, Networking and Collective Learning in Europe*, Ashgate.

MacIver, R. M. (1917) *Community: a sociological study: being an attempt to set out the nature and fundamental laws of social life*, Macmillan and Co., Limited.（中久郎・松本通晴訳（1975）『コミュニティ』ミネルヴァ書房）

Mumford, K. and Power, A. (2003) *East Enders: Family and community in East London*, The Policy Press.

New Economics Foundation (2003) "Ghost Town Britain II: Death on the High Street."

Putnam, R. D. (1993) *Making Democracy Work. Civic traditions in modern Italy*, Princeton NJ: Princeton University Press.（河田潤一訳（2001）『哲学する民主主義——伝統と改革の市民的構造』（叢書「世界認識の最前線」）NTT出版）

Putnam, R. D. (2000) *Bowling Alone: The collapse and revival of American community*, New York: Simon and Schuster.（柴内康文訳（2006）『孤独なボウリング——米国コミュニティの崩壊と再生』柏書房）

Stacey, M. (1969) "The Myth of Community Studies," *British Journal of Sociology*, 20: 134-147.

de Tocqueville, A. (1994) *Democracy in America*, London: Fontana Press.（井伊玄太郎訳（1987）『アメリカの民主主義』上中下巻，講談社学術文庫）

Walzer, M. (1997) *On Tolerance*, New Haven: Yale University Press.（大川正彦訳（2003）『寛容について』みすず書房）

大江宏子（2007a）「ソーシャルキャピタルの視点から見たコミュニティ再生と社会ネットワーク——生活者の"不安"とネットワークアクターの機能発揮の可能性」生活経済学研究第25巻，pp 1-21

大江比呂子（2007b）『共感と共鳴を呼ぶ——サステナブル・コミュニティ・ネットワーク』日本地域社会研究所

国民生活審議会（1969）『国民生活審議会調査部会報告書——コミュニティー生活の場における人間性の回復』調査部会コミュニティ問題小委員会

堺屋太一（1996）『世は自尊好縁——満足化社会の方程式を解く』（新潮文庫）。

総務省（2007）「コミュニティ研究会 報道発表資料」
http://www.soumu.go.jp/menu_03/shingi_kenkyu/kenkyu/community/index.html

F. テンニエス，杉之原寿一訳（1957）『ゲマインシャフトとゲゼルシャフト——純粋社会学の基本概念』岩波書店〔改訂版〕。

宮脇淳（2004）「パラダイム：ソーシャルキャピタル」「PHP 政策研究レポート」（Vol. 7, No. 86）（2004年10月）。

水尾順一編著（2005）『CSR で経営力を高める』東洋経済新報社。

（大江ひろ子）

第2章
地域資産・認知・可視化・行動変容

本章では，主に，情報発信という視点からICTが様々な個性をもつ地域社会の活性化や再生，あるいはブランディングに貢献している側面に着目していく。ここで取り上げるのは，①日本：香川県直島におけるアートによる地域価値の創出事例，②英国：ボーンマス市における公共施設を情報拠点とした価値創造事例，③英国：バーミンガム市における創造産業への構造転換を通じた地域再生，都市ブランド化事例，④横浜市内・東京都内：地域住民のモラル向上を通じた商店街活性化事例，の4つである。

1. 日本：香川県直島——島全体をアートで包む，町とアートの共生世界

直島は，香川県の小さな島であるが，実は，欧米からの観光客には大変人気の高い観光スポットである。直島町の役場のサイト*を覗くと，そこには，町の概要，歴史や観光，宿泊案内，行政情報等が網羅されているが，これだけでは，直島の醍醐味はわからない。直島の観光地としての成功は，なんといっても，「ベネッセアートサイト直島」という名称が表すように，香川県直島を舞台に展開されているアート活動のトータルとしての面白みにある。直島の自然や地域の固有の文化の中に，現代アートや建築を置くことによって，どこにもない特別な場と，そこを訪れる人々に他地域では真似できないような経験価値を創造していこうというまさに，地域ブランディングの成功例として位置づけられよう。

＊ http://www.town.naoshima.kagawa.jp/

地域のブランド化については，最近，欧米主要先進国を中心に数々の成果を挙げているが，たとえば，1992年のバルセロナオリンピックを契機に，欧州における多様な文化博物館的都市として，一気にその歴史文化的価値を軸に都市のブランドを構築した例をはじめ，具体的なイベントをきっかけに，それまでの歴史的沿革や文化的蓄積を開陳し，ブームを呼び起こす例が多く見られる。

写真 3-2-1　直島の高台から瀬戸内海を望む風景

　まさに，地域のブランド化も，マーケティングの一環であり，バルセロナの例においても，バルセロナという都市が内包している歴史的建造物や芸術面での蓄積を，新たな価値としてマネジメントし，訪れる人々に体感してもらい，評価してもらうことを通じ，都市の活性化につなげている。

　すでに欧米の観光客にとっては，"日本といえば，直島"という評価が確立しつつある中（大江・西井，2007），「素顔の直島」というウェブサイトに英語版が登場したのは，2007年9月7日とまだ新しい*。そこには，観光スポットの紹介や，宿泊施設案内，エリアマップのPDFダウンロードなどを提供している。また，直島は，島全体を地中美術館，島中に配置されたアートなオブジェといった体験型芸術拠点をちりばめ，さらには，旧民家をモチーフにした技術的空間を創出している。

＊ http://www.naoshima.net/en/

　そもそも，これら一連の取り組みは，"ベネッセアートサイト直島"プロジェクトと称されるものであるが，これは，瀬戸内海の風景の中，直島というひとつの場所に，時間をかけてアートを創出していく，直島がもてる自然や，地域固有の文化の中に，現代アートや建築を配置することによって，他に類を見ないオリジナルな特別な空間を創出している。

　この"ベネッセアートサイト直島"は，1989年の直島国際キャンプ場を皮切りに，島の南側に位置する「ベネッセハウス」，本村地区の「家プロジェクト」「本村ラウンジ＆アーカイブ」を拠点として，瀬戸内海のもつ自然と歴史のリズムと，それに共振する斬新な芸術作品が相互作用をもたらす"創造の

第 2 章　地域資産・認知・可視化・行動変容　*161*

写真 3-2-2　島中に配置されたオブジェ

場"としての機能を発揮している。特に，1998年に開始された，直島の町全体を舞台とする常設アートプロジェクト「家プロジェクト」は，本村地区で古い家屋を改修し，アーティストが家の空間そのものを作品化したプロジェクトを町歩きを楽しむ中で，自然に触れ，五感に訴求する形で公開している。それぞれの建物，そ

写真 3-2-3　町プロジェクトの第一弾「角屋」説明書き

こで営まれてきた生活や伝統を自然に取り込んだ空間は，まさに，生きた学習的空間としての意味をもっている。

　家プロジェクトの第一弾として完成した「角屋*」は，家屋は200年ほど前に建てられた本村でも大きな家屋の一つであり，その外観は，漆喰仕上げ，焼板，本瓦を使った元の姿に修復されており，宮島達男の作品のうち「Sea of Time '98」の制作には町民たちが参画をし，島を挙げて，関係者が一同に会し，島のアセットとも言うべき伝統と歴史の息づく地域の財産の公開に向けた取り組みを展開したことは，その後の直島の価値創造の大きな牽引機能を発揮したと考えられる。

　＊宮島達男「Sea of Time '98（時の海 '98）」1998年ほか。建築修復監修：山本忠司。
　また，直島のアートを統括するハブとして，アートの島としてのコンセプトを凝縮した形で，島全体の自然と人間の相互作用を考える場所として，財団法

写真3-2-4　町屋プロジェクトの数々

写真3-2-5　地中美術館

人直島福武美術館財団が運営する地中美術館は，アートと地域との関係性，共生の有り様を検討する上での拠点，情報発信基地として，また，直島のコンセプト媒体としても大きな役割を担うものと期待されよう。

本節で概観した，直島におけるアートを通じた地域社会の活性化，再生の可能性については，おそらく全世界的にも多くの知見があり，それぞれの地域に固有の条件や風土を前提に，個性のある取り組みが見られるところであるが，直島においても，そうした取り組みに関する趣旨目的，実態を広く開示し，地域外に周知し，地域への呼び込みを可能とする上で，ICTを活用する方策が現実的であろう。しかも，ICTによるバーチャルな情報発信は，本来，リアルで対面により，その現場性が真髄で

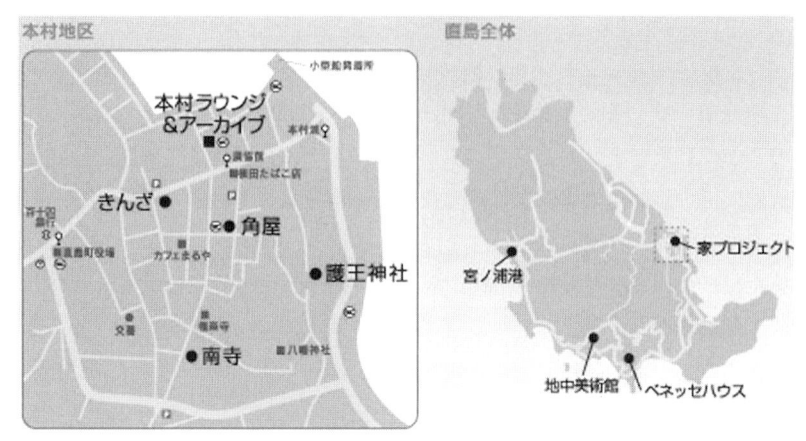

図3-2-1　直島のアート拠点マップ
出典：ベネッセアートサイト直島のウェブページ, http://www.naoshima-is.co.jp/ art/ie_project.html より（2008年7月17日アクセス）。許諾を得て転載。

あるアートを通じた，直島に見られる取り組みにおいては，様々な学びの場におけるICTツールの効果的運用の道筋を具体的なシーンやテーマに則して考察していく上でも，示唆に富むケースと位置づけられるのではなかろうか。前章で検討した持続可能な社会づくりという重大な政策課題に対峙した際に，アートを通じた町づくりというアプローチにおいて，町づくりの過程への地域住民等関係者の参画が，その後の町の活性化において大いに効果があろうことは容易に想像できるが，その過程を通じて"社会的学び"の効果に加え，自分たちの町が内包する歴史的社会的価値を実感し，将来への新価値創造に加担しようとする意欲の発露は，オブジェ等の創作現場における「現場性」，あるいは暗黙知の重要性等を勘案しても，次世代への文化伝承の意欲を生み出す上でも意味をもとう。

　形式知の集積や伝達にはICTはその有効性を発揮するものの，ここで考察対象とするようなリアルは現物性を旨とする芸術文化の情報発信において，暗黙知的情報の伝授は欠かせない要素となろう。なぜならば，芸術文化の価値を真に体験する上で，リアルな現物に触れることに勝るものはないからである。ICTは，形式値の伝授にこそその有用性・有効性を発揮するとの指摘もある（三友，2008）。しかしながら，だからといって，ICTに出番がないわけでは到

底ない。Sproull and Kieslller (1986) は、電子メディアでは、コミュニケーションを構成するコンテクストレベルの情報は伝わりにくいとし、電子メディアに頼り切ってしまうと、様々な問題が派生しかねない点を指摘しているが、このことは、たとえば、直島プロジェクトにおいて、現物性の真髄を周知し、地域外にその価値を効率的に伝達した上で、現地に多くの者を呼び込む仕組みとしてICTは実に有効であろう。

また、Huber (1990) は、ICTがコミュニケーションの文脈でもつ効果として、(1)時間と空間を越えて、より容易に低コストでコミュニケートすることを可能とする、(2)より速く、しかも特定の集団に対して正確にコミュニケートする能力を高める、(3)コミュニケーション活動あるいはネットワークにアクセスし参加することが、より選択的に行える、といった特徴を提示している。先に述べたとおり、直島が、我が国においても地理的に決して有利な地の利を有しているわけでもないにもかかわらず、諸外国からも実に多数の観光客や学習者を呼び寄せえている事実は、ICTのこれら時空を超越して情報を伝播する機能の成果と言うべきであろう。逆に言えば、ICTの機能支援なくして、直島はグローバルな観光地としてその名を馳せることもなかったことは容易に想像できる。

2. 英国：ボーンマス市——公立図書館を核とした"公共的居間"モデル

本節では、英国南西部のドーセット州に位置するボーンマス市の公立図書館を核とした地域活性化、再生モデルを概観し、そこから、情報発信拠点としての地域の社会教育施設の機能発揮の可能性を展望する。ここで考察対象とする図書館は、ボーンマス地区 (Bournemouth Borough Council) の公立図書館であり、厳しい地方財政状況下にあって、第三者機関の図書館サービス評価において、サステナブルな地域社会作りを支援する、とのコンセプトのもと、単なる本を貸し出したり、読書をしたりする社会教育施設の本来的機能面にとどまらず、地域社会における拠点としての機能発揮の有様について、実に高い評価を得ていることでも注目される。横断的公共機関である、英国美術館、図書館、公文書館カウンシル (Museum, Libraries and Archives Council: MLA) は、2003年の

「National and Legal Framework, Public Library Standards and "Framework for the Future*」を経て、それ以降，精力的に，英国における公共図書館の機能発揮の方向性について，健全な経営戦略との両立を目指しつつ検討を重ねている。その取り組みの中間報告として，Libraries Benchmarkが公表されている。このベンチマークにおいては，簡潔明瞭に，図書館の利用者に対する「満足度」「参画」「アクセス」「リソース」「質」「効率性」などを挙げている。

　＊ http://www.mla.gov.uk/programmes/framework　（2008年7月17日アクセス）

　こうした中，本節で着目するボーンマス図書館への第三者政策評価レポート「supporting sustainable communities'」（July 2006 by Capacity Building Network Ltd.）は，我が国でも，現在，地域社会における様々な公共的サービスへの民間努力の導入，民間的手法の活用による効率的な運営に関心が集まる中，英国の公共サービスにおける民間活力導入の実践的経緯の中間的総括として，大いに参考となる評価視点が盛り込まれている。そもそも，図書館政策評価レポートのタイトルそのものが，「持続可能なコミュニティを支える」と銘打たれていること自体に，英国の図書館政策の真髄が現れていると評価できよう。

　第三者評価機関であるCapacity Building Network Ltd.の許諾のもと，関係箇所を抜粋すると，そこでは，同図書館を評価するための尺度として，「蔵書」「デジタル市民権」「コミュニティと市民の価値」の3点が明記されている。ここで注目すべきは，第二の視点として，「デジタル市民権」を挙げ，図書館におけるバーチャルな情報へのアクセスを確保し，いかなる市民も，図書館に来れば，インターネット環境におかれ，安心して幅広い情報に触れることができ，デジタルデバイドを解消しうる拠点としての図書館への期待が現れている点であろう。さらに，図書館は，何人にとっても安全で安心して訪れることが可能となる場所であり，すべてのコミュニティの構成員に開かれた公共的な拠点だるべきことが第三の視点に明確に現れてもいる。

　さらに，今後の同図書館が何を目指していくのか，具体的な事項を列挙し，わかりやすくイメージを展開している。そこでは，表3－2－2にあるとおり，簡潔に列挙された9つの項目は，まさに同図書館のアクションプランとも言うべきものであり，第一の顧客第一主義を皮切りに，第二の価値として，リサイクルを挙げる等，まさに持続可能な地域社会への貢献の拠点としての図書館の

表3-2-1　ボーンマス図書館における3つの評価視点

- Books, reading and learning: knowledge, skills and information are the heart of economic and social life
- Digital citizenship: access to more information than ever before through the internet
- Community and civic values: libraries are safe, welcoming neutral spaces open to all the community.

表3-2-2　ボーンマス図書館のアクションプラン

1　Customer First
2　Recycling
3　Safe Communities
4　Affordable Housing
5　Sustainable Transport
6　Cultural Renewal
7　Children's Services
8　Cleaner Streets
9　Boscombe Regeneration

表3-2-3　港区立図書館基本計画より

1. すべての区民の学びと自立を支援します
幼児期から生涯にわたる区民の自主的な学びを支援し、個人の創造性と想像力の喚起と発展のための機会を提供します。
2. 誰でも同じように利用できる環境を整えます
区民すべてが平等かつ公平に利用できる、気軽で、わかりやすく、利用しやすい環境を実現します。
3. 高度情報化社会に対応した情報拠点・課題解決型図書館へと成長します
問題解決のために訪れる利用者に対して、多様な情報を収集・提供できる高度情報化社会に対応したIT活用型図書館へと機能強化を図ります。
4. 国際都市港区としての文化創造・発信を支援します
港区内の地域情報を収集・保存するとともに、異文化間の交流を促し、国際都市港区としての文化創造・発信を支援します。
5. 参加と協働による身近な図書館サービスを実現します
地域の人々、団体、企業などとの連携に努め、図書館サービスを充実します。

出典：www.lib.city.minato.tokyo.jp/j/library-info2.pdf（2008年7月17日アクセス）

機能を明示しているようである。たとえば、このボーンマス図書館のアクションプランに明示されている9つの価値項目に比較して、参考まで、筆者が居住する東京都港区の図書館基本プランから、同様の趣旨の明示と考えられる「港区図書館基本計画（平成18年度―23年度）骨子を表3-2-3に挙げておく。

表 3-2-4　ボーンマス図書館における施策事例

- Local schools through visits by classes and support for curriculum
- Lifelong learning programmes
- A wide range of community groups who advertise and hold meetings in libraries.
- Use of libraries by local councillors for surgeries and by the Citizens Advaice Bureau
- Social services, for instance, through links with the housebound
- Members of lesbian & gay e.g. "Gay & Grey" and ethnic minority communities through provision of special interest stock and programmes such as Shifting Sands which celebrated the culture of the Portuguese, Korean, Jewish and Chinese communities in Bournemouth.
- Music library partnership with Dorset County Libraries and Bournemouth University and music events such as e.g. Children Make Music with the Bournemouth Symphony Orchestra
- The service is fully involved in national programmes such as Bookstart and Young Cultural Creators.

　表3-3-2と表3-3-3を比較すると，それぞれの図書館運営の背景にある政策的趣旨の相違が浮き彫りとなる。表3-2-2の9項目目，Boscombeとは，ボーンマス市内の海岸沿いのエリアの名称であるが，当該図書館の存在場所との関係性において，同地域の再生（regeneration）の起爆剤として，図書館を位置づけていることも注目に値しよう。明らかに，英国におけるボーンマス図書館の戦略が，より地域との密接な関係性に根ざしたものであり，また，そのことを極力わかりやすく，地域住民に理解しやすい形で訴求するアクションプランとなっている。このことは，9項目目のBoscombe地域の再生のみならず，たとえば，項目3「より安全なコミュニティ作りへの貢献」，項目5「持続可能な交通手段」，項目8「より綺麗な街路」といった地域のあり方そのものにかかわる事項への貢献が，図書館の使命として明確に認識され，宣言されていることには大いに注目すべきであろう。さらに，こうしたアクションプランの概念に基づく詳細の施策事例として明示されている項目を，表3-2-4に挙げておく。ここにも，地域との係わり合いの中で，図書館の使命を位置づけようとする政策意図が明らかとなっている。

　ところで，ボーンマス図書館については，もう一つ，箱物として，すなわち，建造物としての公共的施設の機能発揮の側面にも注意を払うべきとの示唆が生まれている。すなわち，定性的，概念的な地域における拠点性，信頼のよりどころとしての機能発揮にとどまらず，具体的・現物としての図書館機能につい

写真3-2-6 ボーンマス図書館の外観及び館内

ても看過しえない価値があることの証左として，ボーンマス図書館のICTステーションとしての"公共的居間モデル"の可能性について検討してみたい。同図書館は，2003年度，英国首相のより良い公共建造物賞を受賞している（Prime Minister's Better Public Building Award at British Construction Industry Awards (BCIA)）。そもそも，同図書館は，2002年6月28日にオープンしたが，オープン当初から，地元新聞を含め，"triumph of excellent design, enthusiasm and urban renewal...social and economic values of good design..."と称され，まさに，"Bournemouth's public living room"，すなわち，「ボーンマス市の公共的居間」として評価されて今日に至っている。そこでは，"not just a library but a welcoming hub of the community"とされ，まさに，単なる図書館としての本来業務面にとどまらず，コミュニティのハブとしての機能発揮拠点としてその役割に注目が集まっている。

3. 創造都市戦略――英国バーミンガム市

本節では，創造都市という概念に則り，都市再生を進めるに当たって，産業構造転換と都市の活力の関わりに着目していくこととしたい。米国の都市学者，ジェイコブズ女史が着目した「創造都市」とは，中部イタリアの人間的規模の都市であるボローニャやフィレンツェに代表されるような，特定分野限定の中小企業群（イタリアでは職人企業と呼ぶ）によるイノベーションを特徴とする都市のことをさす。そこでは，柔軟に技術を使いこなす高度な労働の質が保持されており，大量生産システムに一般的であるような市場，技術，工業社会を

主要要素とする産業の特性を画期的に変容せしめるものとして注目されている。

　こうした視点から，英国における創造都市戦略を概観してみたい。英国では，社会の創造的な力を引き出すものとして，芸術文化政策を重視する。英国政府の芸術文化産業は，「創造産業（Creative Industry）」育成政策そのものでもある。具体的には，音楽，舞台芸術，映像，ファッション，デザイン，クラフト，美術品市場，建築，テレビ・ラジオ，出版，広告，そしてゲームソフトを含むソフトウェアの各産業を「創造産業」として一括する。ちなみに，米国でも1997年2月に芸術・学術に関する大統領諮問委員会答申『クリエイティブ・アメリカ』において，芸術・学術を「（準）公共財」として位置づけ，積極的に推進する政策を要請している。

　欧州における「創造都市」の概念は，製造業が衰退した結果，青年層の失業者が増加，従来の福祉国家システムが財政危機に直面する中で，際だって政策に投影されていく。それまでの重工業重視の産業構造見直しの中で，国家の財政的支援から自立した新しい都市の発展の方向を模索する過程で，芸術文化がもつ「創造的なパワー」を生かして社会の潜在力を引き出そうとする都市の試みには，注目が集まっている。そこでは，「創造性」＝知識（インテリジェンス）と革新（イノベーション）の中間にあるものとして，「芸術文化と産業経済を繋ぐ媒介項」として位置づけている。

　では，なぜ，芸術文化なのか。第一に，脱工業化都市においてマルチメディアやフィルムや音楽，劇場などの文化産業の成長力への期待がある。第二に，芸術文化が都市住民の問題解決に向けた創造的アイデアを刺激するインパクト（連鎖反応）への期待である。第三に，文化遺産と文化的伝統が人々に都市の歴史や記憶を呼び覚まし，グローバリゼーションの中での都市のアイデンティティを呼び覚ます側面がある。第四に，地球環境との調和をはかる「サステナブルな都市」を創造する上で，文化が果たす役割への期待である。

　すなわち，創造都市とは，市民の創造活動の自由な発揮に基づいて，文化と産業における創造性に富み，同時に，脱大量生産の革新的で柔軟な都市経済システムを備え，グローバルな環境問題や，あるいはローカルな地域社会の課題に対して，創造的問題解決を行えるような『創造の場』に富んだ都市と言える（佐々木，2001）。バーミンガムの例は，まさに，産業革命以来の「煙に汚れた

重工業都市」のイメージからの脱却を遂げるため,「創造都市戦略」を採用した都市の事例と言えよう。具体的には,バーミンガム市議会は,新たに中心市街地への自動車の乗り入れを禁止したり,歩行者優先の街路整備を進め,市立美術館を改装充実し,コンサートホールと一体となったコンベンションホールを整備＝都心を「文化の創造空間」に転換する事業に着手した。また,産業革命以来,工業製品の輸送に活躍した近代産業遺産である運河の保存と修復によってボートによる「運河めぐり」を開始し,運河沿いの古い倉庫群をレストランやホテルに改装してカルチャー・ツーリズムを促進するなど,文化面を複合的に浮き立たせる戦術を展開した。

　その結果,1981年から91年にかけて製造業の雇用は35.6％減少したのに対し,金融,ニューメディアの分野では34.7％の雇用増加が達成され,同市の産業構造は円滑に転換されていった。この事例は,「文化政策による都市再生」から「創造的問題解決」の連鎖反応として解釈することも可能かもしれない。1992年以降,芸術創造事業推進協会（略称,スペースSpace）という民間団体が約2000万ポンドをかけて,カスタード工場街の再開発を行い,そこでは,芸術家に安価にワークスペース（スタジオ）が提供され,劇場,ギャラリー,ダンスホール,レストラン,カフェ,芸術系学生のためのアパート,ジャズクラブ,映画館などの施設整備が重点的に行われた。その結果,若年層の失業問題解決,雇用の機会創出効果も大きかったとされる。

　また,創造的場を通じた文化的インキュベーター機能とそこでのICTの機能が果たした機能には大きいものがある。多様なジャンルの芸術家達が1ヵ所に集中し,相互作用により新価値を創造していく。芸術家相互または芸術家と一般市民の間の交流が刺激され,さらに,「創造的な場」が生まれていく。先に述べたカスタード工場も,「文化的インキュベーター」として機能した。そこでICTインフラの整備により,創造された文化的要素は,対外的に発信され,また,回報されて,更なる情報流通を促進していった。

　本節では,「創造都市」という観点から,都市の再生・活性化と文化・芸術との関係性を読み解く試みを行ってきたが,我が国でも,今後,こうした取り組みはさかんになることが期待される。「文化権」という概念が我が国の法制度においても明記されている。そこでは,「参加,享受,創造　平等なアクセ

ス」という論点が重要であるが，2001年11月，我が国初の文化に関する包括的な法律「文化芸術振興基本法」が制定されたことは記憶に新しい。しかしながら，この法律が，芸術・文化活動に携わる者だけでなく，広く国民全体の基本的な権利である文化権に関わっていることは意外に知られていない。国際的には，バーミンガムの例が如実に現しているように，文化の問題は，1980年代以降，都市再生や社会の持続可能な発展という文脈で注目されるのが一般的である。文化は新たな雇用創出やICT関連産業の内容創出にとって重要であるだけでなく，人々の創造性を高め，コミュニケーションを良好にする社会共通の基盤としても注目されている。経済学的には，芸術・文化は，それを直接享受しない人にも便益を及ぼす外部性があり，米国の大統領諮問委員会が明らかにしたように，準公共財として位置づけるのが一般的でもある。

　文化権とは，誰でも平等に文化を享受し，文化活動に参加し，文化創造を行う権利とされ，全ての人々が文化にアクセスできるという社会権（生存権）的側面と，表現の自由を保障するという自由権的側面を内包する概念である。この両面を保障するべく，様々な工夫が行われてきたが，自由権的側面に関しては，イギリスの経済学者であるケインズが，アームズ・レングスの原則（国家はお金は出しても芸術の内容には口を出さない）を提唱したことで知られる。社会権的側面に関しては，66年に出版された米の経済学者ボウモルとボウエンの著書『舞台芸術：芸術と経済のジレンマ』が大きな契機となり，舞台芸術の観客は概して高学歴・高所得・専門職であるという全米の観客調査結果により，芸術・文化に対する国家や自治体の支援のあり方として，芸術家を支援するだけでは，税金で高所得者を支援することになりかねず，むしろ，補助金政策によりチケット価格を下げ，低所得者の購入率を上げたり，地域間格差を縮める，子どもの頃から芸術や文化に親しむ機会を作るなど文化芸術へのアクセス保障を担保しようという工夫が講じられてきた。

　1980年代以降，文化や芸術に対するアクセス欲求の高まりに伴い，芸術・文化の質の向上と絶対的量の拡大を目指す政策転換の潮流は見逃せまい。市民社会と政府との協働も文化支援の特徴の一つであるが，日本では，企業メセナやNPO等が地域社会との密接な関係性を構築しつつ重要な役割を果たしている。まさに，バーミンガム市が提示する事例は，文化・芸術振興と都市再生が物事

の裏腹であり，それぞれのコンセプトを融合した上で，インフラとしてのICTであり，産業推進役としてのICT分野が，それらを牽引支援するスキームが，成果を生み出すことの証左でもあろう。

5. 商店街における協調行動と景観

　本節では，視点を我々の身近な生活シーンに引き寄せ，日々我々が目にする，街中でのポイ捨ての不利益，シャッター通りと化した商店街等への対処について考えてみたい。まず，取り上げるごみのポイ捨てであるが，この問題を経済的不利益の視点から見れば，ゴミの清掃費用の発生，ポイ捨て防止の監視費用の増大が挙げられよう。東京都千代田区の例では，監視費用に毎年1億円以上の費用がかさむとされている。これ以外にも，非経済的不利益として，都市の景観を破壊する面も見逃せない。

　たばこのポイ捨て，ガムのポイ捨てに悩む自治体は多い。ポイ捨て問題の解決法としては，ポイ捨てをできないような仕組みが必要であろう。効果的な啓蒙活動の必要性は従来より指摘されている。以下，横浜市における対策を考察していこう。

　横浜市では，道にメッセージを描く，特に，絵を取り入れたインパクトの強いもので，メッセージを発信する試みを行っている。地域住民，小学校など多くの人にも参加を呼びかけているが，今日では，地元の小・中学校の協力により，こどもたちにも書いてもらうことにより，意識の向上が顕著であるという。横浜駅周辺の西区だけでも8校の小学校が存在しており，そうした地域の特性も生かしつつ，地元のことをみんなで考え行動する風土を作り上げてもいる。横浜市には横浜国立大学，神奈川大学など大学も多く，地域コミュニティや大学の学生活動としても協力を呼びかけることで，さらに，地域の絆意識が高まる効果も生まれつつあるようである。

　さらに，行政当局も様々な試みを展開している。横浜市資源循環局では，清掃の現場の大変さを呼びかけ，理解を求めている。子どもたちへの教育活動としては大きな効果が期待できる。普通のゴミの分別などにも良い影響が得られる可能性もあり。そこで活用されているのが，資源循環局の講演活動である。

第 2 章　地域資産・認知・可視化・行動変容　173

写真 3-2-7　ごみのポイ捨て

写真 3-2-8　対策　路面への工夫　　　図 3-2-2　資源循環局マスコット
出典：http://www.city.yokohama.jp/me/pcpb/ より

　この講演会により，子どもたちへの啓蒙効果に加え，ゴミ対策全体への協力に期待ができる。こうした心理的方略は，概して，監視コストを必要とせず，清掃コスト低減が期待できる。ただ「ポイ捨てをやめさせる」のではなく，「ポイ捨てをしない」意識変化を促すことが可能となる。
　次に，横浜市内の「伊勢佐木モール」を取り上げ，商店街の活性化，再生問題を考えてみたい。実際にこの商店街を訪問し，3 つの課題を見つけ，この 3 点をいかにして改善していくべきかを考察してみる。まず，1 つ目の課題として，店の前に沢山の自転車が置かれていることで，風景が美しくなく，通りが狭くなってしまうことが残念である。
　この放置自転車に対する対策としては，次の 2 つが考えられる。
　　1．交通機関との取り組み。

写真3-2-9　放置自転車問題

写真3-2-10　乱雑な路上，放置物

写真3-2-11　寂しい裏通り（福富町）

2. 商店自体の対策強化が何よりも重要ではないかと考える。近くにバス停を設け（周りを歩いてみたが，バス停は見当たらなかった），交通手段の便利さを客に提供することで問題を解決できるのではないだろうか。沢山買い物をした客は自転車よりもバスで移動したほうが楽なこともももちろん考えられる。また，商店自体の積極的な対策（たとえば，看板を置く，あるいはバスや駐車場の利用割引券を客に配るなど）が有効であろう。

次に見られる課題として，乱雑な街路がある。しばしば路上観察において，ごみのように見えながら，実は，そうではなく，単に片付けていないだけのも

写真3-2-12　巣鴨地区の違法駐輪，落書き等

のがあちこちに放置されている現状がある。

　写真3-2-10の風景は，ゴミのように見えるが，実はものを片付けてないだけである。対策としては，持ち主が自発的に町の風景を意識し，片付けるべきであることはいうまでもない。

　次に，一本路地を入っただけで，まったく風景が変わってしまう福富町の事例を考えてみたい。福富町は，伊勢佐木モールの一つ裏の通りだが，驚くほどひっそりとシャッターが下り，人気もない。伊勢佐木モールの人通りも多い賑わいに対し，わずか10メートルしか離れていない隣の福富町の状態は，まったく異なる町並みである。

　福富町も隣の伊勢佐木町のように賑やかに活性化するにはどうしたらいいのか。そのために考えられるのは，当地域の人々を当地域の役所との取り組みが肝要ではないだろうか。何よりもまず，地元の自治体が地域活性化により力を入れることが必要である。テナントが集まりやすい条件を提供しサポートする。あるいは，地元の住民はじめ，地域外から訪れる人を惹きつけるスポットを誘

致することも一案であろう。

　同様に，東京都内屈指の商店街のひとつ，巣鴨商店街の違法駐輪問題の事例では，自転車の違法駐輪問題解決案として，駅前広場，道路の管理強化，周辺住民のパトロール，外部業者に週に一回撤去を委託する等，また，公共駐輪場増設，単発利用，定期利用を現在より安い料金で撤去した自転車・バイクの引き取り手数料値上げなども考えられよう。

　写真3-2-10が示しているような街中の状況のうち，安心感が阻害されるようなインシデントに対処し，住民同士が安全に生活できる街を目指すには，「まちのおまわりさん」的機能に加え，地域住民の互警団活動はじめ，何かあったら交番に駆け込める雰囲気作りも重要であろう。しかしながら，いずこの地域社会でも，昨今，市民の参画意識の低さ，町に対する貢献意識の低さは社会問題ですらある。地域住民が，自らの町を住みよい地域に改善していくという強い意識をもち，協働関係を構築していくには，地元の自治体が何を課題と位置づけ，またこれにいかにして取り組んでいるのかを積極的に知らしめつつ，共感をもってもらい，関係者に立ち上がり行動してもらうための仕掛けが不可欠である。何よりも市民の参画意識向上のためには，住民が町のために活躍できる場を増やすことが課題となろう。具体的には，駐輪パトロール，夜間パトロール，町内清掃などの機会が想定されるが，働いた分，地元の商店で使えるポイントが貯まる制度を導入するなど，適度なビジネス的スキームも効果があるかもしれない。何よりも，自治体政府が積極的に，市民に活動内容を報告，情報を積極的に流通させることを通じて，住民の意識もさらに活性化することが期待される。そのための媒体としては，市町村の広報紙等に加え，各種フリーペーパーの配布（クーポンつき）やインターネット上での情報発信などメディアミックス戦略も欠かせまい。

　一方，経済的に不活性状態からの脱却も，大きな課題となっている。地元商店街の活気のなさ——シャッターがおりたままの商店，顧客が少ない商店，売り上げの減少など，課題は枚挙に暇がない。

　こうした，町全体の不活性状態からの脱却のための提案としては，たとえば，市営公共施設の民営化，使用料金値下げによる利用促進，商店協会の改革，特に登録商店を増やし，独自のクーポン使用，ポイント使用機会を増やすこと，

写真 3-2-13　活気を失った商店街

写真 3-2-14　個性を失った商店街

地元住民が商店を積極的に利用できるような住民密着型商店街を目指すことなどが想定されよう。スーパーマーケットやチェーンの進出は，購買行動上，利便性の点からは評価されるが，地域色や地縁性に基づく「根付き」は感じられない。経済合理主義的尺度のみならず，よりいっそう具体的な地域色尺度の創設が求められるのではないか。ここで見てきた複数の事例のうち，多様性の維持が，地域社会の活力の源であるという仮説が浮かび上がってくる。地元商店街の地縁性を大切にした個性ある街づくりという視点に立ち戻れば，英国の New Economic Foundation がとりまとめた "Clone Town Britain" (2004) というサーベイ結果が参考になる*。これは，英国では，地域社会に固有の商店やサービス拠点が次々と廃業し，全国チェーンに取って代わられるなど，地縁性の高い商店の役割を見直す動きのきっかけとなったといわれる中，地元密着型の商店群や商店街が，各地域社会の個性を編み出し，地域住民の帰属意識や愛着を高める上でも効果があることを確認し，そうした個性に関する情報発信を積極的に行い，地域住民の意識を喚起していくことの重要性，またそこでのICTによる情報発信の重要性が指摘されている点が，大いに注目される。

＊ http://www.neweconomics.org/gen/news_clonetown.aspx（2008/7/27アクセス）

引用・参考文献

Fulk, J., Schmitz, J., & Steinfield, C. W. (1990) "A social influence model of technology use", In: J. Fulk & C. W. Steinfield (Eds.), *Organizations and Communication Technology*, Newbury Park, CA: Sage, pp. 117-140.

Huber, G. (1990) "A Theory of Effects of Advanced Information Technologies on Organizational Design, Intelligence and Decision Making", In: J. Fulk and C. W. Steinfield (Eds.), *Organizations and Communication Technology*, Newbury Park, CA: Sage, pp. 237-274.

Lengel, R. H. & Daft, R. L. (1988) "The Selection of Communication Media as an Executive Skill", *Academy of Management Executive*, 2(3), pp. 225-232.

New Economic Foundation (2004) "Clone Town Britain: The loss of local identity on the nation's high streets".

Sproull, L., and Kiesler, S. (1986) Reducing social context cues: Electronic mail in organizational communication, *Management Science*, 32(11), pp. 1492-1512.

大江ひろ子・西井麻美（2007）「コミュニティにおける社会教育を通じた"学習の場"再生に関する研究会」委員会（2007.9.6）メモ。

佐々木雅幸（2001）『創造都市への挑戦』岩波書店。

三友仁志（2008）「地域情報化の進展とヘルスケアの果たす役割」ITヘルスケア学会第二回学術大会講演録より。

第3章
ネットワーク再論── ESDを考える上でのいくつかの事例と考察

　本章では，ICTの特徴を踏まえ，これをESDに援用して行く上で看過できない論点の抽出を試みる。まず前半でコミュニケーションツールの歴史をふり返りつつ，技術の進歩に従い，そこで織りなされるコミュニケーションの態様が複雑化・高度化していることを踏まえ，ICT隆盛期だからこそ双方向のコミュニケーションの重要性が増していることを確認する。
　その上で，後半において2011年3月11日の東日本大震災時の経験を踏まえ情報格差是正の方向性と真の情報リテラシーについて，論考を加える。

1. ICTの可能性と展望

　ICT（Information and Communication Technology 以下，ICT）の進歩とともに，世界規模で個人のライフスタイルや社会の仕組みが大きく変化している。ICTの恩恵の反面，様々な課題が発生する。社会がICTの恩恵を受けながら持続的発展を遂げるためには，これらの課題を乗り越えていかなければならない。
　前半で情報という視点で50年前の社会と今を比較し，現状を浮き彫りにする。後半で持続可能な開発のためのICTの方向性を示す。
　以下，まず情報社会の変遷から見ていこう。コミュニケーションツールの歴史は表3-3-1に示すように大きく4つの時代に分けられる。①紀元前3000年〜100年は，パピルスや石版に文字を刻み情報を保存し，笛や太鼓で遠隔地まで情報を伝えた。現在の郵便や新聞の元になるシステムが発明されたのもこの時代である。②100年〜19世紀になると，紙や印刷など，現代も使われているコミュニケーションツールの元が発明され，経済社会に大きな影響を与えるようになる。③19世紀〜1960年代は電信・マスメディアの時代。ラジオやテレビを通じて，1つの情報ソースが多くの相手に対して発信された。④1960年代〜今日は，双方向コミュニケーションの時代である。インターネットやコンピュータが一般の人にも使えるようになった。

表3-3-1 コミュニケーションツールの歴史

年代	ツール	形態	
紀元前3000～100年	パピルス／石版	文字（保存）	視角
	笛／太鼓	音響	聴覚
	郵便／新聞の元になるシステム	文字（保存）	視覚
100年～19世紀	ペン／鉛筆（筆記具）	文字（保存）	視覚
	紙		
	印刷技術		
19世紀～1980年代	電信	音声	聴覚
	電話	音声	
	ラジオ	音声	
1980年～今日	コンピュータ	文字・画像	視覚／聴覚
	テレビ	音声・動画（保存）	
	コンピュータ・ネットワーク	音声・動画・文字（保存）	
	インターネット		
	モバイル		

表3-3-2 1960年代～今日のICT基盤技術の変化

年代	コンピュータ技術	ネットワーク技術
1960-70年	・マイクロプロセッサを搭載した低価格パソコンの出現	・インターネットの起源となるARPANET誕生 ・パケット交換など，デジタル通信技術の規格化・標準化が発展
1980-90年	・パソコン普及のきっかけとなったApple IIやPC/AT互換機が登場 ・ゲーム専用機がヒット	・インターネットの基礎技術が確立
2000年	・Web2.0発表	・ブロードバンド通信 ・携帯電話

　表3-3-2に双方向コミュニケーションを支える技術の変化をもう少し詳しく示した。1960-70年代は，大学や研究所の教職員，学生および企業の技術者などの専門的な技術知識をもつ者がコンピュータやネットワークを利用していた。しかし，1980年代以降は専門家以外でも，事務処理などでPCを利用する人が増える。家庭にゲーム機や安価なパソコンが浸透し，子どものころからデ

[情報源 (Source)] → [メッセージ (Message)] → [チャネル (Channel)] → [受け手 (Receiver)]

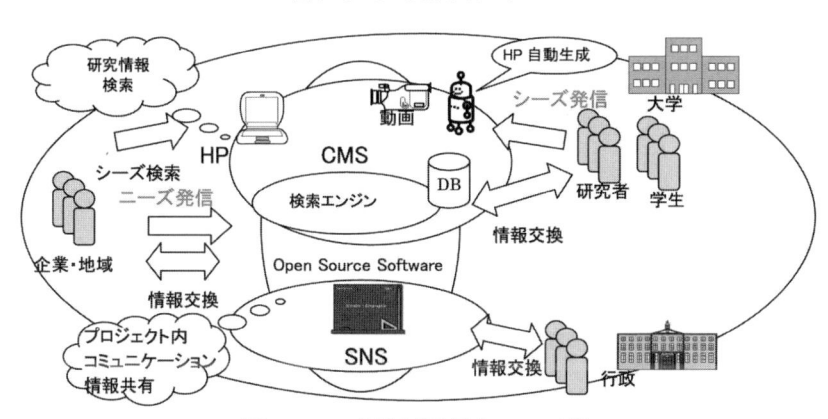

図3-3-1 S-M-C-R モデル

図3-3-2 仮想空間と現実のリンク例

ジタル文化の中で育つ世代（デジタル・ネイティブ）が出現するに至った。

（1）双方向コミュニケーションの時代の情報伝達モデル

双方向コミュニケーション時代とそれ以前では，データの送り手と受け手の関係が異なる。双方向コミュニケーション以前は，情報の伝達はDavid K. BarloのS-M-C-Rモデルに代表される，単一方向（線形）のモデルであるといわれていた。

単一方向（線形）モデルは，発信者が一方的に受信者へ情報を流す形であり，政治的なプロパガンダやマスメディアの情報戦略において活用されていた。しかし，今日の双方向コミュニケーションは個人が多対多の関係をもつ，メッシュ型のモデルである。個人が相互に作用し，全体を形成するシステムモデルとしてとらえることができる。

以下，仮想空間と現実が結びついた2つの事例を示す。

例1：産学公連携コミュニケーションシステム

大学の研究情報を仮想空間で共有し，産業界や公的機関のニーズとマッチングする。

例2：ECショップ

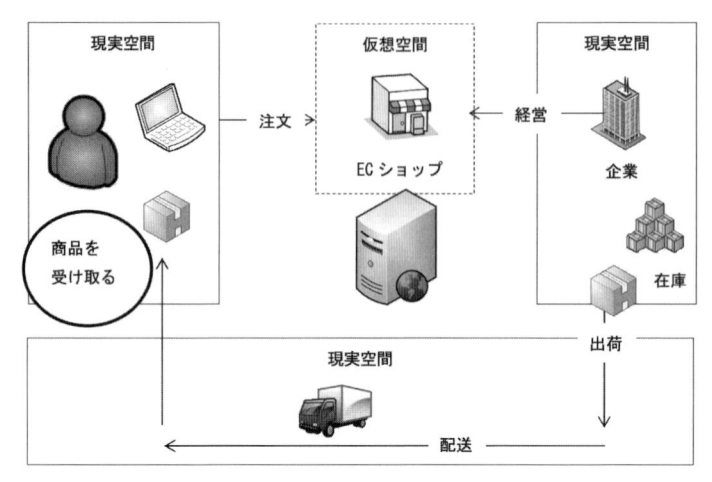

図3-3-3 ECショップ

　企業が商品を仮想空間の店舗で販売し，消費者は代金と引き換えに現実の商品を手にすることができる。

　企業が商品を仮想空間の店舗で販売し，消費者は代金と引き換えに現実の商品を手にすることができる。

　個々の集合がシステムを形成しひとつの仮想空間を作ることで，情報は共有され，相互理解を深めることができる。仮想空間上に新しい情報コンテンツやサービスが出現し，現実の世界と結びついて社会の基盤を形成しつつある。

（2）ICTの向かう方向
① 人間関係におけるICTの効果

　ICTは情報システムそのものだけでなく，人のつながり（縁）や働き方を変えていく可能性をもっている。持続可能な開発のためには，地球上の資源の有限性を認識するとともに，自らの考えをもって，新しい社会秩序を作り上げていく，地球的な視野をもつ市民の存在が欠かせない。ICT基盤は，居住地・主義・立場が違う多様な人材が自らの意見を発信し相互に理解を深める場を作ることができるので，広い視野をもった市民のネットワークが地球規模で実現できる可能性をもっている。

図3-3-4　縁のいろいろ変遷

【人のつながり（縁）の変化】

近年，TwitterやFacebookなどのソーシャルメディアが急速に浸透した。ソーシャルメディアは，趣味や仲間の集まりに端を発して広がり，ここ数年は国家，政府にも影響を及ぼすケースも散見される。ソーシャルメディアなどのICTが作り出す仮想空間に集う人々の関係は「電縁」と呼ばれる。今ほど交通や通信網が発達していない時代は，人の結びつきは血縁や地縁といった，狭い範囲での閉じた関係が主体だったが，ICTの基盤が新たに「電縁」という人の結びつき方を作った。また，同じ趣味や嗜好をもつ人々の集まりを「好縁」と呼ぶ。

ICTは時間・場所を超えて人々を結び付け，地球規模で24時間のコミュニケーションが可能にした。インターネット上には情報検索機能や自動翻訳などコミュニケーションを補助する無料ツールも数多く存在し，自分と同じ嗜好・考え方・悩みをもつ仲間を見つけて言語の壁を越えたコミュニケーションを図ることができる。また，ICTを通じて知り合った人々が現実（リアル）でも関係性を深めることで，今までにはない国や地域を超えた親密度の濃いコミュニティが形成される。

【働き方の変化】

大量生産・大量消費時代は，効率が重視され，労働集約型のワーキングスタイルが一般的だった。労働集約型の人材ニーズを満たすためには，本人や家族を含め同じようなライフスタイルの人材が集まることになる。一方，ICTは在宅勤務など，同じ場所に集まらないでもライフスタイルに合わせて働ける場

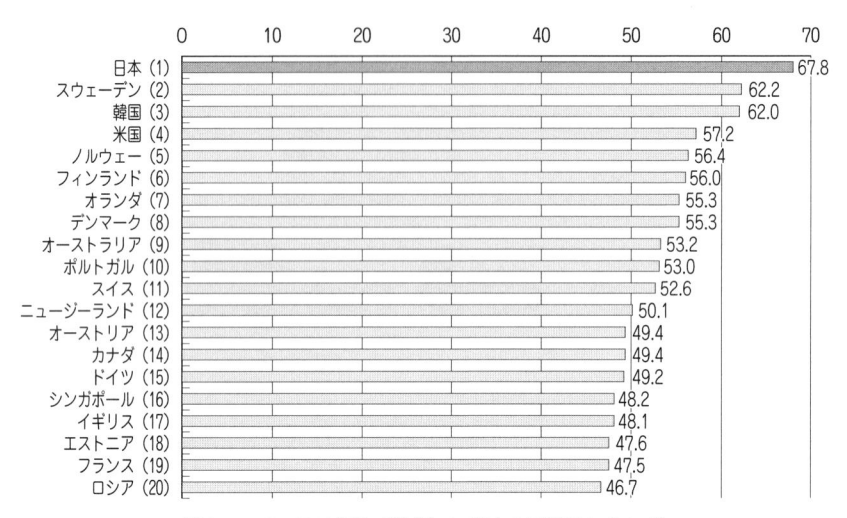

184　第Ⅲ部　コミュニティとソーシャルキャピタルの視点から

順位	国	値
(1)	日本	67.8
(2)	スウェーデン	62.2
(3)	韓国	62.0
(4)	米国	57.2
(5)	ノルウェー	56.4
(6)	フィンランド	56.0
(7)	オランダ	55.3
(8)	デンマーク	55.3
(9)	オーストラリア	53.2
(10)	ポルトガル	53.0
(11)	スイス	52.6
(12)	ニュージーランド	50.1
(13)	オーストリア	49.4
(14)	カナダ	49.4
(15)	ドイツ	49.2
(16)	シンガポール	48.2
(17)	イギリス	48.1
(18)	エストニア	47.6
(19)	フランス	47.5
(20)	ロシア	46.7

図3-3-5　ICT基盤（整備）に関する国際ランキング
出典：総務省情報通信国際戦略局情報通信経済室「ICT基盤に関する国際比較調査報告書」2011年3月。

を提供する。通勤や出張の回数を減らすことは，エネルギーの節減にもつながる。

現在はパソコンとインターネットに接続する環境さえあれば無料で使える電子メールやテレビ会議などのソフトウェアが充実している。働ける時間・場所・条件などのハンディキャップを超えて多様な人材が，多様な働き方を選択して協同することで，雇用の促進や経済の活性化が期待でき，新しい秩序を築き上げていくことができると考える。

② ICT利用の課題

現在，日本国内のICTの基盤整備状況は世界トップクラスである。しかし，ICTの基盤（モノ）だけが整っても，デジタルを使いこなしたことにはならない。その上にサービス（コト）があり，人が利用できて初めてICTの価値が生まれる。ICT利用の課題を以下に示す。

(1)安心・安全の確保

【利用者の安心と安全】

平成23年度情報通信白書によると，インターネットを利用する際，約半数の

世帯が不安を感じているという調査結果が出ている。不安内容は「個人情報保護」「コンピュータウイルス感染」「セキュリティ対策」のポイントが高い。また，情報活用能力と不安の相関関係は，活用能力が低いほど，不安が大きいという傾向があるという。このことから，安心・安全にICTを利用するためには，情報活用能力の向上が必要だということがわかる。

【情報提供者の安心と安全】
　企業や官公庁などの情報提供者は，情報リスクを管理するという課題がある。情報資産を不正アクセスから保護し，情報漏えいを防ぐなどの対策が必要である。また，万が一情報漏えいがあった場合は企業価値を損なうなど，経済的なマイナスも生じる。その他にもデマや風評被害などの情報リスクも存在する。ネットの情報は，他のメディアに比べて拡散速度が速い上に，どこにどう伝わったか経路を特定するのが困難である。

　また，ネット上には見えない場所での不正行為で，企業の信用が失墜した例もある。口コミサイトで，評価を上げたい店舗が投稿者に金銭を渡して好意的な評価を書いてもらう「ステルスマーケティング」の例がある。この場合，口コミサイト自体の信頼性が落ちる結果となる。

　このような情報リスクから身を守るためには，ネットの動きを平常時から監視しておく必要がある。

⑵デジタル・デバイド（情報格差）の解消

　デジタル・デバイド（情報格差）問題は，大きく分けて2つあると考える。一つは，常時・長期的な問題である。今後，情報がデジタル・メディア中心になれば，デジタル・メディアから情報を得られる者と得られない者の間に情報格差が生じる。今日，企業の4大資源はヒト・カネ・モノ・情報と呼ばれるほど，情報の価値は高くなった。得られる情報の量が大きければ，経済的優位に立てることになる。つまり，情報格差はそのまま経済格差につながる。

　もう一つの格差は，緊急時・突発的な問題である。事故や災害発生時に必要な情報を得ることは，生命や身体の安全に関わる重大な問題である。緊急時の情報収集は，場所や状況に合わせて複数のメディアから取得できるに越したことはない。テレビやラジオ，防災無線など従来のメディアと合わせて，デジタ

表3-3-3 震災時のインターネットの強靱性

> 通信網については，東北・関東地方を中心に，回線の途絶や，停電等により情報通信機器が使用できなくなるなどの被害が発生した。また，東日本大震災による情報通信産業等への被害は，経済へも大きな影響を与えた。
> このような中，民間事業者等により，情報通信インフラの早期復旧に向けた取組が行われるとともに，公衆電話の無料化，特設公衆電話の設置等の災害対応の対策が実施された。また，放送による災害情報の提供や，インターネットを活用したソーシャルメディア等の新たなメディアが，安否確認や被災者支援のために使われるなど，新たな取組みも数多く行われた。一方で，インターネットの利用については，いわゆるデマ情報などが流布されたとの指摘や，インターネットを利活用できた者と，そうでない者との情報格差が発生したとの指摘など，課題点も指摘されたところである。

出典：平成23年版情報通信白書「東日本大震災における情報通信の状況」より抜粋。

ル・メディアを利用して情報をリカバリすることができれば，助かる確率は向上する。現実に，東日本大震災発生時はインターネットの情報が有効に働いた。

(3) 大量の情報を処理するための基盤整備

基盤が整備され，多くの人がICTを利用できるようになったが，利用者と情報量も上昇している。情報量が増えれば必要な情報が埋もれてしまい，必要なときに取り出せなくなる問題が発生する。また，リッチコンテンツと呼ばれる動画像などの大きなデータを送受信するためには，ICTのさらなる基盤整備が必要になると考える。

引用・参考文献

情報処理学会コンピュータ博物館 http://museum.ipsj.or.jp/computer/os/history.html
Wikipedia http://en.wikipedia.org/wiki/History_of_communication
稲垣康善（2003）『情報の表現と論理』（岩波講座 現代工学の基礎），岩波書店．
2011年3月総務省情報通信国際戦略局情報通信経済室 ICT基盤に関する国際比較調査報告書．
『平成23年版情報通信白書』

（田中令子）

2. 持続可能な情報社会の構築に向けて──情報格差是正と情報リテラシー

最近，「情報爆発」だの「情報格差」だの情報社会を巡って，いろいろな

キーワードが飛び交っていますが，私を含め，その根本に潜む問題を深く考えていらっしゃる方は少ないのではないか？

「持続可能な情報社会」の「持続可能」とは，人間活動が将来にわたって持続できるかどうかを表すキーワードである。

私は日頃から，「情報社会」が果たしてこのままでいいのだろうか？といった疑問をもっている。特に情報格差については，是正すべきと考えている。情報格差は，個人が努力して解消すべきだという意見を時々見かけるが，そもそも情報は，固有財ではなくて，共有財であるべきと考える。

世の中には，誰も知らない情報を切り売りする，つまり，情報の非対称性を利用したビジネスがある。ここで注意すべきなのは，専門性の高い知識を必要としている職業は，情報ではなく，知識やノウハウをビジネスの種にしているのであって，この情報の非対称性には当てはまらないことである。この非対称性が存在する場合と，存在しない場合のどちらが，社会全体でどのような価値をもつかということをざっくり計算してみよう。

たとえば，通常100円の製品が，ある方法を使うと20％引きになる。この情報をもっている人は，ある方法を使って，20％割引の80円で購入できるので，20円得することになる。この情報をオープンにした方がいいのか，クローズにした方がいいのか，以下のようにステークホルダーごとに計算してみる（ステークホルダー＝会社，顧客）。また,「顧客価値価格」という製品のもつ価値に見合った価格を仮として定義した。

「顧客価値価格」が実際の購入価格より上回っていれば，お得な買い物と言えるし，そうでなければ，損な買い物と言える。ここでは，「顧客価値価格」は，100円としよう。

◆情報をクローズにした場合（顧客全員が割引を知らなかった場合）
　　　　　（価格）　　　（売上個数）
会　　社：100円　×　1,000個　＝　100,000円の収入
　　　　　（顧客価値価格）（価格）　（購入個数）
顧客全体：(100円　－　100円)　×　1,000個　＝　0円の満足
合計で，100,000円の価値が生まれたことになる。

◆情報をオープンにした場合（顧客全員が割引を知っていた場合）
（売り上げが，1.5倍になったと仮定）
　　　　　　　（価格）　　（売上個数）
会　　　社：80円　×　1,500個　＝　120,000円の収入
　　　　（顧客価値価格）（価格）　　（購入個数）
顧客全体：（100円　−　80円）×　1,500個　＝　30,000円の満足
合計で，150,000円の価値が生まれたことになる。

　このように情報をオープンにした方が，社会全体の価値が増加することになるのだ。実際は，複雑な要素が入るため，こんなに単純に行かないだろうが，このような Win-Win の関係を築けたり，シナジー効果を産み出したりするケースが多いと考えられる。したがって，情報は，オープンにした方が，特定の人に利益が集中して格差が生じることがなく，GNP などの社会全体の財産が増えるので，国民のような広い観点で見た場合，情報はオープンにして，情報格差は解消した方が，望ましいと考えることができよう。
　また，情報の入手のしやすさ（＝情報アクセシビリティ）には，以下の通り，いろいろな段階がある。

1．アクセシビリティ - 高：あらゆるメディア等に掲載されており，誰でも情報入手可能な状態
2．アクセシビリティ - 中：メディアの一部に掲載，一部の人が知っている（情報非対称性が存在する），高度なメディアリテラシーを要するなどで，一部の人が情報入手可能な状態
3．アクセシビリティ - 低：企業秘密など，情報の流れがコントロールされており，入手に様々な制約が課されている状態

　3の場合のような特殊なケースを除外すれば，2のケースは，共有財として共有されるよう，アクセシビリティには配慮すべきであろう。
　本節では，情報アクセシビリティ，そして情報格差について，各方面から見た考えについて述べてみたい。そうすることで，少しでも多くの方が今後の情

報社会について危惧感をもっていただき，持続可能な社会作りのきっかけにしていただければ，これ以上の慶びはない。

(1) 情報格差について

巷では，3年前ぐらいから，インターネットのせいで情報格差が生じていると言われている。情報格差について，本格的に話を進展させる前に，そもそも，情報格差って何？というところを確認しよう。

情報格差の格差とは，多←→少，高←→低のように，対となる状態が発生する状態のことである。このキーワードでは，その差異（Gap）に注目し，多くの場合，問題提起を行っている文脈で使われることが多くある。

私は，情報格差とは，以下が原因で生じると考えている。

(1) 組織・人脈のつながりの強弱
(2) 地理的な遠近
(3) メディアの特性の差異
(4) メディアリテラシーの差異
(5) 情報リテラシーの差異

組織・人脈のつながりの強弱：血縁関係や利害関係などで，人間は他人とつながっているが，そのつながりの多さ（情報源の多さ）があるかどうか，また，情報の流れが多いところに属しているかどうかなど。

地理的な遠近：都会と地方とでは，人口密度などの関係で情報の伝播に差異がある。

メディアの特性の差異：利用しているメディアが，インターネットのように瞬時に広範囲に伝わるものか，書籍のように伝わるのに時間がかかるものかというように差異がある。

メディアリテラシーの差異：情報伝播するメディアを扱いこなせるかどうかによって差異が生じる。

情報リテラシーの差異：メディアの中から必要な情報を取捨選択できるかどうかによって差異が生じる。

メディアリテラシーと情報リテラシーは似ているが，何をどうするかという

点で異なってくる。メディアリテラシーは，メディア（ツール）の使い方，情報リテラシーは，自ら考えて，選び抜く能力と意味が異なっている。これらの根本を探ってみると，上の3点は，伝播に時間的な差異が生じる原因となっている。その時間的ギャップが，情報格差につながっている。これらは，政策上でクリアすべき問題と言えよう。

その次の2点は，情報やメディアといった単位の扱い方に対する教育が不十分であったという問題点を浮き彫りにしており，教育などの手段でクリアすべき問題と言えよう。

① 組織・人脈のつながりの強弱について

組織・人脈のつながりの強弱について，具体的な考察を進めてみよう。組織などの人のつながりでは，以下の2点のアプローチがある。

・トップダウン・アプローチ
・ボトムアップ・アプローチ

トップダウン・アプローチでは，集団全体のパフォーマンスが一番大きくなることを目標として，情報の流れを設計する。具体的には，階層や役職ごとに必要な情報，不要な情報があるので，それぞれをフィルティングする仕組み，伝播する仕組み，共有する仕組みをインフラ側から設計する。組織の中では，情報リテラシーを含む能力を勘案した役職・地位が決まると思うので，インフラの整備がとりわけ重要になってくる。多くの場合は，CIO（chief information officer：最高情報責任者）がこれを担うため，トップダウンが適していると考えられよう。それに伴い，人によっては情報量に差が生じるが，それぞれの能力を十分に発揮できる環境がそろい，すべての構成員が同じ目標に向かって進むことが可能になる。

ボトムアップ・アプローチでは，すべての人がハッピーになれるようなことを目標として，情報の流れを設計する。情報格差は，経済格差などの他の格差の原因にもなるので，まず，情報がフラットに行き渡るようにする。こちらは，インフラよりは，コンテンツやサポートが重要になってくる。前者とは違って，伝播するのに望ましい情報が，情報リテラシーに規定されない。このため，情報リテラシーが処理可能な情報と伝播することが望ましいとされる情報の間に

ギャップが生じる。これを埋めるために，コンテンツやサポートの整備が必要になってる。

情報弱者は，以下の2つのパターンに分かれる。
1. 自分はどのような情報が足りないのかを意識していない
2. 情報不足を意識しているが，どうしたら良いかわからない。また，情報を吸収しようと努力したが何らかの原因によりできていない

感覚的な話をすると，どちらかというと前者の方が多いのではないか。前者の場合は，どういう情報が与えられたらハッピーなのかは，周りの情報強者が判断しないといけないため，難しいものがある。情報弱者の潜在的な情報のニーズを掘り起こすことができるインサイト・気付き・関心がないと，コンテンツやサポートの整備は難しい。

逆に，後者の場合は，情報強者と情報弱者のつながりがあれば，その中で格差を埋めることが可能となる。そういう意味で，情報強者と情報弱者の接点を形成していく取り組みは重要である。たとえば，情報リテラシーを埋めるための自己啓発の場で，いろいろな情報収集・分析・発信などのノウハウを身につけることができれば，情報格差が埋まると考えられる。

② 地理的な遠近について

地理的な遠近について，具体的な考察を進めてみよう。情報伝播には，以下の2つの種類がある。
1. 実生活の人間関係の上でのバイラル（口コミ）を通したもの
2. TVやネットなどのメディアを介したもの

前者は，リアルの世界での情報伝播である。後者は，バーチャルの世界での情報伝播である。このうち，地理的な遠近は，前者と関係がある。このため，地理的に遠い場合，情報伝播が遅れる場合がある。政治やビジネスの中心は東京であるため，何らかの新しい情報が生まれた場合，まず，東京や関東近辺に情報が伝わる。それから何日かして，地方に情報が伝わる。このため，情報格差が生じるのだ。後者のメディアによる情報伝播はリアルタイムであるが，すべての情報がこの仕組に則って伝播するわけではない。特に，信頼性の高い密度の濃い情報は，前者の人づての場合が多いのではないだろうか。

このような情報格差を解消するためには，地域ごとに情報伝播を行う中継者をおく必要がある。たとえば，政治であれば地方の行政長，ビジネスであればエバンジェリストなどをきちんと準備しておくなど，情報を極力タイムラグを作らないで伝播するための仕組みづくりが必要となってくる。

もう一つは，情報を一元的に管理する仕組みを作ることである。いい例が，2009年に発足した消費者庁である。消費者に対する情報を一カ所に集めて，必要な情報を発信する仕組みは，メーカーと消費者の間にある情報の非対称性を解消するための良い取り組みであると思う。

③ メディアの特性の差異について

メディアには，以下の2点が存在する。
  1．アナログメディア
  2．デジタルメディア

厳密には，2のデジタルメディアは，ネットメディアと非ネットメディアの2点があるが，ここでは簡略化するため，区別しないで論を進めていこう。

アナログメディアとは，書籍や新聞など，ペーパーによるメディアのことだ。アナログの特性である連続的なデータを掲載することが可能となる。

デジタルメディアとは，PCなどで編集したデジタル化したデータをネットなどに掲載するメディアである。デジタルの特性である離散的なデータを掲載している。

後者の方が，伝播のスピードは速い。伝播のルールが合理化されているため，即時に伝播することが可能なのだ。そのため，伝播の面で，情報格差が生じることがありうる。

後者のメディアを選択する人と，前者のメディアを選択する人では，同じ情報を受け取る場合，後者の方がすぐ情報を受け取ることができる。ただし，アナログのもつ情報の連続性をデジタルメディアは伝えることができない。この点だけをもってして，アナログメディアの方が優位に立つことはあまりないが，強いて言えば，人間らしさという点がデジタルメディアでは欠けたものと言えるかもしれない。

また，デジタルメディアは，嗜好性がきわめて考慮されやすいため，刺激の

ある興味をもってもらえそうな情報に偏ってしまう可能性がある。現在のところ，デジタルメディアが優位であり，と同時に情報格差を生み出している。

④ メディアリテラシーの差異について

　メディアリテラシーの差異について述べてみよう。メディアリテラシーは，情報リテラシーの中でも特にメディアに関する能力と換言できよう。メディアには，すでに述べた通り，以下の2点が存在する。
　　1．アナログメディア
　　2．デジタルメディア
　双方ともメディアリテラシーの要素は，共通しているが，以下の2点に集約されると言えよう。
　　1．メディアを利用した情報収集能力
　　2．メディアの情報分析能力
　1は，たとえば，アナログメディアについては，どの本やどこの図書館に，参考となる情報があるかを探し出す能力。たとえば，論文などから，筆者のリファレンスをあたってみたり，参考となる本を教えてくれる人を人脈の中にもっているかなど。デジタルメディアについては，インターネットでどう検索すれば，精度の高い欲しい情報がゲットできる能力。
　2は，デジタルもアナログも共通しているが，ゲットした情報の精度を判断できる能力。本質的な部分に近いものは何か？ということを考え抜ける能力。一番大事なのは，メディアの情報を鵜呑みにするのではなく，自分の知見などで正しいかどうか，必要な情報かどうかを判断できる能力である。

⑤ 情報リテラシーの差異

　情報リテラシーについて述べたい。情報リテラシーとは，以下の3点にまとめられると考えられる。
　　1．情報収集能力
　　2．情報分析能力
　　3．情報発信能力
　情報収集能力とは，たとえばインターネットなどを活用して，必要な情報を

収集できる能力のことである。

　情報分析能力とは，持っている，あるいは，集めた情報の信憑性や有意度を判断できる能力のことである。

　情報発信能力とは，持っている知識や情報を的確な言葉や表現方法で，必要としている人に的確に発信できる能力のことである。

　いずれの能力も現在の学校教育では残念ながら指導要領に組み込まれていない。これらの能力を身につけるための情報リテラシー教育を早期実施する必要があると考えている。また，学校教育だけでなく，NPOなどの外郭団体などで，情報リテラシー教育を実施できるような枠組みが必要であると考えている。日本では，情報格差というと，デジタルデバイドのことを指すことが多い。

　もちろん，デジタルメディアによる格差はそれで存在しうるでしょう。しかし，根本にあるものは何なのかということには案外関心が払われていないことが多いのではなかろうか？

　まず，最近の家族構成の変化に注目する必要がある。戦後，高度経済成長のころから，徐々に従来の大家族が崩壊し，核家族化してきた。それとともに，地域コミュニティが衰退の道を歩み始めてきた。これによって，家族の中での会話，近所との会話が著しく減ってきた。家族や近所との会話は，人間にとって生活上必要不可欠のものであった。Face to Face の会話は，インターネットやテレビとは違って，生の情報をもたらしてくれる。また，デジタルメディアでは伝えきれない表情や人間臭さを伝えることもできる。

　コミュニケーションのウェイトがアナログメディアからデジタルメディアにシフトするにつれて，適応できない人が増えてきている。同時に，アナログメディアを使いこなせる力も衰退してきているようにも見受けられる。

　デジタルメディアの世界でメディアリテラシーを向上させるのも重要だが，アナログメディアを使うメディアリテラシーともいうべきヒューマンスキルをこれまで以上に磨くことが，今後は必要になってこよう。

⑥ オーケーストアの例

　オーケーストアは，「正直経営」というモットーを前面に押し出しており，顧客の共感と信頼感を生み出し，増収につながっていることは良く知られてい

る。「正直経営」とは，たとえば，野菜の値上げ情報など，顧客にとって役に立つ情報を包み隠さず開示することである。この神髄は，顧客の立場に立った経営にある。普通であれば，このような企業にとって不利になるような情報は，なるべく出さないものと思われるが，敢えて情報を開放することで，成功しています。ここには情報格差が見られないのがポイントである。

　ここでは，顧客がベストな買い物ができることと，企業がファンを増やし増収につなげていることとの Win-Win 関係が構築できている。また，オーケーストアが，顧客と企業の間にある情報格差を解消すべく努力した結果，良い結果を生み出しているのだ。このような例からも，情報格差は解消すべきであることが言えると考えられよう。解消方法には，大きく分けて，以下の3点がある。

　　1．インフラ面の整備
　　2．コンテンツ面の整備
　　3．サポート面の整備

　インフラとは，インターネットなどのメディアの情報の流れの構造のことで，これを整備することで，情報の流れを必要に応じてスムーズに流すことが可能になる。

　コンテンツとは，情報の表現方法のことで，アクセシビリティやユニバーサルデザインなどを含め，情報の伝播の障壁を取り除くことが重要である。

　サポートとは，情報強者が情報弱者を救済することで，インクルーシブデザインなどの手法で両者にとってメリットのある情報環境をデザインしたり，アフォーダンスの手法により，すべての人に情報が自然な形で行き渡るような情報環境をデザインすることにより，格差を埋めるサポートを実施する。

（2）災害地の情報格差について

　震災地においては，行政や支援の方による津波や原発障害などの生命に関わる重要な情報伝達が行われているが，一部の情報弱者には情報が十分に伝わっていないのが現状である。

　ここでの情報弱者とは，以下の2つに大別できる。
　　(1)音声によって情報を受け取る事ができない方（主にろう者／聴覚障がい

者）

(2)物理的・施設的に情報を遮断されている方（何らかの事情で避難所に行けない方など）

(1)については，非常時の伝達が音声によるケースが多いのが主な原因である。非常時には，準備の関係上，TVには手話通訳や字幕がつかないことが多く，情報弱者には情報が十分伝達できないケースが多くある。

以前のニュージーランド大震災の時は，政府の会見には全て手話通訳がついたが，その直後に起こった日本での大震災では当初は全くついていなかったことをご存じだろうか。一部の放送に字幕や，手話関係の番組に手話がつくことは，あったものの，きわめて重要な政府の会見には，手話通訳がついておらず，Twitterでは，手話通訳をつけて欲しいという声があちこちで上がり，政府関係者の働きかけも有って，3月13日の会見からつくようになったのだ。阪神大震災の時はつかなかった手話通訳が東日本大震災の際にはつくようになり，関係者からはこれを評価する声があがった。

また，(1)だけでなく，(2)の方にも十分な情報提供を行う必要性が高まっている。スマートフォンなどの情報端末を提供する事で，情報格差を解消する事が可能になる。このように，情報弱者に情報提供の手段を用意する事を，情報保障という。

① 情報保障

情報保障とは，身体的なハンディキャップにより情報を収集することができない者に対し，代替手段を用いて情報を提供すること。

情報保障とは，人間の「知る権利」を保障するもの。いつでも，誰も情報が伝わらない状況に陥る可能性がある。たとえば，手話通訳は大切な情報保障の一つ。逆に手話中心のコミュニケーションの場においては，手話がわからない人に情報保障をする必要がある。ハンディキャップをもっている立場というのは流動的なので，障がい者に限らない。

なお，以下のように被災地では，普段行われている情報保障を行うボランティアも被災しているため，以下のように遠隔地からの支援を行う動きもある。

★東北地方太平洋沖地震緊急遠隔手話通訳ネットワーク

この遠隔手話通訳では，iPhone や iPad などの端末を活用する試みがなされた．

手話通訳や技術面での協力者が増えているのに，現地の設備が整っていないため，利用者に必要な情報が届けられていないのが実情であるのを解消しようとの動きが顕著であった．

Twitter のようなツールを活用しムーブメントを起こして，情報弱者を救済しようという動きは，災害後，大きなうねりとなって今日に至っている．

今回の震災では，情報社会の以下の2点の課題が浮き彫りになった．
 (1)情報格差の拡大
 (2)情報インフラの脆弱性と不十分な対策

まず，(1)については，情報収集・情報発信の点で大きな差が見られた．情報収集については，

- 計画停電情報：実施時間，影響範囲，対象外地域などの情報
- 避難情報：支援，交通，食料，医薬品，通信，原発，疎開などの情報
- 安否情報：所在地，生存情報

などについて，必ずしも的確なタイミングで被災者に届けられてはいなかった．

また，情報を得ている人とそうでない人では，具体的な行動に大きな差異が生じた．

【情報を得ている人】
- 最短ルートで効率的に行動できる
- 必要なものを確保できる
- 自分や家族等の安全を確保できる

【情報を得ていない人】
- ロスの多い行動をしがちであった
- 必要なものを確保できない場合があった
- 場合によっては，リスクの高い状況に陥った
- 情報不足のため不安になる等，精神面でのストレスを味わった

このような差異が生まれるのは，情報リテラシーの差である．

ここで，Twitter のメリット・デメリットについて整理してみよう．

【メリット】
・リアルタイムで生の情報が得られる
・きめ細かい情報が得られる
・現場の生の声を知ることができる

【デメリット】
・ノイズ（デマなどの偽の情報など役に立たない情報）が含まれている場合がある
・情報量が多いため，収集・整理等の負担が大きい場合がある

　今回の大震災では，メリットの面が際だったと思われる。ただ，デメリットを打ち消しメリットを享受するためには，高い情報リテラシーが求められることも事実である。

② 情報リテラシー
　体験やメディアを通じて得られる大量の情報の中から必要なものを探し出し，課題に即して組み合わせたり加工したりして，意思決定したり結果を表現したりするための基礎的な知識や技能の集合である。
　このため，情報リテラシーのある人とない人では，大きく情報格差が生じる結果になった。情報格差が生じる大きな原因の一つは，情報リテラシーの有無の差である。
　一番のネックは，情報格差があることに気がついていない人が多いところにある。どのぐらいの情報が流れているのか，正しい情報は何なのかということを知らない，そもそも，自らに情報リテラシーがあるのかないのかに気付かないので，情報格差と情報リテラシーの問題は一心同体である言えよう。
　次に(2)について，音声で情報を得ることができない人が，震災に遭って，情報インフラが整備されていなかったため，大変な思いをして帰宅したとのレポートが多数寄せられた。
　保健婦や手話のできる方の支援はあったが，自力で情報収集しようとしても周波数のひっ迫等により求める情報へのアクセスができなかった事例が多かった。
　今後は，次のように対応が必要になろう。

・携帯が使用不可になった場合，代替手段をいかに確保するか。
・被災者に使用可能な通信手段・場所の周知の徹底。

　有事の際は，携帯の代替手段としてのWi-Fi環境がどこで得られるのかについての情報が上手く伝わらないことが問題を大きくすることを，今回のろう者の体験で強く感じられた。3月11日の東日本大震災の後の計画停電や福島第一原発事故などに関する非常時の情報伝達の中で，様々な情報が交錯し，情報リテラシーの各種問題点が浮き彫りになった。この問題点は，3/11以前にも存在していたが，3/11以降ことさらに目立ってきているように感じられる。
　私が考える情報リテラシーの問題点には，以下の4点がある。

(1)情報に対する受動的態度
　情報を能動的に集めようとせず，また，情報を吟味できていない。
(2)情報を集めるだけで満足・安心してしまう
　情報を集めることが目的になっり，具体的な問題解決や生産性向上に至らない。
(3)情報の選別が正しくできず，デマに振り回されている
　情報の信憑性を見極める手段や判断基準をもたないため，偽の情報に踊らされている。
(4)情報過敏になっている
　情報を得た後の心理をコントロールできず，必要以上に神経質や不安になる例が散見される。

　このような情報の扱い方を学ぶ機会が非常に少ないこと自体が，情報社会で格差を生み出す一番の要因なのではないだろうか。

（3）情報社会とソーシャルメディア

　最近の情報社会の大きな特徴としては，ソーシャルメディアの台頭がある。ソーシャルメディアが引き起こした出来事として，2011年1月にエジプトで起こった革命と，2011年3月11日に起こった東日本大震災発生以降の政府会見に手話通訳が設置された事例を取り上げよう。両方とも従来の慣習を覆す歴史的な出来事であり，これらに共通する事は，FaceBookやTwitterなどのソーシャルメディアが起爆剤の役割を果たした事だ。一市民の声がミーム（人から

人にコピーされる情報）となって伝播し，大きなムーブメントとなる仕組みはどのようなものか．また，ソーシャルメディアがなぜこのような役割を果たしているのか，これについて考えてみよう．そして，これらのメディアを活用して情報社会を今後どのように持続可能なモデルにしていくべきかについて検討してみよう．

① ソーシャルメディアが引き起こすムーブメント

　2001年1月25日に，エジプトで大規模な反政府デモが起きた．エジプトの首都カイロなどでFaceBookなどでの呼びかけに応じた数千名の人々が反政府デモを起こすために集結し，治安部隊との衝突が起きた．軍と警察による強権的なムバラク政権を批判するデモである．YoutubeやUstreamなどの動画配信サイトを通じてデモの様子を伝える生々しい画像や映像，ライブ中継などが届けられた．当初は，ある1人の中心人物がデモを呼びかけたのに共感した人が更に伝搬する等，ミームが発生して，ムーブメントを起こしたと考えられる．注目すべきは，背景にムバラク政権に対する鬱積した不満があり，ティッピングポイント（ある一定の閾値を越すと一気に全体にいきわたる状態になること）を経て一気にムーブメントが拡大した．

　2011年3月11日に，日本の史上最悪の大震災が東日本に発生した．当初は，情報が錯綜する等したため，政府主導により，情報発信が行われた．その一形態として，TVでの政府会見を行っていたが，音声言語を理解する事ができないろう者（聴覚障がい者）には伝わらなかった．この政府会見では，計画停電，福島第一原発などでの動き等，生活上重要な情報が伝えられたにもかかわらず伝わらない人がいた．ここに情報格差が生じていた．これに危惧感をもったろう者やろう者の支援者を中心にTwitterで「政府会見に手話通訳をつけてほしい」とつぶやいたのがきっかけで，複数の国会議員を通して，これが実現した．多くの人の声として，署名と同等に政府を動かした画期的な出来事であろう．ソーシャルメディアを活用して，地理的に離れている人たちもインターネット上で支援する事ができたことが，大きなポイントである．

　ソーシャルメディアには，ムーブメントを引き起こす力がある．その大きな要因は，以下の2点にある．

① 個と個がネットワークで手軽に結びつくため，情報が多方面に伝播しやすい。

② ネットワーク上で物理的・地理的な制約を受けずに，コミュニケーションが可能なため，伝播が速い。

その結果として，従来の市民運動のようなムーブメントに比べ圧倒的な速さで運動が進んでいく特性をもつようになったのである。

② 持続可能な情報社会

現代の情報社会の大きな特徴は，何といっても情報量が多いことであろう。年々情報流通量と情報消費量の差が広がる一方で，その中で，情報リテラシーの有無によって，情報格差，ひいては，経済格差等が生じている。

昔の良き時代は，地域のコミュニティにて，相互意思疎通して，その中で問題に立ち向かい解決していった。現代は，そういったコミュニティが少なくなり，人間関係が薄れてきている。現代の情報社会では，インターネット上で，ソーシャルメディアが代替手段になりつつある。ソーシャルメディアは，大きなムーブメントを引き起こすポテンシャルをもっている。

情報爆発している状況において，情報格差をなくしていかないと，社会全体が疲弊してしまい，様々な弊害が起こる怖れがある。情報格差をなくすためには，キュレータ（情報の海の中から的確に情報を拾い上げソーシャルメディア上で流通させる人）を上手に活用する事が必要になってくる。これを可能にするのが，いろいろな人とのつながりを可能にするソーシャルメディアである。持続可能な情報社会をつくるためには，キュレータを中心としたコミュニティを構築していく必要があるし，そのポテンシャルは大きいものと考えられる。

(4) 情報リテラシーについて

情報リテラシーとは，前述のように1．情報収集能力，2．情報分析能力，3．情報発信能力の3点にまとめられると考えられる。

現代の情報社会においては，IT革命によりインターネットや情報システムが急速に普及し，それと共に情報量が急増してきており，所謂，情報洪水という状態になっている。

平成22年6月に情報通信政策研究所調査研究部が行った調査結果によると，平成20年度の流通情報量は$7.12×10^{21}$ビット（一日当たり DVD 約2.7億枚相当），消費情報量は$2.92×10^{17}$ビット（一日当たりたり DVD 約1.1万枚相当）となっており，消費した情報量の2万倍の量の情報が流通していることになり，ますます効率的な情報収集が必要になっている。情報収集能力・情報分析能力については，特に以下の点が重要であろう。

　(1)情報洪水の中では，重複する情報や，信憑性の欠ける情報といったノイズ情報が多いため，これらをフィルティングする仕掛けやスキルが必要である。

　たとえば，検索エンジンの上位に来るものや，専門家など信頼出来る情報元や，業界等に影響力のあるインフルエンサーや役に立つ情報を集約してくれるキュレーターなど，情報の質を担保してくれるものを見つけることはもはや不可欠である。

　デジタルメディア・アナログメディアにかかわらず，重要なのは情報のリソースとなる人間が信頼できるかどうかである。リアルで知っている人であれば，その人の言動を見て信用できるかどうかが一つの判断基準となるだろう。ネット上での知り合いであれば，その人の著作・発信内容・経歴などが一つの判断基準となるだろう。

　ただ，完全に信用しきるのはリスクが高いので，ある程度信用出来るといった落としどころを決めておくのが大切であろう。

　(2)情報が非常に多様化してきているので，これらを処理できるだけの強靭な精神力も求められよう。

　今日の複雑な情報社会では，日々自分なりの解釈と判断をしていく必要があり，非常にストレスがたまる状態にあることは事実である。

　情報の正誤などの判断をするにあたって必要な基準を他人ではなく自分の中にもつ必要があるため，情報洪水の中では，かなりの頻度で，時には無意識のうちに情報処理をしなくてはならない。そのような中で迷いや曖昧といった状態も多々生じるだろう。そのような時に自らの状態が，「分からない」のか「分かっている」のかを判断するためにはエネルギーが必要だ。そういう意味で，精神力が必要になって来ていると考える。

　情報発信能力については，特に以下の点が重要である。

(1)スピーディに伝わるように，必要な情報を効率よく伝えること。

　特に震災のような有事の時は，直感で分かるような伝え方が重要である。有事でなくても多忙な現代では，無駄がないよう，必要最低限の情報に絞り，直ぐ伝わるための発信方法が必要になっている。

(2)情報受信者が能動的に受信できるように伝えること。

　情報は伝えるだけでは，情報の価値が活きてこない。情報受信者が情報自体がもつ価値以上の価値を享受するためには，考えることが重要である。そのためには，伝え方の工夫が必要となる。たとえば，図やイラストを多用することで，イメージしやすくなったり，いろいろな切り口を見ることを通じて，創造力をかき立てることが重要となってこよう。

　(1)(2)を実践する試みの一つであるツタグラプロジェクトを紹介しよう。経済産業省の高木美香さんとデザイナー有志が立ち上げたインフォグラフィックスというプロジェクトで，一つの図から多くの情報を伝える手法を実践する試みである。今後，このような草の根活動が立ち上がり，市民力によるリテラシー向上の取り組みが効果を生み出すのが待たれるところである。

（5）ヒューマンスキルについて

　前節で述べたように，情報は発する側と受ける側とが結びつくことにより，価値を産み出すのであり，そこにはコミュニケーションが介在する。一方向ではなく，双方向のコミュニケーションを図ることで，相乗効果により，情報が価値のあるものに洗練されていく。

　インタラクティブなコミュニケーションを構築するためには，その人が醸し出す魅力や惹き付ける求心力も必要である。この魅力や求心力こそがヒューマンスキルいうべきものであろう。

　ヒューマンスキルの高い人は，質の良い情報を揃え発信することが可能となる。加えて，情報収集能力，情報分析能力に優れていることは，情報リテラシーの高さともと言えるのではないか。

　今後の情報リテラシー教育では，情報収集・情報分析・情報発信にとどまらず，コアな部分として，ヒューマンスキルの教育も合わせて実施していく必要があろう。

たとえば，ディベートは一つの方法となるであろう。お互いの人格を尊重しつつ，相手の考えやその根拠を聞き出し，また，自分の考えや根拠を丁寧に伝え，お互いが納得し合える依り所を模索するという意味では，これらのことを鍛えるもっとも適切な方法と考えている。

（6）おわりに

本章では，混沌とした情報社会の根底にあるものとして，情報格差，そして，情報リテラシーについて考えてきた。これらの共通点は，高度に発達した情報社会のイシューであることだ。言い換えると情報社会の本質と言えよう。これまでの社会（農業社会，工業社会）では注目されることがなかったため，新しいイシューと考えがちであるが，実は古代からこの問題は存在していた。

それはこのイシューが，人間の本質にも関わる問題であるからだ。人間が人間らしく生きるためには，人間の特権である「考える」ことが重要だ。どの社会でも「考える」ことなしには発展はありえない。これは至極当然なことなので見過ごされやすいが，意識して考えているかどうかが重要だ。

つまり，「考える」ことで，生産物の価値を高めることができる。これは古今東西全てに共通する。持続可能な情報社会を構築するためには，混沌とした情報の中でしっかりと「考え抜く」姿勢が問われていると言えるのではないだろうか。

（伊藤芳浩）

第4章
情報流通・信頼醸成に支えられた ESD を目指して

> 地域社会における公共的施設である図書館の機能，特に人々を結びつけるコミュニケーションハブとしての潜在性，地域活性化に資する人材育成のプラットフォームとしての機能に着目し，これら施設が ESD 展開上の有効な拠点たりうることを確認する。

1. 持続可能な都市開発のための教育

　現在，推進されている国連は「持続可能な開発のための教育（Education for Sustainable Development）」の10年（2005～14年）の取り組みは，これまで見てきたように，持続可能な開発の実現に必要な教育施策を積極的に推進するよう各国政府に働きかける国連の戦略プロジェクトであり，環境問題や，人材育成に取り組む関係者が相互に協調しながら持続可能な社会づくりを進める上で，既存の社会ネットワークアクターの協働に期待しようとする色彩が顕著である。公的な教育の場としての学校施設にとどまらず，そもそも学習とは，共同体における関係者の相互作用とそこから醸成される意欲的かつインタラクティブな自発的な学びの意欲をかきたて，生涯を通じて継続されるべきものである。すなわち，学習を，生活の場面で体験する様々な社会問題への対処の仕方を模索していくものとの立場から，様々な場面，フェーズ，関係者から創造される広義の教育のあり方に注目が集まっている。

　本章では，この国連の ESD の取り組みのコンセプトと基本的枠組みに依拠し，社会ネットワークアクターのひとつである既存の社会教育施設が，インタラクティブで創造的な学びの場としての機会を創出し，地域における人々の交流の拠点，ハブとしての機能を発揮しうるとの可能性と展望を明らかにする。我が国における ESD の取り組みは，その開始以来，中央省庁主導のもと，指定地域における地方自治体や NPO 等による試行的取り組みを進めてきた。今や，その具体的な方向性と帰結について，早急にイメージを固め，具体的な示

唆を提出することが喫緊の課題となっている。我が国は，ESDの提唱国であり，本施策のリードカントリーとして，国連が指定したリードエージェンシーであるUNESCOとの協調のもとに，個々に点在するESD推進にかかる知見を集約し，一定のモデルを提示し，国連行動への明確な寄与をしていくべき責務を負う。しかしながら，UNESCOが自ら認めているように，ESDの概念はきわめて広範にわたり，多様な社会経済文化の要素を反映し，その定義や解釈，スコープや手法が多様多岐にわたることから，共通認識に基づいた議論が進みにくく，また，イメージが得られにくいために具体的な政策展開に至りにくいことは早くから指摘されてきた通りである。

そこで，本章では，本編の終章として，今後，関係者がESDを推進していく上で，具体的イメージが得られやすく，ESD推進政策を構築し，遂行していく上でも，汎用的モデルとしてこれに依拠し，それぞれの特徴に応じて応用展開しやすい施策として，実際に，身近なテーマを取り上げつつ，暮らしに根ざした形で幅広く社会教育施策を展開している英国の美術館の事例を取り上げる。そうすることで，そのESD基幹機関としての潜在性・機能発揮の方向性についてイメージしやすくなるものと期待できる。実際に，社会教育施設は，国連が明示的にESD政策を提案するより遥か以前より，自らの出自として，地域住民や訪問者に対する文化・歴史を学びあうプラットフォームとしての役割を果たしてきた。将来の持続可能な開発を考える上で不可欠な資料や情報を内包するこれら施設は，地域住民にとって身近で親和性が高く，身近な存在でもあろう。公民館等の社会教育施設を核としたESD戦略は，政策当局者，利用者にとり，共通のイメージを醸成しやすく，協働で推進するという意味からも実現性が高いものと期待される。

本章では，ESDが重要視する論点を洗い出した上で，それに呼応する社会教育施設の機能発揮の可能性を掘り下げていこう。

2. ESDにおけるパートナーシップの重要性

2004年12月の第57回国連総会決議によれば，2005年1月1日から始まる10年を「国連持続可能な開発のための教育の10年」と宣言し，その国際的な推進機

関として指名されたユネスコ（国連教育科学文化機関）は，2004年の第59回国連総会の場で「ESDの10年国際実施計画案」を発表した。この計画案にはESDの10年の目的として，持続可能な開発の実現を人類が協力して追い求める中で，教育・学習が中心的な役割を果たすということについて，幅広い理解を得ること，ESDに関係する様々な機関・団体・人々の間でネットワークや交流を推進すること，あらゆる学習や啓発活動を通じて，持続可能な開発のあり方を考え，その実現を推進するための場や機会を提供すること等5つの目的を明示している。

　ここからも明らかなように，ESDは，学校だけでなく，地域や社会のあらゆる場で誰もが取り組むべき学習であり，ESDは，各地域や個々人の実情に合わせ，多様な取り組みが可能となるものである。国連決議が宣言しているように，現在，我が国においても，中央政府の主導のもと，各地方自治体レベルでも，それぞれの地域社会ネットワーク固有のアクターである公的機関はじめ，NPOや住民団体，関係企業等からなる協同体により，個々に具体的な目的・目標を設定した上で，独自のスキームによるESD推進施策を推進しているところである。

（1）社会・環境・経済・文化要素の重要性
　ESDのリードエージェンシーであるユネスコに対するアドバイザリーレポートである『国連持続可能な開発のための教育の10年　2005-2010（国際実施計画案）（注：外務省仮訳未定稿版）』（以下，「国際実施計画案」と称する。）によれば，ESDの取り組み自体を，「基礎的な概念，社会・経済的な意味及び環境と文化との結びつきにより，この取組は人々の。活のすべての局面に潜在的に関与する取組」（同：5）であるとした上で，「持続可能な開発」に関する重要3領域として，「社会」「環境」「経済」およびその基礎的要素としての「文化」を提示した。そこで強調されている概念は，図3-4-1のように，多様性をはらむ文化を第一義的な基礎的概念として位置づけ，その上で，社会・環境・経済の3領域の協同により取り組むべきことを強調している。
　また，同報告書では，ESDの推進アプローチについて，政策課題を人間の視点から多角的かつ総合的にとらえて目標を設定しようとする「マルチセク

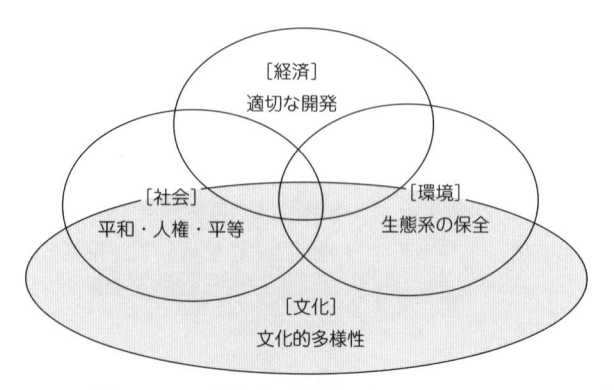

図3-4-1 持続可能な開発を支える4つの要因

ター・アプローチ」およびレベルの如何を問わず，関係者がもてるリソースや機会を持ち寄り，協同して行動することを目指す「グローバル・リージョナル・ローカル各レベルにおけるコラボレーション型アプローチ」の2つを提唱しているが，「持続可能な開発」政策が射程にとらえる，様々な社会経済問題に対し，社会ネットワークの各アクターのもてるリソースを供出し，協働体制によりその解決に取り組もうという観点に立てば，そこでのセクターをとりまとめ，牽引するキーアクターの機能発揮が重要となることは言うまでもない。これに関連して，大江（2008）は，ソーシャルキャピタルの動員の可能性を視野に入れ，協調行動を強化する触媒機能を発揮しうるアクターの存在に着目するとともに，広く，人文社会系のジャンルを融合し，それぞれが得意とし，蓄積をもつアセットや知恵を供出しあうことで，総合的なアプローチを可能とし，複合的な解決の道筋を見いだしていくべきことを強調している点は，注目に値しよう。

さらに，「国連実施計画」が，世界の自然的，社会文化的な状況が多様であること，人間の経験が生み出すものの豊富さを尊重し，過去の知見や蓄積された情報に学ぶべきことを示唆している点にかんがみれば，アーカイブ機能をその本質的役割として内包している，地域社会に既存の図書館や博物館といった公共的な施設の潜在性も，活用すべきアセットであることを肝に銘じるべきであろう。なによりも，個人の生活や組織活動において，持続可能な開発を支える上で必須となる尊重と品位という価値観をモデル化するには，多様な歴史的

知的資産に学ぶ点は多いものと思われる。

(2) 学習の場の重要性

「国連実施計画」においては,また,社会における学習の場の重要性にも言及している (p. 27)。そこでは,既存のカリキュラムの見直しとあわせ,生涯学習の技能を育成すべく,創造的・批判的思考,会話または文章によるコミュニケーション,連携・協力,紛争管理,意思決定,問題解決・計画立案に加え,適切な情報通信技術の利用及び実践的な市民活動に関する技能を包含するとして,何よりも,そうした試みが可能とするであろう「活発で相互に作用する学習プロセス」の重要性を強調してもいる (p. 28)。

確かに,ESD が目指す「持続可能な開発」の実践と行動は,初めは学習したものではあっても,多くの日常的な決定や活動を通じて,個人と集団の行動の中に結合され,蓄積され,関係者の間に体得されてはじめて根付くものであろうこのことは,教育システムのあるべき方向性自体を持続可能な開発の原則及び価値観と平仄のあったものにする課題を示している。そこに,図書館,博物館といった地域社会に既存の各種社会教育施設の潜在性にかけられる期待が生まれることになる。

また,公平で意欲的なインタラクティブな教育システムを可能とし,それにより,図3-4-1における基盤的要素である文化要素の多様性を尊重し,品位をもって,持続可能な社会作りを支えうる人材育成を可能とするような仕組みの構築が喫緊の課題であること,そこでの地域社会の共同体意識,協働・共生の価値観が機動力を発揮することが期待されよう。

3. ESD の拠点としての社会教育施設の可能性と展望

ESD は,持続可能な開発という命題を教育問題に引き寄せて,我々に21世紀の重要課題を突きつけている。このことの趣旨は,環境問題はじめ,今日我々が直面する多様な問題を解決しつつ,多様な文化,歴史的背景をも踏まえつつ,将来にわたり生々発展を可能とするような共生型のコミュニティづくり,地球作りに貢献する教育のあり方を検討すべきことを示唆しているものと解釈

できよう。我々が住まう地域社会，地球社会の健全なありようを考える上で，規制政策の導入やサンクションを含む複数の構造的方略により問題解決を図るのではなく，人々の心理的側面に訴求し，協調行動を促進し，社会的ジレンマを回避しつつ問題解決を図っていこうという問題意識は，すでに，これまでも，都市問題や都市開発における分野においても，関心をもって検討されてきた（たとえば，藤井，2003）。

そこで注目されている要素の一つに，地域社会における協調行動を促進する上での原動力としてソーシャルキャピタルがある。これについては，たとえば，宮脇（2004：1）は，財政危機，少子高齢化，過疎の進行，失業問題，治安の悪化等の地域社会問題に対し，「政策の窓」を開けてくれるものと位置づけ，地域のネットワークによってもたらされる規範と信頼からなるものであり，地域共通の目的に向けて協働するモデルと定義している。すなわち，共通目的の実現に資する地域のコンピテンシーであり，伝統的な社会資本の概念である物的な資本ではなく，行政・企業・住民を結びつけ，人間関係，市民関係のネットワーク=「社会ネットワークとしての協働関係資本」と位置付ける。

また，大江（2007ab，2008）は，良質なソーシャルキャピタルの蓄積に向け，企業・地方自治体・地域住民はじめ，それぞれの地域社会に存在する固有のネットワークアクターの協働あってこそ，ネットワーク全体の活性化を通じたコミュニティ再生が可能となるとした。特に，そこでは，社会ネットワークのアクターである企業・事業体においても，地域の協働資本としての機能発揮が求められるとし，すでに"顔の見える"存在であるメインアクターとしての既存の社会的インフラ施設，サービス拠点の諸触媒機能についても，これを活用すべき貴重なリソースであると説いている。

本稿で注目した社会教育施設に対する地域住民のすでに明確な潜在的機能への評価や期待の実態は，まさに，ESD推進における貴重なリソースであり，活用すべき資産であると言えよう。また，ICTがESD推進に貢献するであろう点については，表3-2-2に明らかなように，環境に優しいスタイルで，様々な多様な学習方式を可能にしうることも重要な側面であろう。事実，最近では，企業の持続可能な成長を目指して，企業の社会的責任（Corporate Social Responsibility：CSR）が注目を浴びてもいるが，なにも，社会的責任論は，営利

追求を根源的使命とする企業行動に対するアンチテーゼとしての性格のみもつものではない。本稿で関心をもって検討対象とする社会教育施設においてもまた，その地域社会の一員としての責務に照らすならば，常に念頭に置き，指針とすべきテーゼであろう。CSRについて，水尾（2005：1）は，「企業組織と社会の健全な成長を保護し，促進することを目的とし，（中略）社会に積極的に貢献していくために企業の内外に働きかける制度的義務」と定義しているが，設置の目的自体が，社会性を帯びる社会教育施設であればこそ，その行動原則として，常に内外の社会経済文化環境を分析・予測し，持続可能な成長に向け，事業構造を再構築しつつ，本来的責務である教育面における機能発揮を十二分に行っていくことが求められよう。

　本章で概観した政策トピックスとしてのESDにおける社会教育施設の機能発揮の道筋を検討する中で，社会経済環境とそれら3要素の基盤となるべき文化の多様性維持，健全でしなやかな文化に根ざした地域づくりに資する教育のあり方を考える上で，地域社会のメインアクターの一つである公民館や図書館が，自らの社会的責務と貢献姿勢を再度自覚し，人々への教育――学校教育との協働，あるいは生涯学習の拠点として――これまで以上に発奮していくべきことは，社会科学を生業とする研究者にとっても看過しえない論点であろう。Beem（1999：20）は，相互関係こそが，人々をしてコミュニティを構築せしめ，人々をお互いにコミットせしめ，社会的文様（social fabric）を織り成す機動力となると主張した。まさに，そうしたコミットを惹起し，豊かな生活経済を実現する上でも，これら社会教育施設が，個々に分断され，存在している住民を結び付け，豊かな市民社会を約束し，持続可能な開発を進める上での共通認識を醸成していく上で，大いに貢献しうる余地があるように思われる。

　最後になったが，筆者が2010年8月および2012年3～4月にかけて英国で取材した事例から，コミュニティにおける公共的居間としての社会サービス施設，特に，社会教育施設に置ける特徴的な取り組みを4つ紹介して，ESDの潜在的"nurtureing bed"としての当該施設の潜在性を確認して本章を終えることとしたい。

図3-4-2　ホーニマン博物館のWebページ
出典：2011年4月24日アクセス。http://www.horniman.ac.uk/

（1）地域の特徴を踏まえたハブとしての施設（ホーニマン博物館）

　まず取り上げるのは，ロンドン市ウォータールー駅から車で40分程度南下したフォレストヒル市にあるホーニマン博物館である。その正式名称が，Horniman Museum and Gardenということから明らかなように，広大な敷地に配された博物館と庭園は，周辺住民のみならず，イギリスを代表する観光スポットとして多くの観光客を集めている。

　博物館のような社会教育施設が，一国の主たる観光資源として評価されている事例は，実は英国では珍しくない。実際，英国の観光スポットを紹介する「Top Things to See and Do in the UK - Top UK Attractions」*には，無料で楽しめるスポットとして複数の美術館・博物館がノミネートされているし，また，本稿執筆に先立つ2011年4月5日には，図3-7-4にあるとおり，"Green Tourism Award"を受賞してもいる**。これは，環境負荷を減らした施設運営を評価基準に毎年選定されるものであるが，本年は，その節電努力や持続可能な運営計画から，最優秀賞（Gold）と評されている。

　　* http://gouk.about.com/od/uktoppicks/Top_UK_Picks_and_Recommendations.htm（2011年4月24日アクセス）
　　** http://www.horniman.ac.uk/more/news.php（2011年4月24日アクセス）

　また，同館は，訪問者とともに周知啓発活動をメディアミックスにより積極

第4章　情報流通・信頼醸成に支えられたESDを目指して　213

図3-4-3　Visit London Awardほか観光資源としての表彰状の数々

図3-4-4　Green Tourism Award受賞を知らせる告知

的に情報発信する試みに力を入れており，たとえば，youtube上では，Hornimanというカテゴリーで，訪問者が自ら撮影した動画をアップし，共有する仕組みがとられている*。

＊http://www.youtube.com/horniman（2011年4月24日アクセス）

　もうひとつの大きな特長は，ホーニマン博物館が，家族や子どもたちにとって有効なプログラムを提供している点である。

　筆者が訪れた2010年8月10日には，同館では，家族で楽しめるArt Funイベントが開催されていた。日に6回のセッションには，数多くの子供たちと保護者が詰めかけていた。この日は，アフリカの仮面をモチーフに，身近なマテリアルで好きずきにカラフルな仮面を作成し，セッション後には仮面をつけた子どもたちの楽しげな声が庭園や館内にこだましていた。

　この日のファミリーセッションのモチーフは，当該博物館の所在地が，アフリカ系住民の多い地域であることを踏まえ，地縁や歴史，風土に関係した幅広

214　第Ⅲ部　コミュニティとソーシャルキャピタルの視点から

図3-4-5　地域の子どもたちの憩いの場としての機能

図3-4-6　ファミリーイベントの案内

図3-4-7　作品のアフリカの仮面を着けた子ども

図3-4-8　庭園内にある温室

（撮影筆者）

いテーマに根差した企画と評価できよう。また,「公共的居間」ともいうべき広大な庭園や温室周りに展開されるカフェスペースなど,人々が集い,憩う場所は,社会教育施設の外延的な機能を支える役割を果たしている。広大な敷地を生かしたゆったりとしたスペースの中,関係者から広く寄付を募り,場所自体の高付加価値化,多機能化にも成功している。コミュニティのハブ機能を果たす信頼を勝ち得ていることは,筆者が訪れた夏休みの一日,観光客よりもむしろ数多くの地元の家族,子どもたちの団体,学童クラブらしき団体が目に付いたことからもうかがい知れた。

(2) 歴史・暮らしに着目した特別展示と学び(帝国戦争博物館)

帝国戦争博物館(Imperial War Museum)という呼称からもわかるとおり,同館は,第一次世界大戦以降の戦争記録博物館としても貴重な資材や機材の公的アーカイブとして地域に根付いている。筆者が訪問した2010年8月7日には,夏休み期間ということもあり,特徴長的なイベントを併催していた。ここでは,2つのイベントを紹介し,ESD推進上,重要な骨格である「文化」との関係性に検討を加えていきたい。まず,取り上げるのは,"Explore History"という無料のセッションである。

図3-4-9及び3-4-10は,その模様である。自国の歴史を振り返り,実感する手段として戦時中のキルト作りを体験するしつらえで,学芸員とボランティアのキルト作家の協力を得て,多くの子どもたちや戦争体験者である老齢の参加者が興味深く参加していた。

この機会に,ボランティアでセッションで子どもたちの指導に当たっていたハンナ氏に話を聞いたが,自ら参加し,子どもたちと一緒にキルト作りを行うことにより,あらためて,自分の国の戦時中を支えた主婦の苦労や家庭での営みに思いを致し,気づかされたことが多いこと,こうした経験を次世代に繋いでいくことの重要性を再認識したこと,さらには,(女性であるハンナ氏にとって)同館は,子ども時代から,「戦闘機がたくさんぶらさがっていて,あくまで男の子のもの」という意識でいたが,こうしたイベントを通じ,広く国民にとって重要な意味をもつ施設であると再評価している,といったコメントが得られた。

図3-4-9　自らの歴史に学ぶセッション

図3-4-10　キルト作成により当時の生活を体感する
（キルト作家のハンナ氏の指導による）

　ハンナ氏の言葉にもあるように，ESDの基盤として，それぞれの地域や国の文化を踏まえるべきことを考えると，同館の試みは，訪れる施設訪問者にとって，自らの歴史や文化を振り返り，気づき，それらを伝播し，翻って自分たちのコミュニティの有り様とサステナビリティを考える上で，大きな契機となることも期待できるのではないだろうか。
　もうひとつの特徴的取り組みは，"The Ministry of Food"と命名された企画展である。
　図3-4-11は，博物館と共催で企画展を実施するCompany of Cooksのホームページ上の告知である。
　ユニークなことに，この企画展自体は，2010年末に終了しているのだが，1940年代の戦時中のスローガンである節約精神を，2011年に向けた今日的決意にしよう，と訴えかけ，具体的な行動指針として，①休暇には農作業を手伝お

第4章 情報流通・信頼醸成に支えられたESDを目指して　217

図3-4-11　"The Ministry of Food"企画展に関する告知
出典：http://food.iwm.org.uk/　2010年4月25日アクセス。

う（Lend a hand on the land at a farming holiday camp），②ライフスタイルを変えよう。健康のため，野菜を毎日食べよう（Turn over a new leaf. Eat vegetablESDaily to enjoy good health），③台所から出る生ごみを雌鶏に与えよう。ガラスや金属，紙などは後に地元のカウンシルが収集する（Save kitchen scraps to feed the hens! Keep it dry, free from glass, metal, bones, paper etc.....your council will collect.），④綺麗な皿は善意である（A clear plate means a clear conscience），⑤果物を瓶詰めにしよう（Bottle fruits）。まさに，歴史に学ぶ，先人の知恵に倣おうという提案である。

　事実，企画展では，バックヤードを畑にしようとのスローガンのもと，家庭菜園の道具が並び，文字通り，持続可能なライフスタイルの一環として，地産地消ならぬ自家生産・自家消費を提案し，そのための最小限の道具類までもが博物館で購入可能となっていた。

　前述のハンナ氏が言うように，とかく，同館の名称や常設展示の内容等から，一般的な美術館や博物館とは性格を異にすると思われがちであるが，こうした特徴的な取り組み事例からは，ESDの戦略推進上，参照すべき事例や学びのマテリアルの生かし方，活用の仕方が浮かび上がって来よう。同館の試みは，自らの歴史や先人の知恵，生活スタイルに学びながら，21世紀型の持続可能な社会づくりを考える上で，大いに参考になるものと考えられる。

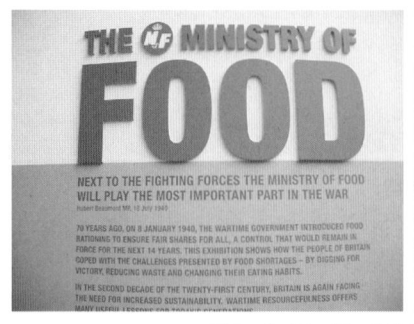

図3-4-12　The Ministry of Food 展の模様

（3）現代美術の殿堂として，伝承・教育の使命（ロイヤルアカデミーオブアーツ）

　筆者が訪れた2010年8月6日は，特に，ファミリー向けのイベントとして，学芸員と及びロンドン大学の博士課程の学生が子どもたちに絵画や造形物からなる特設展スペースを作ったワークショップを開催していた。夏休み向けに様々な参加無料のイベントを企画することは，何も同館に限らず，様々な施設が精力的に取り組んでいる施策であるが，なんといっても，ロイヤルアカデミーオブアーツは，その名が示すように，英国王室ともゆかりが深く，毎年，諸外国からの若手芸術家の登竜門とも言うべきセッションを企画するなど，芸術界への積極的貢献と情報発信の活動が極めてさかんな館である。

　同館は，現代アートの殿堂として，潜在的芸術家やアート関係者への様々な機会を提供するとともに，作品展と Hands on 企画，クラフトのカリキュラムなどを通じた教育・啓発普及活動にも尽力している。こうした機会を通じて，参加者（筆者が訪れた日のセッションでは，特に，若年層，子どもたち）への多様性の発見の機会になっている様子がうかがえた。

　実際，同館のホームページに掲示されているメッセージからは，特に，生涯教育のプラットフォームとしての使命感を感じ取ることができる。同館は，自らを，「芸術を創造し，展示し，語り合う場（The Royal Academy of Arts is where art is made, exhibited and debated.）」であるとし，そうした場の機能を高めていくためには，何よりも「学び」という要素が重要であると強調している。そして，それを具現化するために，教育のプログラムに力を入れており，その

第4章 情報流通・信頼醸成に支えられたESDを目指して　219

図3-4-13　ロイヤルアカデミーオブアーツの子ども向けセッションの模様
（2010年8月6日　筆者撮影）

図3-4-14　イースターボンネット　　図3-4-15　ドーセットカウンシル
　　　　　　　　　　　　　　　　　　　　　　　　美術館概観

（2012年4月6日筆者撮影）

対象者は，芸術関係者のみならず，学校教育や地域での教育者や子供，家族までを想定したプログラムが潤沢に用意されている。

（4）暮らしとともに学ぶ

　最後に，ドーセット州のカウンシル美術館における地元の暮らしに密着した学びの機会の創造について概観する。筆者が同館を訪れた2012年4月10日には，ちょうど，イースター休暇中であったこともあり，これにちなんで帽子を軸にしたライフスタイルと地元の服飾産業，商業・流通までを射程にとらえた特別企画が開催中であった。イースターといえば，イースターボンネット。英国の小学校では，イースターの時期のハーフターム（二週間に渡る春休み）の前に，思い思いに趣向を凝らしたボンネット（帽子）をかぶってFun runを行い，春の訪れを祝うのが一般的である。この日は，卵，ひよこ，ウサギといった

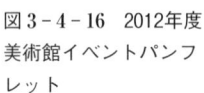

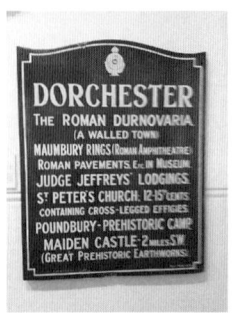

図3-4-16　2012年度美術館イベントパンフレット

図3-4-17　同美術館エントランス風景

図3-4-18　帽子展示の風景

イースターにちなんだ飾り物を思い思いに帽子に配し，個性的なボンネットをかぶって登校する。

　まさに季節的行事とタイアップした企画展であったわけだが，そこでは，1850年から1920年代までの帽子や手袋，靴といったファッショントレンドを敷衍し，自らのライフスタイルの変遷を考える特別展は，同館保有の展示物をテーマに沿って再編し，展示しているとのことであった。

　同館では，こうした，地元の暮らしに密着したテーマにのっとり，気付き，学ぶ，また，学校の休暇の時期には子どもと家族連れで楽しめるイベントを，また平日の昼間には大人向けの様々な学びの機会を精力的に展開している。

　まさに，公共的居間としての機能を発揮している様がうかがえた。この日は大変晴れた日で多くの家族連れが訪れていた。

この 'Hats to Handbags' と題した帽子に代表される服飾品と暮らしの展示について，同館のパンフレットには，18世紀以降，地元ドーセット州に残る女性の服飾品の素材，デザイン，機能の変化を概観し，そこから女性のライフスタイルの変化を読み取ろうとする趣旨が述べられている。そして，当時，世界のファションをリードしていたパリ，ロンドンでの最先端のデザインやモードを手作りで真似，英国南西部の田舎であったドーセット州の女性たちは，それらをまとっていた。こうした手作りでの服飾文化は，19世紀の産業革命を経て，大量生産が可能となり，全国津々浦々のハイストリートで販売されるようになるまで，時間差をもって拡散されてきたという。

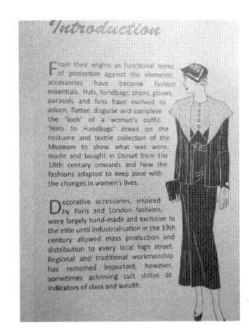

図3-4-19　'Hats to Handbags' 展の趣旨説明

　そして，女性のファッションのトレンドを，地域に根ざしたローカルかつ地理的に限定的な生産者シップ（workmanship）は，その後長らく，重要な地位を占め，時に，人々の経済状態や階級の代名詞として息づいていたこと結んでいる。

4. おわりに

　本章では，本編の最終章として，ソーシャルキャピタル論——その主要3要素：社会ネットワーク，信頼，共助の規範——社会的つながりにより，ESDの趣旨を踏まえたコミュニティのあり方を実現するための視点を模索してきた。具体的な取り組みのハブとして，我々に取ってすでに親和性の高い社会教育施設での実際の各種取り組みを概観しつつ，そのエッセンスをモデル化し，翻ってESD実現の拠点としての，それら施設の潜在性を検討する手法をとってきた。

　本編の冒頭述べたように，ESDの概念は，持続可能な社会の価値観が下敷きになっており，主とするキー概念には「つながり」（関係性なども含む），「多様性」（ダイバーシティ，多文化共生などを含む），「総合」（統合，ホリスティックなども含む），「知」（新たな知，倫理，新たな公共，ローカル・ナ

レッジなども含む）などがある．すなわち，ESDは，この世界の様々な「つながり」や「循環（サイクル）」という基本的な概念を前提に，究極的には，世界の「豊かさ」や多様性が調和している美しい社会的文様を織りなすことを目指していると筆者は考えている．本編では，社会ネットワーク論や情報論の専門家の協働により，つながりやそこで紡がれる信頼の発揮すべき役割，ネットワークアクターの相互作用が生み出すものに着目しつつ，将来に向けて，ESDの実践に関する視座を提供することを目指してきた．

　すでにESDの実践面においては，持続可能な社会づくりに繋がる連携ネットワークの構築の重要性を踏まえ，知の探求を共同体で行う実践コミュニティの手法を活用し，環境・経済・社会（文化）の3領域を複合したホリスティックな探求を行うというアプローチが展開されている．その中で，ソーシャルキャピタル論を専門とする筆者は，そうしたアプローチを遂行する上で，相互作用を促進し，人々の協調行動を喚起し，社会的問題解決に向けた取り組みを進めるために欠かせない「触媒」機能に注目している．ここでいう「触媒」機能とは，そうした人々の相互作用や関係性を押し進める起爆剤，化学反応を押し進める機能をもつアクターに期待されるものである．

　また，人々がかかわり合い，学び合い，価値を共創していくためには，人々が実際に集い，語り合い，情報交換を行い，行動の拠点とするような「場」が重要である事も言うまでもない．そうしたことを勘案し，最終章では，すでにコミュニティに以前より存在し，地域住民に親しまれ，親和性のある'学び合いの場'としての社会教育施設に着目した．事実，ESDの基本的枠組みの中で，文化・歴史といった自らのコミュニティが内包する資産を学び合い，それを基盤とした開発をもって持続可能な社会作りを行うべきとする概念が示され，共通認識ともなっているところ，そのためのツールとしてICTを活用した時空を超えた学びの可能性や，気付きの伝播，行動変容の促進とその集約という課題を考えた時，これら既存の社会教育施設が発揮しうる機能の大きさは言うまでもないことであろう．すでにそうした場におけるICTを駆使した様々な取り組みは我が国のみならず，多くの経験値を蓄積しつつある．

　実際に，ESDの実践の難しさの根底には，問題意識をもった者，行動者（時に政策当局者）から発せられる情報や行動のインパクトを，ネットワークアク

ターの行動にさらに波及させ，情報発信者としての当該行動者とそれに共鳴・共感し，行動のクラスターを構成していく情報受信者の行動連鎖をいかに円滑に起こして行くか，という課題がある。この点については，ICTの機能発揮の視点から位置づけ直し，情報の受発信と情報伝播におけるネットワークの有効性について，更なる考察が要請されよう。

　ネットワークにおける情報伝播モデルの一類型として，長山（2005）は，Hippel（1994）の「粘着情報（sticky information）」としての暗黙知を移転してイノベーションを創出するには，先進的ニーズをもつユーザー（情報の探し手）と供給者（粘着情報を保有している者）との間で，対面での綿密かつ信頼性に基づいた交互作用が求められるとしているが，こうした問題意識は，大江（2007）が指摘するように，信頼に基づく情報交換による行動連鎖を惹起する上でのカタリストとして，既存の社会インフラの重要性を実証した点とも平仄を一にするものであろう。実際，良質なソーシャルキャピタルの蓄積を巡る先行研究の多くは，関係者間の濃密な交互作用とそこでの暗黙知の蓄積，共有されるナレッジとしての暗黙知の形式知化の促進，そしてその連鎖を促進するような政策支援が，地域の文化力・経済力，ひいては人間力の強化を通じた持続可能な地域開発・再生に極めて有効であるとともに，不可欠であることを示唆している。

　換言するならば，地域社会のネットワークアクターの関係性における効率的な情報伝播と行動が，当該地域における人間力に支持され，サステナブルなコミュニティづくりを可能とすることが期待されるのである。自らのコミュニティの歴史・文化を踏まえ，グローバル化の進展の中で，多様性を維持しつつ自らもあらたな価値を創出しながら持続性を高めていくためには，所要の情報の受発信をきめ細やかに行い，その情報受信者の励起により，地域社会の諸問題を解決しながら行動し，関係する人々＝すなわち我々が学び合い，問題を共有し，同じ方向を目指して行動して行くことこそがESDの意味を実践的に行かしめて行くことに他ならないのではなかろうか。

引用・参考文献

Beem, C. (1999) *The Necessity of Politics. Reclaiming American public life*, Chicago:

University of Chicago Press.
Putnam, R. D. (1993) *Making Democracy Work: Civic traditions in modern Italy*, Princeton NJ: Princeton University Press.（河田潤一訳（2001）『哲学する民主主義――伝統と改革の市民的構造』NTT出版）
Putnam, R. D. (2000) *Bowling Alone: The collapse and revival of American community*, New York: Simon and Schuster.（柴内康文訳（2006）『孤独なボウリング――米国コミュニティの崩壊と再生』柏書房）
大江ひろ子（2007a）『共感と共鳴を呼ぶ　サステナブル・コミュニティ・ネットワーク』日本地域社会研究所.
大江ひろ子（2007b）「ソーシャルキャピタルの視点から見たコミュニティ再生と社会ネットワーク――生活者の"不安"とネットワークアクターの機能発揮の可能性」『生活経済学研究』25, pp. 1-21, 生活経済学会.
大江ひろ子（2008a）『サステナブル・マーケティング』DTP出版.
大江ひろ子（2008b）『コミュニケーション・マーケティング』白桃書房.
大江ひろ子（2009）「国連「持続可能な開発に資する教育（ESD）」に貢献するコミュニティ施設活用に関する一考察」情報処理学会研究報告. 情報システムと社会環境研究報告　情報処理学会研究報告. 情報システムと社会環境研究報告 2009(32), 1-8.
外務省（2006）『国連持続可能な開発のための教育の10年　2005-2010（国際実施計画案）』
藤井聡（2003）『社会的ジレンマの処方箋――都市・交通・環境問題のための心理学』ナカニシヤ出版.
水尾順一編著（2005）『CSRで経営力を高める』東洋経済新報社.
宮脇淳（2004）「パラダイム：ソーシャルキャピタル」「PHP政策研究レポート」(Vol. 7 No. 86)（2004年10月）.
「ESDの十年世界の祭典」推進フォーラム事務局（2010）「第一回　ESDの十年・事業化ワークショップ報告」
  http://ESD-j.org/j/event/pc/getdoc.php/?path=/item/207-468&type=application/pdf&ESDJ=p5curpec357ffk19qfnd5oanh6e2r7e2（2011年4月26日アクセス）
Hines, J. M., Hungerford, H. R., and Tomera, A. N. (1986/87) Analysis and synthesis of research on responsible environmental behavior: A meta-analysis, *Journal of Environmental Education*, 18(2): 1-8.
伊藤真之・武田義明・蛯名邦禎・田中成典・堂囲 いくみ・前川恵美子（2010）「兵庫県における持続可能な社会に向けた市民科学活動支援の取組と事例紹介（持続可能な社会とサイエンス＆ヒューマン・コミュニケーション，自主企画課題研究，次世代の科学力を育てる――社会とのグラウンディングを求めて）」日本科学教育学会　年会論文集 34, 271-274, 2010-09-10.
井上伸良（2004）「社会教育施設における経営方式の多様化に関する考察」生涯学習・社会教育学研究 29, 25-33, 2004-12-25 東京大学.

（大江ひろ子）

第Ⅳ部　マネジメント・社会倫理の視点から

第1章
企業構造論 対 人体構造論
―― 持続可能な文化社会のための企業体系

　　　　　　　　　　日本企業構造を考察するとき，チェスター・バーナードの理論はとても有用であると思われる。それは日本独自の「和」の文化からくる協調的思想における統合概念と共通性を見るからである。
　　　　　　　　　　バーナードの思想を紐解くと，調和的思想，道徳律，管理の責任論といったものが見て取れる。
　　　　　　　　　　この中でも調和的思想については，人体構造における統合性，ホメオタシスと似たものを感じる。
　　　　　　　　　　またコンフリクトにおける制御，ゴーイング・コンサーンにおける持続性など企業構造に必要不可欠なものと人体構造になくてはならないものとは，一致している。
　　　　　　　　　　現代は高齢化社会を向かえ，医療の高度化，専門性が重視されている。人体構造を保つために，かつての医療技術から抜き出た先端技術が必要とされている。企業保全においても，類似した現象を見るのではなかろうか。
　　　　　　　　　　すなわち，企業において技術の高度化，専門性の卓越化が課題とされる。しかし，筆者はそこに警鐘を鳴らしたい。調和，統合性を失った専門性は，リスクを生む。
　　　　　　　　　　肺の機能は必要である。肺をなくせば，死に至る。しかし鋼鉄のような肺を維持するために腎臓，肝臓その他の臓器に負担をかけることは，その人の人生上有用なことであろうか。
　　　　　　　　　　鳥瞰的視点をもち全体を把握できることも，専門化重視した今日だからこそ，これからは必要になるのでは，なかろうか。
　　　　　　　　　　以上のようなことをもとに，未来における持続的可能な企業を模索する。

1. バーナードの思想

　バーナード（Bernerd, C. I.）*は，1886年11月7日，マサチューセッツ州の田舎町モールデンで，グラマー・スクール卒の貧しい機械工の次男として生まれた。

　　＊バーナード（Bernerd, Chester Irving：1886-1961）アメリカ合衆国の電話会社社長，経営者。アメリカのベル電話システムの傘下のニュージャージー・ベル電話会社社長。

主著としては，『企業経営における全体主義と個人主義』（1934）ならびに『社会の進歩にみる不変のジレンマ』（1936）を著した。
　バーナードにとって，その究極的な課題は，社会全体の進歩と社会を構成する多くの人々の幸福の向上の達成にあったと考えられる。そして，このような課題の達成のために注目されるべき基本の問題は，個人主義と集合主義——個人の利益を中心におく立場と全体の利益を中心におく立場——の対立と統合の問題であった。
　そして，この個人主義と全体主義の対立と統合の問題を「協働」という角度から眺めている。
　バーナードは，主著『経営者の哲学』において「協働や組織は，観察，経験されるように，対立する諸事実の具体的統合物であり，人間の対立する思考や感情の具体的統合物である。矛盾する諸力を具体的行動において統合するよう促進し，対立する諸力，本能，利害，条件，立場，理想を調整させることこそが，まさに管理者の機能である」と示し，さらに「わたくしは，人を自由に協働せしめる自由意志をもった人間による協働の力を信じる。また協働を選択する場合にのみ完全に人格的発展が得られると信じる。また各自が選択に対する責任を負う時にのみ，個人的ならびに協働的行動のより高い目的を生み出すごとき精神的結合にはいり込むことができると信じる。協働の拡大と個人の発展は，相互依存的な現実であり，それらの間の適切な割合，すなわち，バランスが人類の福祉を向上する必要条件であると信じる」としている。
　これは，それぞれ個人主義か全体主義か自由意志論か決定論かという単一の思想に軍配をあげるのではなく，それぞれの立場を受け入れつつ統合できる思想を求めたとも言えるのでなかろうか。
　すなわち，バーナードの独自性は，それぞれの説の融合による調和的思想に見てとれるのである。
　彼はまた，協働と管理者の職能について論じていく。そして，「人間の相互作用と協働のもたらす様々な問題のうちで，個人主義と統合主義，自由意志論と決定論の対立と統合の問題が，本質的，基本的である」としたのである。
　たしかに企業において全体主義的理論と個人主義的理論は相対立しつつ，統制を執ることにより企業の進展がうかがえるのであり，それゆえバーナードの

目指した個人主義と集合主義との統合は重要視され得るべきであろう。

　協働システムは，経営組織について，バーナードにより「意識的に調整された2人ないしそれ以上の人々の活動および勢力のシステム」として定義され，こうした組織概念の前提には，各個人の能力の限界のために生じる「協働システム」があるとし，個人の力の限界から他人との協働によって自己の動機や目的を達成しようとする結果として，個人では達成不可能な目的を達成できるとした「協働システム」を説明している。

　また，自由については，ピーター・ドラッカー（Drucker, P. F.）*においてもミルトン・フリードマン（Friedman, M.）**においても経済人仮説***はしばしば言われているところであるが，バーナードの理論体系の一部においては，伝統的な経済人仮説を破棄し，自由意志と責任を基底にすえた新しい自律的な全人仮説を明示的に提示している。また，バーナードは，「人間には常に選択力があり，同時に人間は主として現在および過去の物的，生物的，社会的諸力の合成物である」とする。ここに，環境に主体的に働きかける人間の人格的な自由意志論的側面と，環境に規定される人間の決定論的側面が含まれている。このように，彼の人間仮説には，自由意志論と決定論，個人主義と全体主義の2つの立場が統一的に受け入れられていると言える。

　　＊ドラッカー（Drucker, Peter Ferdinand：1909-2005）オーストリア，ウィーン出身。ユダヤ系オーストリア人経営学者。主著に『企業とは何か』(1946)。アメリカ政府から大統領自由勲章を授与された。
　　＊＊ミルトン・フリードマン（Friedman, Milton：1912-2006）アメリカ合衆国ニューヨーク出身のマクロ経済学者。マネタリズムを主唱。主著に『資本主義と自由』(日経BPクラシック，2008年)。
　　＊＊＊一般的に経済を追求してゆく人を経済人と呼ぶが，バーナードは単に経済追求だけでなく，自由意志と責任を強調する。

　個人には目的があるということ，あるいはそうと信じること，および個人に制約があるという経験から，その目的を達成し，制約を克服するために協働が生じる，つまり彼は「人々の間に協働が成立しうるのは，個人が目的達成をめざして制約に直面するとき，物的，社会的制約よりは個人の生物的制約の克服が可能と認識されるときである」とするのである。協働もまた自由意志論と決

定論の統合物にほかならない。

　また，協働システムは，「少なくとも一つの明確な目的のために二人以上の人々が協働することによって，特殊の体系的関係にある物的，生物的，個人的，社会的構成要素の複合体」であるとしたことは，バーナードが，「個人と組織の統合」にこそ「真の管理の課題がある」としたことにも同意できるのである。

2. 道徳と管理の責任論

　個人と全体との統一という企業体系の持続性に対して，バーナードは「公式組織が有効性と能率を発揮して長期的に存続するようになると，組織は，自律的な道徳制度としての性格をもつものとなり，組織における道徳的意思決定の重要性が増してくる」とする。公式組織の中には，大別して，個人の道徳，組織それ自体の維持が要求する組織道徳，そして組織を構成する諸利害者集団を含めて社会の要求する道徳が交錯して存在する。したがって，組織の均衡，存続という観点からは，組織道徳と他の道徳，とりわけ個人の道徳との対立と統合の問題がきわめて重要になる。

　ここにおける企業の社会的変化やコンプライアンスといったものと，個人における道徳律と管理者における道徳律の調和の重要性が考察される。

　そして，バーナードは責任の問題についてと権限の問題について触れている。すなわち，バーナードは組織的意思決定における「責任」の問題に着目し，「責任」が「権限」に優先することを強調している。ここにおいて私は，権限より責任が優先することにより，よりよいコンプライアンス可能性が出てくると思われるし，現在の不祥事においてもこのバランスの崩壊こそが問題となるのではないかと考える。

　道徳的リーダーシップを十分に遂行しうるには，それに相応しい道徳的管理責任能力が必要になる。バーナードは，この問題を中心として「管理の責任論」を展開したのである。バーナードの「管理の責任論」は，個人と組織，個人主義と集合主義の対立の統合を，その基本的課題とするものである。

3. 企業と人体構造との比較

　企業と人体構造の比較を考える時，企業の長期存続や，持続性と人体における長生き思想に類似性を見つける。

　かつて人生50年と言われていた時代から70～80歳は当たり前で，90歳以上や100歳の人々も多くなった近代において，株式会社存続30年説も変化するのではなかろうか。

　20歳前後から働き出し，50歳には死を迎えた頃，就業30年すれば定年となり仕事を終える頃，死と向き合うという時代においては，仕事のみが人生での大きな比重をもち得ていたと思われる。

　しかし現代のように長期化した人生において人々の仕事への関わりは，かつてと異なる様に思われる。けれども，企業への関わりは異なっても人体の存続能力と企業の持続性には，共通するものが多々あるように思われる。

　すなわち人体の生存維持と同じ様に，企業の存続も考えられる。そう考える時，それでは寿命を左右するものは何かという答えに対しての返答が，企業の存続のための必要用件にも当てはまるのではなかろうか。

　たとえば，人体を維持するために心臓から血はめぐり，その流れが止まることにより死は訪れるし，まず肺は空気を人体に送り込み，それができなくなった時に死は訪れる。

　血の流れを止めることや肺の機能を止めるような「何か」が起こるときに死は訪れる。これを企業に当てはめる時，企業にとっての「何か」は「コンフリクト」であろう。

　まず人体は心臓へ送る血液を一定に保っている。それは制御しているとも捉えられる。一度に多くの血を流し込んでは死にいたることとなろう。このように，この制御機能を企業に当てはめる時，それは「サイバネティクス」と言えるのではなかろうか。

　また，この制御という働きは「コミュニケーション能力」にも関係する。すなわち，人体は部分システムとして心臓，肺，肝臓などがあるがそれは調和を元に動いている。そして，この動きの調和こそが生存の源である。これは自律

神経にある自己調整と言える。この調和を企業においてはコミュニケーションと，考えるとまさにサイバネティクスはそれに妥当する。

　この調和は，制御しコミュニケートするだけでなく，システムの諸変量を生理的限界内に一定に留めることにより，さらに安定する。すなわち，人体においては常に一定の量の血液が，流れることにより，生存が認められることに近似している。

　このシステムが重要な諸変量を自律的に生理的限界内に留める可能性と，各部分が相互に拒否権をもつことによって，全体としての均衡に到達するこの安定化したモデルを，「ホメオスタット」と呼び，この恒常性を「ホメオスタシス」と呼ぶ。

　このように安定化した企業の継続性について，企業内部のシステム的な安定性は，企業行動の安定性をも意味し，それが企業存続に担保する。この継続的企業体を「ゴーイング・コンサーン」と呼ぶ。以上のように，人体構造と企業システムの比較をすることにより，企業の持続的可能性を考慮してきた。

　企業の持続性を考慮する時，コンフリクトがあり，サイバネティクスやホメオタシスがある。企業存続のためには，企業の安定化が必要でこの安定化が，企業行動の継続性を増すということになる。

　企業がゴーイング・コンサーンであるということは，コンフリクトに対するサイバネティクスやホメオタシスが良く働いていることでもあり，企業を構成する組織もまたゴーイング・コンサーンであるということになる。このように理解される企業は企業，個人を超えて，永続する企業体として存続して行けるのではなかろうか。

　以下，コンフリクト，サイバネティクス，ホメオスタシス，について述べ，ゴーイング・コンサーンについてまとめてみようと思う。

（1）コンフリクト

　マーチ＝サイモン（J. G. March and H. A. Simon）＊は，企業における意思決定プロセスの機能停止により，意思決定が行なえなくなることをコンフリクト（conflict）とのべた。

　　＊マーチ（March, James Gary：1928-）　アメリカ合衆国の社会学者，政治学者。

管理の行動科学を研究。

　　サイモン（Herbert Alexander Simon：1916-2001）アメリカ合衆国の政治学者，経営学者，認知心理学者。意思決定の重要性を説く。

またコンフリクトの概念は社会学的には，「自我の他者との闘争」というように使われる。

この言葉はボールディング（E. Boulding）*の「コンフリクトとは常に少なくとも二つの当事者の関係である」という言葉からも理解できる。

　　＊ボールディング（Elise Boulding：1920-2010）ノルウェー・オスロの」社会学者・平和学者。主著に Power and Coflict in Organizations, Basic Books, 1964 (co-edited with R. L. Kahn)。

このようなコンフリクトの理解のためには①分析的方法（analytical）と②交渉的方法（bargaining method）がある。そして，分析的方法においては問題解決と説明の方法が，そして交渉的方法は交渉と政治的画策が関係する。コンフリクトを解決するために分析的方法については，新しい代替案の探求とその結果の再検討が行われる。情報の収集が行われ，革新的な代替案が発見されてコンフリクトが解決される。

これに対して交渉的方法の場合には，部門やグループ間の目標の対立を前提として妥協に到達する。以下詳しく述べていくこととする。

（2）コンフリクトとそれに対する解決策

コンフリクトが知覚されると，そのコンフリクトを解消しようとする適応的行動がとられる。マーチ・サイモンによれば，組織は次の四つのプロセスで組織的コンフリクトに反応し，コンフリクトを解消しようとする。

　　（1）問題解決（problem-solving）
　　（2）説得（persuasion）
　　（3）交渉（bargaining）
　　（4）政治的画策（politics）

まず第一に組織が「問題解決」によってコンフリクトに反応するのは，目標が共有されている場合である。目標が共有されるため，共通の目標基準を満たす代替案を発見することが問題解決となる。それによってコンフリクトは解消

する。

　第二の「説得」が使用されるのは，組織の各メンバーないし各部門の目標は組織内部で異なっているが，その目標は固定的なものでないと考えられる場合である。目標は非固定的ゆえに変化可能となる。この場合には，説得の方法を用いることによってコンフリクトの解決がはかられる。

　第三の「交渉」が使用されるのは，第一，第二の場合と部門間の目標の相違が固定的である場合である。交渉は，双方の目標を異にしながらも合意に達することによって，コンフリクトの解消がはかられる。

　第四の「政治的画策」は，交渉の場合と同様にグループ間に目標の対立がある場合であるが，交渉の場が当事者によって固定的には考えられていない点に特色がある。異なる交渉による歩みよりというよりも政治的なかけひきになるような仕方でコンフリクトの解消をはかる。

（3）サイバネティクス

　「サイバネティクス（Cybernetics）」は，ウィーナー（N. Wiener）*によって創始されたもので，サイバネティクスは「動物および機械における制御とコミュニケーションの科学」であるとしている。

　　*ウィーナー（Wiener, Norbert：1894-1964）ハーバード大学講師。ハーバード大学で数理論理学でPh.D.を授与される。サイバネティクスの創始者である。

　またビーア（Beer, S.）*は，生存可能システムを展開するに際して，効果的組織の科学（sciences of effective organization）としてサイバネティクスを位置づけている。企業活動のいろいろな場面においてサイバネティクスが必要なことが起こる。しかし企業はこのような予知できない環境の中においても生存を続けていくことが必要である。こうしたシステムを，一般に生存可能システム（viable system）という。こうしたシステムには，自己制御（self-control），あるいは自己調整（self-regulation）の機構が要求される。

　　*ビーア（Beer, Stanford：1926-2002）イギリスの経営コンサルタント。経営サイバネティクス及びオペレーションリサーチの分野で知られる。生存可能システムモデルにおいて組織における構造上の欠陥が問題になるとした。

　また，この自己制御や自己調整とともに，人体においては傷を受けた時の再

生や修復といったことが必要である。それは企業において組織間の連結を上手く行い，自然に存続し妥当な構造へと組織化されることの必要性を意味する。

このようなものを自己組織（self-organization）の能力と呼ぶ。

このように生存可能システムは，外界からのいろいろな生存を危ぶむような出来事に対しても，システムの持続性を保つため，重要なアウトプットは制御管理のもとでなされ，それも安定した範囲内でなされる必要性がある。

そうでなければ組織は崩壊することとなる。このようなシステムの安定化のためのものとしてサイバネティクスは機能する。これはより良い経営管理とも言える。

（4）ホメオスタシス

生存可能システムに関する考察を通じて生まれた重要な概念の一つに，ホメオスタシス（homeostasis：恒常性）がある。

これは，システムが重要な諸変量を，自律的に生理的に限界内にとどめる可能性を意味する。その機構として，各部分システムが相互に拒否権（power of veto）をもつことによって全体としての均衡に到達する過程が，アシュビー（Ashby, W. R.）*によって解決されており，そうした能力をもつ物理的なモデルを制作し，これをホメオスタット（homeostat）と呼んでいる。

　*アシュビー（Ashby, William Ross：1903-1972）イギリス，ロンドン生まれの医学者，精神科医。サイバネティクスや一般システム理論に影響を与えた。1948年ホメオスタット（W: Homeostat）を完成させた。

超安定（ultrastability）という概念についてそれは，混乱の原因に立ち入ることなしに，システムが対応して安定性を維持するという能力である。

非常に複雑なシステムにおいては，病的な兆候を自分自身の内部で発見し，リスクを防ぐリスクマネジメントが必要で，それに対応してシステム自体が調整的行動をとらなければならない。生存可能システムは常にこうした内面的制御（intrinsic control）が可能でなければばらない。内面的制御により生存可能となり持続性を増す。

企業組織についてビーアによれば，それは平板で静的な実体ではなく，「動的で生存し続けるシステム」であるとしている。すなわち，企業の究極の目標

を生存（持続可能性）におき，生存可能システム・モデルを展開するに際して，効果的なものとしてサイバネティクスを位置づけている。

　すなわち生存可能性とは，財務的諸制約が満たされていると仮定して，組織が実際に存続できるのかを問題とする。また存続という目標は極めて特殊な目的であり，それは自己のアイデンティティーを維持するという問題であるとする。

（5）ゴーイング・コンサーン

　バーナードにおける企業システムは協働システムであった。これはコモンズ（J. R. Commons）*におけるゴーイング・コンサーン（going concern）の概念と重要な関係をもつ。

　　＊コモンズ（Commons, John Rogers：1862-1945）：アメリカ制度学派の創始者。公開市場操作論を説く。

　このゴーイング・コンサーンは持続的企業体を意味し，持続的可能な企業形態である。

　コモンズは市場における企業の責任性を求める。すなわち収益を生み出すこと自体が企業であり，継続した収益を生み出すことにおいてゴーイング・コンサーンは成し遂げられる。

　またコモンズは，ゴーイング・コンサーンは制度と活動の統合したものと理解し，このことをもとに社会における立場をもつとする。

　このようなことが，集積し企業行動として動きを見せることにより，企業はゴーイング・コンサーンとしての継続性をもつことになる，そしてそれが長期的生存であればある程，ゴーイング・コンサーンは成し遂げられると言える。

4．総合的ホリスティックな企業へ

　チェスター・バーナードの理論から企業構造を見ることで，個の時代と言われる現代の矛盾が理解できた。大量生産から個の重視の時代となり，それゆえ専門性の必要が叫ばれた。

　アナログからデジタル化され，高度な技術が良しとされる現代においての矛

盾を考えてみた。機械化された家に住み，中の備品はデジタル化され，個人にあった生活が営まれる現代，確かに技術の進歩による恩恵を受ける毎日である。

しかし，その中にあって，個を重視する上での研ぎ澄まされた専門性は，近視眼的となり，全体を見失う。

それは，持続的なものへの奉仕ではなく，かえって一時的なものへの執着ではなかろうか。全体あっての個であり，個あっての全体であるはずである。持続的可能な人体を考える時，ホリスティック（holistic）な統合医療の必要性を考えるのと，同じように，企業においても統合的ホリスティックな側面も，考察するに値する。

このことが，ゴーイング・コンサーンとして持続的可能な企業を作り上げていくことに必要なことなのではなかろうか。

この論文では忘れてはならない調和思想，コミュニケーション，統合，「和」の思想などについて，人体構造の営みから，企業構造を眺め考察を行った。そして持続可能な社会に必要な，現代に欠けていくものへの危機に警鐘をならしたのである。

引用・参考文献

岸川善光（2009）『経営管理』同文館。
工藤達男（1994）『経営組織の基礎理論』白桃書房。
栗原昇（2010）『分かる経営のしくみ』ダイヤモンド社。
斎藤弘行（2001）『経営組織論』文化性の視点から　中央経済社。
坂井正廣（1997）『人間・組織・管理』文眞堂。
高松和幸（2005）『経営組織論講義』創世社。
中村久人（2000）『経営管理のグローバル化』同文館。
バーナード，飯野春樹監訳・日本バーナード協会訳（1958）『経営者の哲学』文眞堂。
深山明・海道ノブチカ（2010）『基本経営学』同文館。
村松司叙（2003）『現代経営学総論』中央経済社。
森本三男（2006）『現代経営組織論』学文社。

（西井寿里）

第2章
持続可能な社会の統制と刑法

　　本稿の課題は，持続可能な開発のための教育における課題を，マネジメントあるいは倫理の側面から考えてゆこうとするものである。
　　社会のマネジメント，あるいは社会倫理の維持は，様々な方法によって行われる。社会慣行，地域の人々の協力，政治的な意見表明など。人々の議論による解決や，自分自身で反省して改善していくといった方法もあろう。これらの方法は，ある意味で，ソフトな統制と言える。
　　より確実に社会をマネジメントし，倫理を維持したいとき，人は，「法」という方法による統制を求める。法は，強度の強制力をもっているため，社会統制手段としては，最終局面に控えている場合が多い。特に，刑法は，刑罰という強力な統制手段を行使するため，法というグループにおいても，その最後，野球で言えば，押さえの切り札としての役割を果たしている。ここでは，筆者の専門領域である刑法を素材に，持続可能な開発の，マネジメントや倫理の側面における具体的なあらわれ・その課題について，見ていくことにしたい。

1. 持続可能な開発と刑法の現代的諸問題

　刑法とは，犯罪と刑罰に関する法である，といわれる。刑法とは，どのような行為が犯罪となり，どのような刑罰が科されるのか，それを定めている法律である。ところでESD-Jによれば，ESDとは，「社会の課題と身近な暮らしを結びつけ，新たな価値観や行動を生み出すことを目指す学習や活動」である，と定義されている。普通の人が普通の生活をしていれば，刑法のお世話になることはまずないように思われる。では，刑法の問題は，身近な暮らしとは結びつかない」ということになるのであろうか？
　そうではない。実は，刑法の問題は，ESDの本質的な問題と深くかかわっている，ということができる。とりわけ，最近我が国において導入された裁判員制度や，環境や生命倫理にかかわる刑事規制を考えると，刑法が我々の生活とは無関係ではないことがわかる。刑罰という強力な手段で社会統制をはかる

刑法は，それだけに，人と人の共存や，多様な生き方，価値観の理解という ESD の課題とは無関係ではいられないのである。

本稿では，読者に ESD を刑法の側面から考えてもらうために，3つの問題を取り上げることにしたい。第1に，「刑事裁判への市民参加の問題」である。裁判員制度の導入により，市民が司法へ直接かかわるようになった。その意義と課題について，検討する。持続可能な発展のためには，法律家が専門家として蛸壺的にその技術を行使するだけではたりない。広く市民がかかわっていくことにより，法律家の知恵の枯渇を防ぎ，市民からの新しい刺激が常に与えられる必要があると言えよう。第2に，「生命の価値と刑法の問題」である。生命をめぐる刑事規制の問題は，従来とは，まったく異なる側面からの課題を現代社会に突きつけている。持続可能な開発は，環境問題に端を発する考え方であるが，個人の利益だけを追求していくだけでは，現代の問題を解決することはできないというのは，生命にかかわる犯罪の領域においては，顕著に現れる。そのことは，刑法学の従来の枠組みにも再検討を迫っている。第3に，「責任能力・少年事件と刑法の問題」について検討する。犯罪者には厳罰を科し社会から排除すべきであるとの論調はよく聞かれる。しかし，犯罪者を切り捨てることだけで，社会は持続的に発展していけるのであろうか。犯罪者と言えども，社会を構成する人の一部である。「排除」ではなく，「持続」の可能性をはかるのが，持続可能な開発のためのひとつの方法であるように思われる。ここでは，そのような考え方について，検討を加えてゆくことにしたい。

2. 刑事裁判への市民参加

（1）日本の裁判員制度

2009年5月，裁判員制度が始まった。裁判員は，選挙権を有する国民から無作為に抽出されるものであるから，読者が裁判員に選ばれる可能性は，ほかのすべての人と同じ確率で存在している。

無作為抽出された市民が，「裁判員」として重大な刑事裁判に加わり，職業裁判官とともに，被告人の罪責と量刑の判断を行うというのが，裁判員制度の大枠である。したがって，裁判員が参加するのは，刑事裁判である。刑事裁判

とは，簡単に言えば，被告人が有罪か無罪か決定し，有罪であればどれだけの刑に服しなければならいか，決定する裁判手続きである。有罪・無罪の決定——それは，言葉にすれば簡単であるが，被告人（そして被害者）にとっては重大事である。

　まず，裁判員として，裁判所に呼び出されると，そこで出会うのは，裁判官と裁判員候補者たちである。選任手続きを終えると，裁判が開始する。裁判員の権限はどのようなものであろうか。これは，裁判員制度のもとになっている制度を見ることで，わかりやすく理解できる。

　裁判員制度のもとになっているのは，英米で発展した陪審制と，ヨーロッパ大陸で発展した参審制である。陪審制は，しばしば，アメリカの映画やドラマでみかけることがあるので，イメージをつかみやすいかもしれない。市民から無作為抽出された12人の陪審員が，職業裁判官と完全に分離された評議室で評議を行い，市民だけで，被告人の罪責を決定する制度である。これに対し，参審制は，一定の社会活動をしている等，積極的に社会と関わっている人達の中から選び出された数人（2人から6人くらい）の市民が，任期を与えられ（半年から2年くらい），職業裁判官と一緒に，被告人の罪責・量刑，さらには法令の解釈にまで関わる制度である。

　日本では，戦後，刑事裁判の理想像のひとつとして，アメリカの制度が参考とされてきたこともあって，陪審制に関する情報は，かなり以前から知られていた。これには，日本とアメリカの刑事裁判の基本構造（当事者が裁判のイニシアチブを取る当事者主義という制度）が似ていたということも関係している。これに対し，参審制は，参審制を用いているドイツやフランスの刑事裁判制度の基本構造（裁判官が裁判のイニシアチブを取る職権主義という制度）が日本とはかなり異なることから，日本で用いることが現実的に考えられてこなかったのである。

　ここで，少し日本の刑事裁判制度の基本構造について説明しておこう。日本の刑事訴訟法は，戦前は，ドイツに範をとったものであった。裁判官が真実を究明することに重点が置かれ，裁判官は検察官の嫌疑を引き継いで裁判を行っていた。このような制度は，いきおい，被告人を処罰しようとする傾向が強くなる。それが，戦後，GHQの主導で，アメリカ法の影響を強く受けた新しい

刑事訴訟法が制定された。この法律は，アメリカ型の刑事訴訟に完全に移行させるものではなく，戦前のドイツ型の刑事訴訟の性格も色濃く受け継いでいるユニークなものであるが，基本的なところでは，アメリカ型の当事者主義を採用している。このような制度のもとでは，陪審制がよいと考えられたのも無理はない。

（2）北欧の参審制度

しかし，日弁連が1993年にスウェーデンの，1996年にデンマークの刑事裁判制度を視察したことにより，日本のような当事者主義の下で，参審制を運用し，それが大変な成功を収めている国があることが知られるようになった。北欧の参審制度が注目を集めるようになったのである。

北欧の中でも，デンマークの制度の特徴は，陪審制と参審制を併用していたということにある。通常，陪審制の国は陪審制しか知らず，参審制の国は参審制しか知らないため，自国の制度に対して懐疑的な立場から検討することができない。しかし，デンマークは，併用制を取るため，陪審制・参審制の長所・短所がはっきりと分かる。結論からいうと，デンマークでは，陪審制の欠点が指摘され，ついに陪審制は事実上廃止されるにいたった。

陪審制が批判される最大の理由は，市民だけで被告人の罪責を決定するため，判決に理由がつけられない，というところにある。この深刻な欠点は，どんな工夫をしても逃れることのできない陪審制の宿命である。理由なき有罪判決を受けた被告人は，上訴しようにも何を争点としてよいか分からない。理由なき無罪判決を聞く被害者は，なぜ被告人が処罰されないのか，納得できる説明を聞くことができないのである。これは，近代の裁判制度としては，致命的である。さらに，陪審制は，多数の市民が参加するため，機動性に欠け，重大事件にしか用いることができない。市民の参加は，氷山の一角だけにとどまってしまう。

具体的に言えば，喫茶店に強盗に入り，店主を殺して売上げすべて奪って逃げたような重大事件では，市民による理由なき有罪判決が下されるわけだが，コーヒーカップを盗んだような軽微な事件では，職業裁判官による詳細な理由が付された有罪判決が下される。これは，あまりにも不合理である。

（3）日本の裁判員制度の課題

　ひるがえって，我が国の裁判員制度を見ると，市民と職業裁判官が合議して判断する点で，基本は参審制だと言えるが，陪審的な要素も随所に見られる。そして，この陪審的な要素こそが，「裁判員制度って大丈夫なのかな」と，国民から不安に思われている問題点を生み出している原因なのである。たとえば，自分がいつ裁判員として招集されるか分からないという不安，誰だか分からない人が裁判員になってしまうかもしれないという不安，市民の参加が重大事件だけに限られ，制度がお飾りに終わってしまうかもしれないという不安，市民が法律判断に加われないため，実際には市民と裁判官が遮断され，対等な関係が失われてしまうのではないかという不安…。

　これらの国民の不安は，裁判員制を参審制に純化することにより，すべて解決できるものである。一定の資質と意欲をもった市民から裁判員を選び，軽微事件を含めたすべての刑事裁判に市民が加わり，職業裁判官とまったく同等の権限を与えられた裁判員が，いつどこの裁判所に行っても座っている裁判制度，市民と常に接する裁判官が，権威の衣を脱ぎ，市民とともによりよい解決を目指して一緒に考えていく制度…。参審制は，このような裁判制度を可能とする。

　裁判員制については，できるだけ陪審制に近づけることが望ましいという見解が強く主張されたときがあった。しかし，それらの主張は，旧来の職業裁判官不信に由来するもので，陪審制の欠点を増幅させ，最後には，裁判員制の生命線を絶つことになるものである。職業裁判官と裁判員が，お互いを尊重して協力しなければ，よりよい解決は生まれない。最近，裁判員制を陪審制に近づけようという主張が低調なのも，その点が理解されてきたからであろう。

（4）裁判員制度と情報公開

　裁判員制度については，実施が始まった現在でも，廃止論が根強い。その大きな理由は，市民の負担であるが，このような負担論は，裁判員制度を参審制度に純化することで克服されうることはすでに述べたとおりである。そして，現状では，市民が刑事裁判に参加する意義はとてつもなく大きい。国民が裁判に参加することで，裁判官は，国民の話を直接聞く機会を得る。これにより，裁判官が変わる。国民が裁判員制度の経験を実社会に持ち帰ることで，国民全

体の裁判に対する意識が高まる。これにより，国民全体も変わるのである。

　裁判員制度が導入されることで，公判前整理手続など，裁判を迅速化する手続が導入された。早くもそのよい影響が出てきていると言える。従来いわれてきた「精密司法」から，事案の核心に焦点を合わせた「核心司法」へと，司法制度が変わってきている。

　筆者は，このような「核心司法」を支えるために重要なのは，情報公開であると考えている。本来，当事者主義のもとでは，弁護人と検察官の立場は対等であるから，検察官は手元の証拠を公開する必要はない。しかし，北欧の刑事裁判では，検察官には客観義務という義務が課されており，検察官は，手持ちの証拠をすべて公開した上で，裁判に臨むことになる。このことが，公判前の整理を実質的に可能にし，たとえ短時間の集中的な審理，市民の参加する審理でも，十分な成果をもたらす。つまり，ラフ・ジャスティスではない，核心司法を実現するのは，情報公開であると言える。

　刑事司法に限らないことであるが，日本の行政・立法・司法制度は，あまりにも情報公開がなされていない。筆者には，現在の日本が抱える問題は，情報公開がなされることで解決する問題がほとんどであるとさえ言えるように思われる。専門家である裁判官と，社会一般の感覚をもった市民が協力して，無尽蔵の知恵の泉から汲み出すように相互の知恵を出し合うというコンセプトは，まさに，持続可能な発展にふさわしい考え方と言えるであろう。よりよい解決を導くため，両者の協力をいっそう進めるためには，裁判所，検察官の手持ちの情報公開を進める制度の整備を是非とも期待したい。

3. 生命の価値と刑法

（1）尊厳死

　刑法が適用される事件について考えてみるとき，典型的な例として，殺人事件を思い浮かべる人は多いであろう。でも，殺人事件に出会うことはないだろう，自分とは無縁だろう……。そう思うかもしれない。しかし，実は，そうともいいきれない。

　極限状態のケースを考えてみよう。たとえば，自分の父親が重病にかかり，

回復の見込みが全くないのに，生命維持装置のような器具をつけられ，延命措置がとられているとする。父親は，常日頃から，もし自分がそのようなことになれば，延命装置を取り外してほしい，と言っていた。しかし，そのことを記した書面もなければ録音テープもない。でも，このままでは父親がかわいそうだ……見るに見かねて，延命装置を取り外した。このとき，問題となるのは殺人罪なのである。

　このようなケースでは，尊厳死が問題となる。ここで，似たようなケースである安楽死と尊厳死を区別しておこう。安楽死とは，死期が切迫し，耐え難い苦痛に苦しむ患者の希望にもとづき，積極的にその死期を早める行為をいう。具体的には，末期がんの患者に塩化カリウム溶液を注射して死に至らしめるといった行為がそれに当たる。積極的になんらかのアクションを起こして死期を早める点に特色がある。これに対し，尊厳死とは，人工呼吸器等による治療を中止して，自然な死を迎えさせる行為である。安楽死との違いは，アクションの開始で死期を早めるではなく，治療の中止によって死期を早めること，そして，患者の死亡それ自体を目的とするのではなく，人間の尊厳の確保もまたその目的に含まれていることにある。

（2）事例：川崎協同病院事件

　ごく最近，尊厳死が問題となった事件として，川崎協同病院事件（1998年）と呼ばれる事件がある。この事件は，58歳の末期男性患者の気管チューブを，女性の主治医が取り外した事件である。気管にチューブを取り付けるというのは，治療行為としては，困難なことが多い。衛生面を維持することが困難で，細菌感染や併発症を起こすことも多い。そこで，主治医は，家族を呼び出し，患者は9分9厘脳死状態である，チューブを取り外せば楽に死ねると説明し，チューブを取り外したのであるが，実際には，患者はエビ反りになってゼーゼー苦しみ始めた。そこで，主治医はあわてて筋弛緩剤を准看護婦にもってこさせ，それを注射した。これにより，患者は死亡した，というのである。

　このような場合，主治医の刑事責任はどうなるのであろうか。確かに殺人罪に該当する行為をしているが，そこには，通常の殺人罪とは異なる事情があるようにもみえる。

（3）刑法の役割

　理論的に言えば，人を殺す行為は，刑法199条の殺人罪の構成要件に該当する。もし，病人からはっきりとした依頼があったうえで殺したのだとすれば，202条の嘱託殺人罪の構成要件に該当する。

　しかし，このような場合，殺される側の真摯な同意があれば，それを，「悪い行為」と評価することはできないのではないか。この「悪い」という評価のことを，刑法学では，違法性と呼ぶ。もし悪い行為だと評価できないのであれば，違法性が欠けることになり，刑法上，処罰できないことになる。

　たとえば，自分の家に飾っているポスターのことを考えてみよう。きれいな風景写真のポスターを貼ったのは母親だった。ヨーロッパの町並を写した風景写真で，自分も，毎日楽しく眺めていた。しかし，長い間眺めていれば，どんなすばらしい風景写真でも飽きてくる。そこで，母親に，「このポスター，はがしてもいい？」とたずねた。母親は，「ああ，このポスターも飽きたから，捨ててもいいよ」と答えた。そこで，ポスターをゴミ箱に捨てた。これは器物損壊罪になるだろうか。ポスターは母親の所有物である。しかし，このような場合，誰も器物損壊罪になるとは思わないだろう。それは，母親がポスターの廃棄について，同意しているからである。

　人の生命についても同じではないか。自分が自分の生命を放棄しようと考えているなら，それは処罰できないはずだ——基本的な理屈はそうである。刑法が自殺を処罰していないのも，自分で自分のもっている生命という利益を放棄していると考えられるからである（少なくとも，刑法学者の多くはそういう理由であると考えている）。では，自分を殺してくれと頼まれたのなら，その依頼を実行することに何の問題があるのだろうか？

　しかし，刑法は，このような行為を，「同意殺人罪」として処罰している。その理由は，生命の特殊性にある。刑法の役割は，重要な生活利益を守ることにある。身体，自由，名誉，財産等々。生命は，生活利益のリストのトップに位置するものである。だからこそ，刑法は，他人が介在してその利益を侵害しようとするときには，たとえ本人の同意があっても侵害を許さない，という価値判断をしているのである。

（4）川崎協同病院事件が問いかけるもの

そこで、再び尊厳死について考えてみよう。先に見たように、尊厳死とは、人工呼吸器等による治療を中止して、自然な死を迎えさせる行為である。このような行為が刑法上許されるとされるためには、どのような要件が必要であろうか。

先に紹介した川崎協同病院事件は、この問題を考えるきっかけを提供している。川崎協同病院事件では、一審・控訴審ともに、医師について殺人罪の成立を肯定した。筋弛緩剤を注射しているのであるから、単なる治療の中止ではない。殺人罪という評価は、妥当なものであろう。ただ、控訴審判決は、ここで問題となった尊厳死について、司法が抜本的な解決をする問題ではないとして、これを他の機関によるガイドラインの策定に期待している（実際に、厚生労働省が2007年にガイドラインを作成している）。確かに、裁判所の判断だけで、これを一律に決めるのは難しい。法解釈学だけでは判断できない、刑法学の限界領域でもある。しかし、刑法学の立場からすべて決定できないにしても、考え方の筋道は提示はできるし、また、必要でもあろう。

刑法学の立場から考えてみると、尊厳死が処罰されないとすれば、それは、第一に、違法性阻却（「犯罪のカタチ」にはあてはまるが「悪い」と評価できないこと）の問題として考えられる。違法阻却においては、法益が侵害されていないことが重要であった（ポスターの例を思い出してほしい）。そうなると、患者の同意がぜひとも必要と考えられる。患者の同意なき治療の中止は、少なくとも理論的に考える限り、正当化するのは難しいのではないか。

もし、悪い行為、違法な行為だということになると、あとは、犯罪成立の三つ目の要件、つまり、責任の問題になる。その行為自体は悪い行為だが、そういう行為に出てはならないという非難ができない（そのような行為をするとはけしからん！ということができない）、ということで、免責され、犯罪が成立しない、とする構成が考えられるのである。尊厳死の場合、おそらくは、このような非難可能性が欠ける場合が多いであろう。川崎協同事件の場合も、塩化カリウム溶液を注射したから殺人行為となってしまったのであって、家族や医師にとって精神的に非常に困難な状況が現出していたことは事実である。そのような、人間の尊厳を維持するための尊厳死（治療行為の中断）は、違法性阻

却がなされなくても，責任が阻却される余地があると考えられるであろう。

問題は，我が国の判例や実務は，こういった超法規的な責任阻却を一般的には認めていないところにある。自分には無理だったのだという抗弁を認め，責任の阻却を安易に認めると，刑事司法が軟弱化するからというのがその理由と考えられるが，今後は，実務においても，このような責任阻却についても真剣に検討すべき必要があるように思われる。

（5）「悪い行為」とは何か

さて，ここまで，尊厳死について説明してきた。そして，尊厳死が問題となるような場合には，殺人罪あるいは自殺関与罪・同意殺人罪の構成要件に該当するが，「悪い行為」とは言えない場合があり，その場合は，違法性が阻却され，無罪になることを説明した。

しかし，いままでは，この「悪い」という言葉の意味については，十分に説明してこなかった。何が悪く，何が悪くないのか。これは，違法性の本質とは何かという問題である。最後に，この，違法性の本質をどうとらえるかという問題について，簡単に説明しておきたい。

「悪い」という言葉の意味については，刑法学では，大まかに分けて，二つの考え方が主張されている。ひとつは，「他人に迷惑をかけるようなこと」を悪いと考える考え方であり，もうひとつは，「ルールを守らないこと」を悪いと考える考え方である。これは，一見すると，同じことを言っているようにも思える。ルールを守らなければ他人に迷惑をかけるだろうし，他人に迷惑をかけるような行為はルール違反だろう。しかし，よく考えてみると，ズレが生じてくる部分がある。典型的には，賭博行為（ギャンブル），性的逸脱行為（同性愛，わいせつ物頒布など），自己加害行為（SM行為，薬物の使用など）などがあげられる。これらの行為は，常識的に見て，「悪い」といわれてきた行為である。しかし，他人に迷惑をかけているかどうかという点からすれば，常に迷惑をかけるわけではないし，同性愛やSM行為などは，現在では，常識的にも「悪い」行為とは言えないだろう。

このような行為を処罰すべきなのかどうか。それは，刑法の役割を，倫理や道徳の保護と密接に関連付けるかどうかと関係している。現在，多くの刑法学

者は，原則として，刑法と倫理や道徳の保護は関連付けるべきでないと考えている。

　しかし，他人に迷惑をかけていなくても，「悪い」と思われる行為が，生命科学の急速な発展とともにあらわれてきた。たとえば，クローン技術を人間に応用することがそれである。自分のクローンをつくっておけば，たとえば，病気のときに臓器移植できるかもしれない。通常の臓器移植ならば，拒絶反応を考えなければならないが，自分とまったく同じ遺伝子をもった臓器があれば，安全に手術が可能のようにも思われる。──確かに，このようなメリットはあるが，クローン技術を人間に応用する行為について，我々は，直感的に「悪い行為だ」と判断できる。しかし，個々の利益の侵害を処罰する，という従来の刑法学の倫理の枠組みでは，このような行為を処罰する理由が見出せない。持続可能な発展のためには，単に，個々の利益の侵害を処罰するだけでなく，新たな枠組みを構築する必要が求められるのである。

4. 責任能力と少年事件

（1）刑法39条と責任能力

　理解しがたい殺人事件が起きることがある。どうしてこんな事件がおこるのだろう？　このようなとき，よく聞くのが，被告人が心神喪失・心神耗弱であった，とか，責任能力がなかった・減退していた，といった言葉である。心神喪失とは，精神障害のために，自分の行為が悪い行為であることを認識する能力（認識能力），それが違法であることがわかったときに思いとどまる能力（行動制御能力）のうち，少なくとも，1つが欠ける場合である。そして，心神耗弱とは，精神障害のために，認識能力，あるいは行動制御能力のうち，少なくとも1つが，著しく減少している場合である。ここで注意しなければならないのは，精神の病気と責任能力判断は異なる，ということである。病気の場合，たとえば統合失調症のような場合であっても責任能力が肯定される場合もあるし，逆に，一時的な精神の障害による場合（薬物の使用，飲酒など）でも責任能力が肯定されない場合もある。

　このような責任能力が欠けるとき，犯罪は成立しない。責任能力が限定的で

あるときには、刑が減軽・免除される。これは、刑法39条が根拠となっている。この条文に関しては、近時、廃止を主張する人たちが出てきている。確かに、被害にあった人から見れば、そのような主張が出てくるのも理解できる。では、なぜ刑法39条が規定されているのか、その根本から考えてみよう。

（2）刑法学上の責任概念

　犯罪成立の要件として、行為者の「責任」が必要とされる。刑法学では、これを、非難可能性（けしからんと言えること）であるとしている。責任の概念をどう考えるかは、もともと、哲学的なところからきている。人間の意思は自由なのかどうか。もし自由ならば、それに対して、なぜ悪い行為を選んだのか、ダメじゃないか、と言えることになる（意思自由論、非決定論）。この立場によれば、責任は、非難である。

　これに対し、人間の行為は決定されていて、意思の自由がないのならば（意思決定論、決定論）、なぜ悪い行為を選んだのか、と非難することはできない。むしろ、行為者がそもそも有している悪性を見つけようと考えることになる。そこでは、責任は非難でなく、負担である。

　戦前は、この意思自由論の存否に由来する責任概念について、非常に深刻な対立があった。しかし、戦後になると状況が変わった。後者の立場によると、行為者の悪性を強調するあまり、ささいな犯罪を犯した者に非常に重い刑罰を科することが可能になってしまうことが問題視されるようになった。これは、戦争中、刑罰権の行使がでたらめになりがちであったことの反省である。

　こうして、現代の日本の刑法学は、前者の考えをベースに出発した。もちろん、人間の意思は、素質や環境に制約されるから、完全に自由ではない。その点を考慮した修正を加えながら、現在の責任論は構築されてきた（また、後者の考え方から、前者の考え方を取り入れた修正説も有力に主張されている）。

　そう考えると、非難可能性がなければ、被告人は処罰できない。心神喪失の場合は、処罰できないことになる。そこで問題となるのが再犯の危険のある者について、どう取り扱うか、である。

（3）事例：大阪教育大学附属池田小学校事件

　ここで一つの事件を見てみよう。2001年6月，大阪教育大学附属池田小学校に凶器を持った男が侵入し，次々と同校の児童を殺害するという事件が起こった。児童8名が殺害され，児童13名，教諭2名が傷害を受けるという，大きな被害が発生した附属池田小学校事件である。

　被告人は被害者や社会に対する敵対的言動を繰り返し，報道でも大きく取り上げられたため，そのことを記憶している読者も多いであろう。そして，被告人には，措置入院の経験があった。そのため，心神喪失者等についてこれを医療処分するための法律の制定が議論されるようになったのである。

　この事件より前，我が国には，責任能力がないことを理由として無罪となった者について，強制的入院措置を命じる制度は存在しなかった。1995年に制定された精神保健福祉法（精神保健及び精神障害者福祉に関する法律）という法律があり，その中に，措置入院という制度は存在したが，この制度は，あくまで精神障害のために自身を傷つけ又は他人に害を及ぼすおそれがある場合に，精神保健・福祉の観点から措置入院をさせる制度であった。しかも，この制度では，その後の再犯の可能性を厳格に審査する機会がないため，現場の医師によるあいまいな判断により，再犯の危険のある者が退院してしまう危険があるということが指摘されていた。実際，通常の精神病患者とは異なる治療も必要になることから，現場での十分な対応は期待できなかったのである。そして，附属池田小学校事件の被告人には，措置入院の経験があったことから，その段階で十分な対応がなされていればこのような犯罪は防げるのではないか，ということが問題となったわけである。

（4）心神喪失者等医療観察法の制定

　そこで，2003年，心神喪失者等医療観察法（心神喪失等の状態で重大な互い行為を行った者の医療及び監察等に関する法律）が制定されるにいたった（施行は2005年）。この法律は，重大犯罪を行ったが心神喪失・心神耗弱により，刑事処分を免れた者について，一定の手続きの下で，入院等の医療措置を受けさせることを定めている法律である。

　もう少し具体的にいうと，次のような内容が定められている。重大な犯罪

（他害行為），つまり，殺人，放火，強盗，強姦，強制わいせつ，傷害を行ったが，心神喪失または心神耗弱により不起訴処分になった者，心神喪失により無罪となった者，心神耗弱を理由として刑を減軽され実刑を免れた者について，検察官の申し立てにより，裁判官および精神科医（精神保健審判員）が合議して，場合によって以下のように決定する。すなわち，対象行為を行った際の精神障害を改善し，これに伴って同様の行為を行うことなく，社会に復帰することを促進するため，この法律による医療を受けさせる必要があると認める場合には，状況により，医療を受けさせるために入院をさせるか，入院によらない医療を受けさせる旨，決定できるのである。

　こうして，責任無能力者・限定責任能力者についても，一定の場合には，強制的に医療を受けさせられることになったわけである。しかし，これは，こうした理由で犯罪行為を行った者を非難するのではなく，あくまで負担を負わせる（見方を変えれば治療という利益を与える）ものであることに注意する必要がある。

（5）少年犯罪は厳罰化で統制できるか

　責任の本質は，前に述べたように，非難可能性である。刑法には，刑事未成年についての規定も存在するが，これも，14歳未満の者には，非難可能性がないということに由来する。刑法の規定を見る限り，14歳以上の者は，刑事責任の主体となりうるが，14歳になったからといって，急に成人と同じ非難可能性があると言えるはずはない。少年，つまり，20歳未満の者の場合は，刑事未成年ではないものの，可塑性，すなわち，将来，十分に更正できる可能性が高いことを考慮する必要がある。少年法は，このような理念に基づいて制定されたものである。

　しかし，少年の凶悪事件が頻発したこともあり，それに対応するため，2000年，少年法が大きく改正された。特に重要なのは，刑事処分可能年齢の16歳から14歳への引き下げと，故意の犯罪行為により被害者を死亡させた罪の事件について，犯行時16歳以上の少年は，原則として，検察官に装置しなければならないという原則逆送制度が導入されたことである。

　現在の少年法の手続の概要は以下のようなものである。まず，14歳未満の場

合（触法少年）は，刑事未成年であるから，刑事責任を問われることはない。児童相談所に送られるのが原則である。重大事件の場合は，家庭裁判所に送られる場合もあるが，刑事処分を受けることはない。14歳以上の場合（犯罪少年）は，すべて家庭裁判所に送られる。そこで刑事処分が相当とされた場合は，検察官に送られる。また，16歳以上の場合，上述の重大事件を起こした場合には，原則として検察官に送られることになる。

このようにして，少年法は厳罰化の方向へ向かったのであるが，このような厳罰化だけで少年を犯罪から遠ざけることができるのであろうか。少年の場合，可塑性はもちろんのことであるが，果たして，刑法によるコントロールが十分に可能なのか，疑わしいところがある。刑法は，犯罪を行えば刑罰が科されるということを予告して行為者を犯罪から遠ざけるための仕組みであるが，少年の場合，このような功利的な判断を行って犯罪を行わないことを決断するかどうか，疑わしい部分がある。もちろん，厳罰が科せられることを恐れて犯罪をやめる者もいるだろうが，多数の者は，おかれた環境や周囲の状況で，犯罪に手を染めてしまった者であろう。

厳罰化はひとつの方法であり，やむをえない部分もあるが，少年事件については，少年の側の事情を常に考慮して考えることがぜひ必要である。そのことを忘れた厳罰化は，単なる権威の押し付けでしかない。ここでも重要なのは，犯罪を犯した少年がどのような環境に置かれ，どのような事情があったのか，その情報を知ることである。

（6）被害者の刑事裁判への参加

また，もうひとつ重要な問題として，刑事裁判への被害者参加がある。この制度は，2008年12月から施行されている犯罪被害者等権利利益保護法（犯罪被害者等の権利利益の保護を図るための刑事訴訟法等の一部を改正する法律）により導入されたものである。この制度は，一定の犯罪の被害者等が検察官に参加の申出をして，裁判所の許可を得ると，被害者参加人として，検察官とコミュニケーションをとりつつ，以下の形態での参加ができるとするものである。すなわち，①公判期日への出席，②情状に関する証人への尋問，③被告人質問，④事実または法律の適用に関する意見陳述，である。この制度については，公

的な刑事裁判に私的な復讐心を持ち込むことになるという批判があるほか、被告人が被害者に暴言を吐いて証人威迫罪に問われるなど、さらに禍根を生じさせる危険もありうる。

（7）持続可能な発展と犯罪者の処遇

　持続可能な発展のためには、犯罪者と一般市民というふうにカテゴライズして、これをまったく別個のものとして取り扱うのは望ましいことではないであろう。確かに、通常の場合、市民は犯罪者とはならない。しかし、たとえば、責任能力が欠けることによる犯罪や、少年事件は、誰もがその加害者になる可能性を潜在的にもっているということができる。このような事件を考えるとき、犯罪者を社会の「敵」として、自分たちとはまったく違う存在としてレッテル貼りし、排除してゆくという方針——このような考え方を、ドイツでは、「敵味方刑法」と呼び、警戒してとらえている——は、持続可能な開発にとって、必ずしも望ましいものではないであろう。社会に存在しているものを受け入れ、よりよい形で取り込み、発展させていく、というのが持続可能な開発のコンセプトのひとつであるとするならば、犯罪者の処遇についても、このようなコンセプトから、新たな検討が必要であるように思われる。

（松澤　伸）

第3章
CSR 経営

　周知の通り，CSRは未だグローバルに共有される確立された定義はないが，「企業」と「社会」の持続的発展（Sustainable Development=SD）を意味していることは受け入れられている。問題は米国においてはFriedmanに代表される企業の目的は企業の所有者である株主へのリターンを重視した利益の最大化にあるとする主張とFreemanに代表されるステークホルダー理論の対立が21世紀初頭の現在，なお未解決の状況にあるということである。日本においては企業の目的は利益の最大化にあるとする思想，主張は稀有であり，むしろ株主を軽視してきた「運命共同体経営」の文化であり，バブル経済崩壊後の反省から株主も重要なステークホルダーとして受け入れ，CSR経営の取り組みを通じて経営の品質を高めている。本章では日本企業のCSR経営取り組みを経営理念とCSR経営の背景にある日本の文化の視点から考察する。

1. CSR 経営の歩み

　2003年は「日本におけるCSR元年」と称される通り*，21世紀初頭，多くの日本企業がCSR経営に取り組んでいる。

　　*公益社団法人経済同友会「日本企業のCSR：現状と課題」2004年1月，社団法人日本経済団体連合会も次のように述べている。CSRを推進するための体制・制度は，「CSR元年」と位置づけられている2003年以降，導入が進んでおり，2005年前後（2004年〜2006年）が導入のピークとなっている。2007年以降は，「体制・制度の導入」から，「取り組み内容の充実化」に，CSR活動の重点がシフトしていると思われる。（出所：CSR（企業の社会的責任）に関するアンケート調査結果，2009年9月15日（社団法人日本経済団体連合会）

　「企業」と「社会」の関係についての議論は米国においては1890年代，「地域貢献，寄付行為など企業が社会に対して果たすべき社会貢献活動」に始まるが，"Social Responsibility" という用語は1920年代，シェルドンが著書，*The Philosophy of Management**でその必要性を論じたのが最初と言われている。

＊ Sheldon, O. (1924) *The Philosophy of Management*, Sir Issac Pitmanand sons Ltd.（田中義範訳『経営管理の哲学』未来社，1974年）

　その後ハーバード大学「校友会」（卒業生の集い）で第二次世界大戦後の戦後社会における企業の社会的責任論が彷彿。この会合（1949年）が契機となって，それ以降，CSR 概念の議論が活発化していった。傍ら，フリードマン，ハイエクをはじめとする市場の自由を重視する研究者は慈善寄付行為としてのCSR は「株主利益の最大化」に反するものとして社会的責任について消極的姿勢を貫いていた（水尾・田中，2004）。

　米国ではまた，1970年代，企業不祥事が続発，企業の海外進出に伴う贈収賄などに対する世論の高まりから，企業倫理の議論が活発化，企業倫理の概念が重視されるようになった。米国経営倫理学会，Society for Business Ethics, が創設されたのも1980年でそうした背景がある。

　日本における CSR 議論はハーバード大学「校友会」で議論された企業の社会的責任を山城　章が日本に紹介したのが始まりである。このことが契機となり，1956年には経済同友会で「経営者の社会的責任の自覚と実践」が提起された（水尾・田中，2004）。

　経団連においても，企業の社会的責任は重要な課題として取り上げられ，たとえば1973（昭和48）年5月28日に開催された経団連第34回定時総会決議では「福祉社会を支える経済とわれわれの責務」をテーマとする総会が開かれ，また1976年2月23日に開催された座談会（司会は経団連副会長・企業の社会性部会委員長・新日本製鉄会長（いずれも当時）の稲山嘉寛氏）でも，「一体われわれ企業のあり方というものを自由主義経済の上においてどう考えるのか，という問題を中心に企業の社会性，責任というものをみんなで考えてみようではないかと問題提起があり，議論されている＊。また，1960年代の公害問題，1970年代第一次石油ショック，次いで1990年代から21世紀はじめにかけて続発した銀行・証券業界をはじめ，多くの企業による総会屋等反社会的勢力団体との癒着，保険金不当不払い，加えて長年にわたって慣行となっている建設土木業界の談合等企業不祥事が続発し，企業の社会的責任が厳しく問われた。加えて，日本企業のグローバルな事業展開がある。さらに強調しておきたい最も重要な契機として，1990年代初めの日本におけるバブル経済の崩壊である。バル

ブ経済を生んだ日本企業の取り組みは経営の質,利益の質を軽視し,只管(ひたすら),事業規模拡大を最優先して取り組んできた経営,"The bigger, the better"であった。

＊「企業と社会の新しい関係の確立を求めて」経団連座談会,語る人々(敬称略) 稲山嘉寛,キッコーマン醤油社長 茂木佐平治,花王石鹸社長 丸田芳郎,味の素波長 渡辺文蔵,エッソ・スタンダード石油社長 八城政基,西武百貨店社長 堤清二,日本興行銀行頭取 池浦喜三郎,1976年2月23日。

バルブ経済崩壊で多くの企業は存亡の危機に立たされ,金融業界は大量の不良債権を抱え,予想を超えた企業の合併,業界再編が進み,多くの日本企業は再び米国型企業経営から学ぶ姿勢を示し,1990年代後半,コンプライアンス(法令遵守)の有り様を受容し,企業行動憲章の制定に取り組んだ。1990年代半ばの日本企業の状況を在日米国商工会議所は次のように言っている。

THOSE MISSING CODES OF ETHICS

Many American business people assume that top-class Japanese companies like SONY, Mitsubishi Corp. and Toyota must have codes similar to their own, but instances are rare. By David C. Hulme

(The Journal October 1996, U. S. Chamber of Commerce in Japan)

傍ら,健全な企業経営を担保するコーポレート・ガバナンス概念,具体的には情報開示,経営の透明性,説明責任,外部者視点の意義を学び,日本企業の伝統的経営文化であった株主総会集中日に象徴される株主軽視の「運命共同体経営」から株主を含む「ステークホルダー経営」に取り組んだのが1990年代後半から21世紀初頭にかけてである。

重要なステップの一つとして1997年7月にサンフランシスコで開催された日米財界人会議がある。 同会議ではコーポレート・ガバナンスが主要テーマで,日本企業の経営者の多くははじめてコーポレート・ガバナンスの概念を学んだ。その中で特徴的な課題の一つとして取締役会の役割と規模の問題があった。日本企業の取締役会規模は30〜40名,企業によっては60名を超える規模であった。たとえば日本を代表する企業の事例として1997年時点での取締役数は東京三菱銀行：71名,トヨタ自動車：61名,鹿島：60名,三菱商事：51名,伊藤忠商

事：51名である。

　ニューヨーク証券取引所に上場している米国企業の場合，取締役数は平均13名でその内，11名が社外取締役である。たとえば1994年時点でIBMは取締役数11名で社外：10名，社内取締役数：1名，J&Jは総数：15名，社外：12名，社内：3名の構成であった。

　米国側の日本企業に対する質問の一つに，「40～50名の大きな規模の取締役会でどのように議論がなされ，意思決定が行われるのか」があった。そうしたことを契機に，1997年，ソニーによる取締役数の大幅な削減と執行役員制度の採用をはじめ，取締役会改革が実施され，株主を含むステークホルダーに対する情報開示，説明責任等企業の責任に覚醒し，多くの日本企業は取締役会改革，監査の有り様に取り組んできた。

　コーポレート・ガバナンス概念は1932年にA. A. Berle, Jr.とG. C. Meansの二人が共著，*The Modern Corporation and Private Property*（北島忠男訳『近代株式会社と私有財産』，現代経済学名著撰集V，文雅堂銀行研究社，1974年）で言及している通り，根幹の問題は企業の所有者である株主・投資家と経営の受託者である企業経営者間の情報の非対称性，"Asymmetric Information"にある。企業の所有者に対する受託者の第一の責任は情報開示，経営の透明性，説明責任である。株主総会集中日，開催時間に象徴される通り，そうした経営の透明性，説明責任を重視する企業経営のあるべき姿は「運命共同体」＝「お家の永続性」を重視してきた日本企業の伝統的経営文化とは対極にある概念であった。これを喩えて言うと「極熱の火を以て極寒の水に接するが如く……」である（福沢諭吉『文明論之概略』岩波文庫，1996年）。

　企業経営における法令順守"Compliance"，経営の透明性"Accountable Transparency"，独立性を前提とする 社外取締役，社外監査役をはじめ企業経営における規律と緊張は当然のことながら，株主・投資家を含むすべてのステークホルダーに対する経営責任である。1997年，ソニーの取締役会改革に始まる日本企業の経営改革は2003年の商法改正の契機となり，コンプライアンス，コーポレート・ガバナンス受容を基盤において，日本企業はCSR経営に取り組み始め，冒頭に述べた通り，2003年が「日本におけるCSR元年」と位置づ

表4-3-1 報告書発行の推移

コマツ

1994年	環境報告書（初版）発行
1997年	環境報告書（第2版）
2000～2003年	環境報告書
2004～2010年	環境社会報告書
2011～	CSR・環境報告書

ブリヂストン

2000～2003年	環境報告書発行開始
2004～2008年	社会環境報告書
2009～	CSRレポート

日立製作所

2000～2002年	環境報告書（日立グループの環境保全に対する考え方と活動の報告書）
2003～2004年	環境経営報告書（環境報告書の内容に，より経営的な視点を加えた報告書）
2005～2010年	CSR報告書（環境経営報告書の内容にCSRの活動を加えた報告書）
2011年～	サステナビリテイ レポート

けされた。企業の社会に対する責任として，多くの日本企業は環境問題に取り組み，1990年代後半から「環境報告書」の発行を始めたが，近年は「CSRレポート」あるいは「サステナビリテイ レポート」に主眼を置いて年次報告書を発行している。事例としてコマツ，ブリヂストン，日立製作所の報告書発行推移を紹介しておきたいと思う。

なお，各社とも報告書は日本語，英語で発行している。

2. CSR経営——理念経営

CSR経営は「品質経営」であると言える。伝統的な日本的経営は主従関係を根幹においた「お家の永続性」希求を経営の根幹におき，傍ら，石田梅岩の「石門心学」に代表される商人道「先モ立チ」，「我モ立チ」にある通り，顧客を重視する経営文化であった。コーポレート・ガバナンス概念を受容し，CSR＝企業の社会に対する責任を認識した経営に取り組むことで，多くの日本企業は「脱伝統的日本型経営文化」に取り組んでいる。こうした日本企業のCSR経営取組みは企業経営に良き緊張感と規律を生み，経営の品質を高めていることが考察されるが，本節ではCSR経営を社会的使命を根幹においた「理念経営」（Mission-driven Management）に焦点を当てて考察する。

CSR経営を担保する経営要素として私は次の5つの"C"と1つの"D"を挙げておきたいと思う

① Business Creed（信条，使命，経営理念））
② CEO (Chief Executive Officer)（最高経営責任者の資質，役割，責任）
③ Compliance/Code of Conduct（倫理・法令遵守，企業行動憲章）
④ Corporate Governance（コーポレート・ガバナンス）
⑤ Corporate Culture（企業文化）

傍ら，人と同様に組織も染まることから Industry's Culture and Business Practice，業界風土，業界における取引慣行の重要性を挙げておきたいと思う。

1つの"D"とは企業それぞれがもつ固有のDNA＝伝統的遺伝子を継承しつつ，他社，他業界，さらには他民族が有する異文化，異文明の長所＝遺伝子，DNA，を学び，2つのDNAを接木することを通じて経営の進化に取り組むことで企業の社会に対する責任を果たし，傍ら企業の存続，持続的発展を実現することである。

上記に挙げた5つの"C"の中でCSR経営の根幹である企業の使命，経営理念に焦点を当てて考察して見たいと思う。

私は経営理念を次の8つの視点から定義している。

- 経営理念は経営の根幹，企業存続の原動力である。
- 経営理念は創業者，経営者の理想，使命感，信念の表明であり，内外に公表される。
- 経営理念は歴史を通じて継承され，企業経営の根幹として経営の指針となり，決断と行動の価値基準である。
- 経営理念は企業の中核的価値観の表明であり，利害関係者の共感，"Sympathy"のもとに共有され，経営者・従業員の誇り，精神的バックボーンとなる。
- 経営理念は企業のアイデンティティ，"Identity"の源泉であり，企業風土・企業文化として醸成される。
- 経営理念は譲れないもの，妥協し得ないものである。
- 経営理念は事業領域を確定する
- 経営理念は歴史を通じて継承される傍ら，歴史と時代の変化，企業と社会の関係を反映し，「進化」するが，そこには安易な妥協があってはな

らない。

(西藤輝ほか『日本型ハイブリッド経営』中央経済社, 2010年)

　日本企業に考察される経営理念は武家, 商家の家訓を継承している。

　武家, 商家における家是・家訓・家憲は歴史の変化を通じて店是, 店訓, 店則, 社是, 社訓に継承されてきた。現代の日本企業においては経営理念, 企業理念, 基本理念あるいは MVV (Mission, Vision, Values) に継承され, 企業経営の根幹となっている。企業の社会的責任は概念としては冒頭に述べた通り, シェルドンが著書の中で Social Responsibility, 社会的責任, という用語を用いて1920年代にその必要性を論じたのが最初と言われているが文化の視点からは江戸時代に遡って考察することが出来る。

　たとえば住友第二代の総理事である伊庭貞剛は「住友の事業は営利事業だから, 営利を図ることに極力努めねばならない。しかし, それは国家公益にもとらぬよう, 省みてはずかしくないようにしたい」ということであった。これが住友に伝統的に生きている「自利利他公私一如」の事業精神にもつながり, 貞剛はそうした心情を貫き通したのである。(住友商事編『住友の歴史から』1979年)

　また, 日本における長い封建制度の歴史を通じて醸成された報国思想がある。パナソニック (旧松下電器産業) は掲げる遵法すべき精神の中で, まず最初に「産業報国は当社綱領に示す処にして我等産業人たるものは本精神を第一義とせざるべからず」とし, トヨタ自動車は創業精神である豊田綱領の中で次のように言う。「上下一致, 至誠業務に服し, 産業報国の実を挙ぐべし」。

　パナソニックの創業者, 松下幸之助は次のように言う。

　　私は60年にわたって事業経営にたずさわってきた。そして, その体験を通じて感じるのは経営理念というものの大切さである。いいかえれば, "この会社は何のために存在しているのか。この経営をどういう目的で, またどのようなやり方で行っていくのか" という点について, しっかりとした基本の考えを持つということである。事業経営においては, 例えば技術力も大事, 販売力も大事, 資金力も大事, また人も大事といったように大切なものは個々にはいろいろあるが, 一番根本になるのは, 正しい経営理念である。それが根底にあってこそ, 人も技術も資金もはじめて真に生かされてくるし, また一面それらはそうした正しい経営理念のあるところ

から生まれてきやすいともいえる。
（松下幸之助「まず経営理念を確立すること」『実践経営哲学』PHP 研究所，1978年）

いま一つ良き事例を紹介しておきたいと思う。
植村光雄氏はつぎのように言う。

> 住友の事業の歴史は17世紀の初めに，家祖・住友政友が僧籍を離れ，京都で書林と薬舗を開いたのに始まります。その後今日まで，長い歴史の流れの中で，幾多の苦難に遭いながらも，これを克服し，現在にみる日本の代表的な企業グループに発展してきました。この発展を支えた要素はいろいろありましょうが，なんといっても，その中心は，政友が説いた"事業の心得"（旨意書）を，住友に働く人々が何代にもわたり，固く守って事業を進めてきたことにあるといえましょう。住友各社の「営業の要旨」に見られる"信用""確実""浮利を追わない"といった内容は，実はこの旨意書が原典となっています。
> （植村光雄「発刊に寄せて」『住友の歴史から』住友商事（株）広報室，1979年）

CSR 経営取組みにおいて企業は上述した経営理念を根幹においている。いくつかの事例を紹介しておきたいと思う。

① 住友商事

> 当社グループにとって CSR とは，人間尊重を基本とし，信用を重んじ確実を旨とする経営姿勢を堅持し，目指すべき企業像に向かって，責任ある事業活動を推進し，企業使命を遂行することであり，それはすなわち，事業活動と社会的貢献活動を通じて経営理念を具体的な形にしていくことにほかなりません。企業の立場から社会的課題の解決に向けて取り組み，持続可能な社会を実現することによって，すべてのステークホルダーの豊かさと夢を実現することが当社グループの社会的使命であり，CSR の基本であると考えています。
> （住友商事『社会と環境に関するレポート――CSR・サステナビリティ報告書―』2011年）

② 日立製作所

> CSR はグローバル経営の基礎であり，経営そのものだと考えています。今日，世界には気候変動や生態系破壊をはじめとする環境問題，エネルギーの枯渇，人権

問題など，さまざまな問題があります。私は，日立の企業理念に則して，こうした地球社会の基本問題を解決するためには，パートナーと共に10年，20年先まで受け継がれる価値を創りあげることが重要であると考えています。社会的価値と経済的価値を同時に創造し，CSRを経営そのものとして実践することで，持続可能な社会の実現に貢献していきます。世界で一番頼りになる企業，これが私たちのめざす姿です。
（「日立グループ サステナビリティレポート」2011年，株式会社日立製作所）

③ キヤノン

キヤノンは創立51年目にあたる1988年，「共生」を企業理念とし，世界中のステークホルダーの皆様とともに歩んでいく姿勢を明確にしました。共生とは，文化，習慣，言語，民族などの違いを問わずに，すべての人類が末永く共に生き，共に働いて幸せに暮らしていける社会をめざすものです。キヤノンは，世界の繁栄と人類の幸福に貢献するためにサステナビリティを追求していきます。
（Canon Sustainability Report 2011）

④ トヨタ自動車

トヨタは創業以来，時代をリードする革新的かつ高品質な製品とサービスの提供により，社会の持続可能な発展に努めてきました。その基本は「トヨタ基本理念」とCSR方針「社会・地球の持続可能な発展への貢献」にあります。CSR方針は「トヨタ基本理念」をステークホルダーとの関係を念頭においてまとめたもので，これをすべての従業員が共有・実践し，社会に愛され，信頼される企業を目指します。　（Sustainability Report 2011, TOYOTA MOTOR CORPORATION）

⑤ いま一つ，良き企業事例を紹介しておきたいと思う。それは世界のタイヤ市場で最大のシェアを占める（世界シェア，16.2%，2009年）ブリヂストンのCSR経営取組みである。

「CSRは経営そのもの，企業活動そのものである」「CSR活動全般のレベルを上げていくことが，企業の実力を高め，企業経営の『あるべき姿』に近づくことにつながる」と考えています。CSRを理念や価値観としての位置づけに単に留めるこ

> となく，事業活動や日々の業務の中で実践していきます。(中略) グローバルに軸がぶれない CSR 活動を推進するために，グループでの"共通言語"として CSR「22の課題」を定めました。(中略) 尚，ブリヂストンにおける CSR 活動の推進体制で，社長を委員長とする CSR 推進総合委員会にてグループ全体の CSR 経営取り組みの基本的な考え方を決定し，課題ごとに推進責任を負うグループ共通のプラットフォームである GMP (Global Management Platform) が基礎的な方向性を打ち出しています。それを基に事業活動を推進する各戦略的事業ユニット SBU (Strategic Business Unit) にて個々の国，地域の社会的要請に応じた活動を加えて取り組んでいます。(中略)
> (CSR レポート2010 Corporate Social Responsibility Report，株式会社ブリヂストン)

　CSR (Corporate Social Responsibility) 概念の中核的視点は先にも述べた通り，「企業」と「社会」の相互の関係である。「社会」とはステークホルダーを意味しており，ステークホルダーの満足を実現することは結果としてステークホルダーの企業に対する Loyalty を生む。ステークホルダーは具体的には，

　　① お客様
　　② 従業員
　　③ 取引先(サプライヤー，販売店等)
　　④ 株主等投資家
　　⑤ 地域社会・グローバル社会
　　⑥ 事業活動，研究開発・技術を通じて環境，資源を守る責任
　　⑦ 加えて，未来を担う次世代への責任である。

　CSR 経営は Global Compact，ISO26000に象徴される通り，グローバルに共通する経営課題であり，IMD は毎年，世界各国の取り組み状況をランクづけして発表している。
　上記データから読み取れる通り，日本企業の CSR 経営取り組みは2009年以降，世界のトップグループに入っている。
　NEWSWEEK 日本語版は，先進国23カ国をカバーする世界的な株価指数 MSCI ワールド・インデックスを構成する約1900社を対象に，CSR を評価したランキングを発表している。

表4-3-2　世界各国の取り組みランキング

1997	2000	2002	2006	2009	2010	2011
1 Norway	1 Denmark	1 Denmark	1 Denmark	1 Denmark	1 Denmark	1 Denmark
2 Austria	2 Austria	2 Finland	2 Austria	2 Norway	2 Malaysia	2 Norway
3 Denmark	3 Finland	3 Sweden	3 Norway	3 Finland	3 Norway	3 Sweden
19 U.S.A	15 U.S.A	10 Germany	14 Japan	9 Japan	4 Japan	5 Japan
25 Japan	19 Germany	11 U.S.A	29 Germany	25 U.K	24 Germany	16 Germany
26 Germany	26 U.K	25 U.K	32 U.S.A	26 Germany	28 U.S.A	28 U.S.A
33 U.K	27 Japan	32 Japan	36 U.K	38 U.S.A	38 U.K	38 U.K
46 Russia	47 Russia	49 Poland	61 Russia	55 Russia	58 Russia	59 Russia
(46 countries)	(47)	(49)	(61)	(57)	(58)	(59)

出典：IMD World Competitiveness Yearbook, Switzerland.

表4-3-3　総合得点ランク

1	日本	86社	6	ドイツ	19社
2	英国	65社	7	オランダ	16社
3	米国	29社	8	スエーデン	15社
4	フランス	25社	9	スペイン	11社
5	スイス	21社	10	オーストラリア	11社

出典：NEWSWEEK 2008.2.13.

評価は「企業倫理」「地域社会」「企業統治」「顧客」「従業員」「環境」「調達先」の7分野の評価を合わせた総合得点でランクされている。

3. 日本企業のCSR経営——日本文化の視点からの考案

日本企業におけるCSR経営取り組みは引き続き様々な課題を抱えているが，上記2つのデータ並びに企業が発行するCSRレポート等で考察される通り，21世紀初頭の現代，CSR経営では先進企業として歩んでいる。日本企業のCSR経営を文化＝文化力の視点から考察してみたいと思う。

徳川時代末期，佐久間象山（1811～1864）は未来の日本の理想を掲げて次のように言っている。「東洋の道徳と西洋の芸術を接木すること」である。東洋の道徳とは武士道であり，西洋の芸術とは日本人に欠けていた科学的合理的精神である（佐久間象山（1934）『省諐録』「象山全集」巻1，信濃毎日新聞）。

佐久間象山の至言は当時の日本の多くのリーダー達に共感され，日本の近代化への道が始まった。まさに伝統的遺伝子と異文化遺伝子を接木する文化の力である。

日本人が継承してきたこうした文化は石田梅岩に代表される商人道，さらには商人道に大きな影響を与えた武士道に求めることが出来るが，そのいずれも聖徳太子の精神と太子が制定した冠位十二階と604年に制定された十七条憲法にその源流を求めることが出来る。

本節ではCSR経営＝ステークホルダー経営を十七条憲法第一条に掲げられている「和」に焦点を当てて考察してみたいと思う。

私は「和」をこれまで"Harmnony"と英訳していたが，平松毅氏は"Solidarity"あるいは"Cooperation"と英訳している。適切な英語表現である。私の米国の友人の表現を借りれば，The compassion and unity of the Japanese people is indeed a lesson for the world となる。

平松毅氏はさらに次のように問いかける（The Seventeen-Article Constitution of Shotoku Taisi 604. AD）。

> "Wa" is that we can not find a corresponding idea in Buddhims or in Confucianismus. Therefore, it was not something imported from China or India. It is another mystery of Discern where he had come up with such an idea.

フライブルグ大学の宗教史講座の研究者として長年仏教学の研究に取り組んでいるウド・ヤンソン博士はつぎのように言う。

> 「和」の思想はキリスト教道徳においても，基本的な思想であり，その普遍的意義は共同体における連帯の思想であり，「十七条憲法」の普遍的な意義も「和」の精神にある。
>
> 問題は西欧社会においては常に拡大され，好まれている個人主義である。西欧における個人主義の視点からすれば，遠い東洋における1400年前の文章は心を揺さぶる。ましてや宗教的及び道徳的な基礎をもたないところでは尚更のことである。
>
> 仏教の徳と慈悲は，人間相互の交流のための規範であるだけでなく，それ以上に社会の共同生活のための指針でもある。これが行われるならば，人間理性は自ずから実現される。そのための保障が，鍵概念である「和」である。（中略）

(Dr.Udo Janson, "Hat das "Wa" in der heutigen Zeit ?". 平松毅訳「十七条憲法の普遍的意義」)

ウド・ヤンソンが指摘する通り，私のドイツ，米国における研究仲間も異口同音，ドイツ，米国社会に蔓延する利己主義を嘆いてつぎのように言う。
　"Ich zuerst Kultur"（ドイツ社会）
　"Me first culture"（米国社会）。
　"Greed is good" culture, "Winner take all" philosophy に象徴される経営者の高額報酬と傍ら10％前後で推移する失業率が生む格差社会に象徴される米国社会の現実である。
　聖徳太子が第一条で掲げた「和」の文化は和辻哲郎が言う「人間」にも一致する。英語で表現される "human being" は中国語では「人」と表現されているが，日本語では「人間」である。和辻哲郎は「人は人間関係においてのみ初めて人であり，人間を『間柄』"Betweenness" と説く（和辻哲郎『人間存在の倫理学』燈影舎，2000年）。
　いま一つ，日本企業における CSR ＝「企業」と「社会」の関係を文化の視点から，"Naivity" を挙げたいと思う。日本人は古代から培われてきた「心情の純粋性を標榜した清明心」の伝統を受け継いでいる。善悪は心に一物をもたくわえぬ時におのずから明らかになる，追求すべきは依然として心情の純粋性であった（相良亨『誠実と日本人』ぺりかん社，1998年）。
　東洋の島国で異文化，異文明との接触が稀有であった日本の長い歴史を背景に培われた純粋性は1636年に発布された「鎖国令」に始まる200余年に及ぶ鎖国を通じて一層純粋性を増している。民主主義，資本主義を生んだ欧米社会では「個」が尊重され，マックス・ウエーバーが著書『プロテスタンティズムの倫理と資本主義の精神』で主張している通り，特に英米社会では倫理においても功利主義が蔓延したが，純粋培養の日本社会ではたとえば岡倉覚三は著書『茶の本』で次のように言う。「ひそかに善を行って偶然にこれが現われることが何よりの愉快である」というところに茶道の真髄がある。
　「十七条憲法・第十五条　私に背いて公に向かえよ」。「背私向公」に源流が求められる私欲を断つ滅私奉公も日本の文化の重要な側面である．「背私向公」

は武士道では主君に対する忠誠心に継承されているが，バブル経済崩壊以前における日本企業社会における忠誠心＝愛社精神には企業不祥事の背景にある愛社精神の「負」を内在していたと言える。日本の文化に見る愛社精神は心情倫理における「盲目的愛社精神」＝ Blind Loyalty の文化であり，コンプライアンス，コーポレート・ガバナンスを基盤においてCSR経営に取り組むことを通じて愛社精神は社会的責任を認識したResponsible Loyaltyに進化が認められる。

武士道の主要徳目の一つは宮本武蔵の言う「朝鍛夕練」で兵法の道として掲げられ（『五倫書』岩波書店，1991年），パナソニックは「私たちの遵奉すべき精神」の中で，「力闘向上の精神」で継承している。

傍ら，資源に恵まれないことが大きな背景にある「勤勉」「質素」「倹約」の文化は電気自動車，ハイブリッド・カーに象徴される省資源，環境保全の技術を生んでいる。

傍ら上述した通り，佐久間象山の言う日本人に欠ける文明＝「科学的合理的精神」は西欧社会から受容し，文化と文明を接木することが日本の近代化の原動力となっており，そのことは21世紀初頭，日本企業が取り組んでいるCSR経営にも当て嵌まる。

CSR経営の今ひとつ重要な視点は存続 "Survival"，持続的発展 "Sustainable Development" である。歴史を通じて企業は様々な変化と危機に直面する。企業はそうした変化と危機にチャレンジし，存続することにより企業の使命，社会に対する責任を果たすことが出来る。傍ら，企業が常に直面する変化と危機が企業を鍛え，そのことが企業の存続，持続的成長の原動力となっている。

Financial Times は Responsible companies'first duty is survival,「企業の第一の責任は生き残りにある」とする特集記事を掲載しているが（July 13, 2010)，企業の社会的責任が第一に「存続」にあるする視点で日・英の視点が一致する。

むすびとして日本企業のCSR経営の今後の課題を挙げておきたいと思う。

課題
(1) 株式非上場企業によるCSR経営取組みの事例は少なく，CSR経営の実践は経

営の品質を高める意義を理解し,非上場企業によるCSR経営取組みに浸透と普及
(2) 非正規雇用の問題
　21世紀初頭の現在,日本における非正規雇用は3人に1人の割合である。女性のみを対象とすると2人に1人が非正規雇用の現実である。政治,行政と企業社会が一体となって取り組む重要な社会的課題である。

引用・参考文献

Abegglen, J. C. (1984) *The Japanese Factory*, Ayer Company, Publishers, Inc.（山岡洋一訳（2004）『日本の経営』日本経済新聞社）

Abegglen, J. C. (2004) *21st Century Japanese Management*, Nihon Keizai Shimbun, Inc.（山岡洋一訳（2005）『新・日本の経営』日本経済新聞社）

Andre Comte-Sponville (2004) LE CAPITALISME EST-IL MORAL ? Editions Albin Michel（小須田健／C・カンタン訳（2006）『資本主義に徳はあるか』紀伊國屋書店）

Berle, A. A. & Means, G. C (2004) *The Modern Corporation & Private Property*（北島忠男訳（1974）『近代株式会社と私有財産』文雅堂銀行研究社）

Collins, J. C. and Porras, J. I (1997) *Built to Last*, Harper Business, A Division of Harper Collins Publishers Inc.（山岡洋一訳『ビジョナリーカンパニー』日経BPマーケティング,2010年）

Collins, J. C (2001) *Good to Great*, HarperBusiness, HarperCollins Publishers Inc. New York（山岡洋一訳（2001）『ビジョナリーカンパニー②　飛躍の法則』日経BP社）

Freeman, R. E, Harrison, J. S, Wicks, A. C. (2007) *Managing for Stakeholders*, Yale University Press.

Freeman, R. E, Harrison, J. S, Wicks, A. C., Parmar, B. L., Simone De Colle (2010) *Stakeholder Theory*, Cambridge University Press.

Handy, C. (2002) *What's a Business For ?* Harvard Business Review, December, 2002.

Ikegami, E. (1995) *THE TAMING of the SAMURAI*, Harvard University Press.（森本醇訳（2003）『名誉と順応』NTT出版）

Kennedy, A. R. (2000) *The End of Shareholder Values*（奥村宏監訳,酒井泰介訳（2002）『株主資本主義の誤算』ダイヤモンド社）

Landes, D. S. (1999) *The Wealth and Poverty of Nations: Why some are so rich and some so poor*, W. W. Norton & Company, Inc.

Nitobe, I. (1969) *Bushido: The Soul of Japan*, Charles E. Tuttle Company.（矢内原忠雄訳（1999）『武士道』岩波文庫）

Okakura, K. (1997) *The Book of Tea*, Charles E. Tuttle Company.（村岡博訳（1997）『茶の本』岩波書店）

Reich, R. B. (2007) *Supercapitalism*, Vintage Books, A Division of Random House, Inc.（雨宮寛・今井章子訳（2008）『暴走する資本主義』東洋経済新報社）

Robert A. G. Monks, R. A. G. & Nell Minow, N. (1995) *Corporate Governance*, Blackwell

Publishers Limited.（ビジネスブレイン太田昭和訳（1999）『コーポレート・ガバナンス』生産性出版）
Stark, R. (2005) *The Victory of Reason*, Random House.
Watsuji, T. (1996) *Watsuji Tetsuro's Rinrigaku: Ethics in Japan*, Translated by Yamamoto Seisaku and Robert E. Carter, State University of New York Press.
梅原猛（1997）『聖徳太子』1〜4，集英社文庫。
海外事業活動関連協議会（CBCC）（2010）『グローバル経営時代のCSR報告書　日本経団連出版。
川勝平太（2006）『文化力――日本の底力』株式会社ウエッジ。
社団法人経済同友会（2003）『「市場の進化」と社会的責任経営』
佐伯定胤（1943）『聖徳太子の憲法』朝日新聞社。
西藤輝他（2010）『日本型ハイブリッド経営』中央経済社。
相良亨（1998）『誠実と日本人』ぺりかん社。
相良亨編著（1979）『東洋倫理思想史』北樹出版。
相良亨（2004）『武士の思想』ぺりかん社。
佐久間象山（1934）『省諐録』「象山全集」巻1，信濃毎日新聞
佐藤全弘（2001）『日本のこころと『武士道』教文館。
渋澤栄一（2001）『論語と算盤』国書刊行会。
髙巌ほか（2004）『企業の社会的責任』日本規格協会。
瀧藤尊教（2004）『聖徳太子の信仰と思想』善本社。
竹中靖一（1998）『石門心学の経済思想』ミネルヴァ書房。
田中宏司（2005）『コンプライアンス経営』生産性出版。
谷本寛治編著（2009）『CSR経営』中央経済社。
谷本寛治（2007）『「CSR」企業と社会を考える』NTT出版。
土屋喬雄（1959）『日本の経営者精神』経済往来社。
土屋喬雄（2002）『日本経営理念史』麗澤大学出版会。
宮本又次・作道洋太郎責任編集（1980）「日本人の経営理念」『季刊　日本思想史』No. 14, ぺりかん社。
水尾順一・田中宏司編著（2004）『CSRマネジメント』生産性出版。
和辻哲郎（2000）『人間存在の倫理学』燈影舎。

（西藤　輝）

第4章
持続可能なツーリズム社会の到来を目指して
――観光の「公益化」とそれを支える地域「民力」の可能性

> ESDの理論的，実証的研究をめざす本書にとって，生活の楽しみや充実のための環境にやさしい「観光の持続可能性」の追求も大切な課題である。ここでは，一つの研究事例として観光地として再生・復活を果たした三島市を典型的事例として取り上げる。「NPOグラウンドワーク三島」が今日までに実践してきた成果を正当に評価することが本稿の課題である。

1. 問題意識

　21世紀は観光の世紀であるという認識が共有されつつある今日，自由に観光旅行ができ，楽しみを享受できる理想社会を実現することが望まれる。筆者は，「持続可能なツーリズム社会」の実現の条件を検討することを目指してきた（小坂，2007；2009；2010）。グローバリゼーションの進展はこうしたツーリズム社会をどのように実現し，維持するかを緊急の課題とし始めた。それでは，今なぜツーリズム社会の持続可能性が問われるのだろうか。グローバル・エスノスケープ（アパデュライ，2004）という言葉に象徴されるように，中国をはじめとするアジア諸国の人々の国際的移動が急激に増加し，我が国への訪日外国人旅行客（インバウンド観光）の増加は我が国の観光業界に大きなインパクトを与え始め，それとともに日本に対する認識も深まりつつある。訪日外国人は，台湾，中国，韓国，香港などの近隣諸国であり，戦前からの密接な関係から今日でも日本に対する興味や関心をもち続け，日本への思いや感情を抱くのは自然であるかもしれない。あるいは，先進国日本の生活や文化についての実像（リアリティ）を認識したいという願望の顕れであるかもしれない。かつて，日本が先進国アメリカに夢を抱いたように。

　もし，そうであるとすれば，環境先進国を標榜する日本としては，観光地の環境保護＝保全が充分に行われているか否かを絶えず確認し保全態勢を整えることは緊急の課題である。環境汚染が，地域住民の生活を疎外するだけでなく，

我が国を訪れる観光客の失望を招くことを肝に銘じなければならない。観光先進国のフランス，イタリア，イギリス，ニュージーランドを訪問し，その国の整備された観光地を訪れた経験があれば，日本の観光地の整備状態が気になるのは当然である。我が国へくるアジア人も汚染された観光地へは二度と足を運ばないのではないか。日本観光で来日した中国人観光客の「リピーター率」が決して満足できる数字ではないことが明確になりつつあるが，原因究明が是非とも必要である。中国側の観光エージェントが観光の自由を奪っているという噂が事実であるとすれば改善する必要性があろう。観光産業を国家施策として発展させるために「観光庁」が設置された（2008年）が，観光産業がビジネスとして成功するための課題は非常に多い。

2. 三島の環境再生と観光再生

（1）「NPO グラウンドワーク三島」の台頭

2010年9月，ゼミ旅行で上海万博を訪れ，また杭州の西湖，蘇州，無錫の太湖，上海の旧市街を含め，市内観光し中国社会への理解を深めた。ゼミ生は，西湖，太湖の水質汚染など環境保全の取り組みの現状に関心をもってくれたはずである。しかし，上海の新天地や，古道具街に足を運んだゼミ生の目の輝きも忘れられない。中国の歴史と，古道具を長年売ってきた店主の態度を楽しんだようだ。そこに言葉の壁はなかった。しかし，筆者の脳裏から中国の水不足問題が消えることはなかった。というのは，これまで「科研費」調査で中国に進出した日系企業の環境保全対策に関する調査を実施してきたためもあり，また，静岡の「NPO日中環境経済中心」のメンバーとの数次に渡った烏鎮調査の記憶が鮮明に残っていたことも大きい。そして，中国の環境問題，特に中国の北方地域の水不足問題，及び中国内陸部の水不足が今後の中国にとって最大のアキレス腱であることを認識せざるを得なくなった。これから地球規模で水不足が深刻化し，水戦争が我々を脅かす可能性があること，中国の水不足の現状もこうした地球の水不足問題と無関係ではない。森林の豊かな我が国にとっても，水不足の問題はいずれ緊要の課題となるに違いない。今回，「水の都三島」の環境再生がどのように実現したのかを調べていくうちに三島市にとって

の「水資源」の大切さを再認識することになった。

　ツーリズム産業が持続可能性を維持していくには地域社会の環境再生に基づく観光地化を急いで整備することが重要となってきた。そのよい例が，昔日の自然環境を取り戻した三島市の事例である。三島市の「NPOグラウンドワーク三島」を中心に企業，行政，地元住民の相互協力（ここでは「民力」と位置づける）による再生の事実に着目し正当に評価することが必要である。したがって，ここでは，研究対象を三島市の環境再生・復活に懸けてきたグラウンドワーク三島の活動に焦点を置く。60年代半ばには「ゴミ捨て場」となっていた三島の源兵衛川に清流が戻り，三島梅花藻（ばいかも）の花が咲く柿田川や源兵衛川がグラウンドワーク三島の活動，および地域の住民たちの積極的協力によって再生・復活し，大量の観光客が訪れる「水の都」三島となったのである。

　三島を訪問して，観光地として発展するためには「地域住民との連携」に支えられた「再生」が不可欠であることを認識せざるをえなかった。JR三島駅近くの「グラウンドワーク三島」のオフィスには一日中客が絶えず，NPOに期待する地元民の提案と要請がどんどん入ってくる。多忙を極めるNPOの実態がそこにあった。NPO活動には「ヒト，モノ，カネ，情報」の「ストック」と，NPOスタッフと地元の人間関係の協力に支えられた「フロー」が活性化のエネルギーとなっているのではないか。それを支えてきたのは現在の渡辺豊博事務局長を中心とする研究スタッフ陣と事務局スタッフであると認識せざるをえない。

（2）ツーリズムビジネスの持続可能性

　世界のグローバル化の進展によって，個人の観光行動やツーリズム産業の多様化が避けられない状況になりつつあることは明白であろう。それゆえに観光ビジネスを成功に導くための条件や要因も次第に複雑化している。個人の観光の在り方が多様化し，観光とは個人（集団）が観光地をめざすツアー，旅と述べても観光の定義としては充分ではないからである。いま，観光政策審議会が出した1995年の定義によれば，「余暇時間の中で，日常生活圏を離れて行う様々な活動であって，触れ合い，学び，遊ぶということを目的とするもの」と

記されている（岡本，2001：2-5）。また，同書では観光者の「まなざし」の重要性に触れ，「他国を観光することは大きな教育効果を持つ。同時に観光者を受け入れることによって観光者のまなざしを意識することも，貴重な自己理解の機会」（岡本，2001：2-5）となること，さらに後段で次の説明が付け加えられた。「地域の場合でも，多数の観光者を受け入れ，様々な賞賛や批判の声を聞くことによって初めて自分の地域のことがわかる」と。

しかし，大量輸送を前提としたマス・ツーリズムは，画一的な「商品プログラム」を提案し，観光客のニーズを満たしてきた。しかし，観光に多くを期待するツアー客が増え始めたことによって人気を失っていく。ジャンボ機の就航は，ハワイ旅行からアメリカ，欧州へとツアー客の行動範囲を拡大し，そうした動きと連動して観光ビジネスの世界は，多くの矛盾を抱えることになる。個人が観光に期待する内容や，イメージがマスツーリズムでは満たせないことに気付くのに多くの時間を要しなかった。旅に対する個人の嗜好の変容が，商品を提供する側にも変化を引き起こしたと言えよう。個人旅行の願望を満たすようなHIS方式が開発されていく。

しかし，人気のある観光地ではツアー客の傍若無人な行動によって高山植物が荒らされ，汚染が進んだ。産業の発展を担うはずのツアー客の行動は，富士山，南アルプス，上高地などの貴重な自然資源を荒廃に追い込む危険性さえ指摘され始めている。

（3）マスツーリズムの克服：観光資源の維持をめざして

今日までの資本主義の発展は，大量生産を実現し，大量消費，大量廃棄をもたらしたが，それは観光産業においても例外ではない。むしろ，マスツーリズムこそ，大量消費の典型的な姿ではあるまいか。観光地へ大量のツーリスト達が押し寄せれば，それは一種の観光地の大量消費の姿であると解釈できるかもしれない。しかし，観光地では，自然景観を楽しみ，温泉を満喫し，旅館のホスピタリティから満足を与えられる。しかし，産出されるものは有形の「モノ」ではないため観光商品から得る満足を定義づけることは困難である。しかし，ヒトを満足させるサービスや，ホスピタリティとは何かについては，「日本的な接待」の本質を明らかにする研究が必要であろう。

しかし，誰でも訪れる人気の観光地とは，大量の観光客が訪れるから「大量消費」の対象となった観光地なのか。大量消費された観光地は，当然にいずれ飽きられる運命の観光地なのだろうか。世界の観光地は多様であり，世界遺産に指定され保全の対象となっている観光地は貴重な資源である。また，これらの世界遺産は，自然遺産として認定されるだけでなく，文化的遺産や宗教的遺産である場合には，貴重な歴史的資源でもあるだろう。

　したがって，人気の無くなる観光地と，そうではない観光地に分かれるとしても，大量消費の結果ではない。むしろ観光客を呼べる「魅力のある観光地」は飽きられるどころかますます人気を呼ぶ観光地としてツアー客を集め，観光地として発展している。こうした人気のある観光地がなぜ人気があるのかを探ることは重要なことである。

　他方，一度で充分と思わせる不人気な観光地の弱点は何かが問われるに違いない。不人気の要因は，数えればきりがないほど存在するに違いない。景観が売り物ではない場所であれば，他に売り物を作る必要があるが，景観に恵まれているから良い観光地として成功するとも限らない。

　石川県能登の加賀屋旅館の台湾支店が台湾の北投温泉に2010年の12月18日にオープンした。台湾の富裕層を対象にした7年越しの温泉である。加賀屋温泉のホスピタリティや「おもてなし」には定評があり，台湾の人々にとっても待望の温泉旅館であろう。こうした問題はここでの研究テーマではないが，観光地にあるレストランや土産物店，またその他の観光施設で働く従業員の態度が大切であることは言うまでもない。観光地での楽しみの中には，景観のような自然《環境》資源のみでなく「ひと」との出会いもまた大切な「関係資源」として心に残る経験となる。

　本章ではこうした広範な領域まで明確にすることを意図していないが，ビジネスとして観光地を再生する方策を考えるプロフェッショナルの存在に注目すべきだろう。温泉や，宿を作ればツアー客を呼べるほど経営は易しいものではない。観光企業の経営戦略は，「顧客を呼べる戦略」を選択できるかどうかである。企業の環境戦略，内部統制，CSR，商品に対する製造物責任，など「顧客を含む社会に対する責任こそが問われる時代となった。観光業界も例外ではない。顧客資本主義」(Customer Capitalism) の重要さを問われ，消費者の消費

意欲や消費行動が真剣に検証の対象とされる今日，ツーリズム産業も観光客を呼べるような条件が何かを探ることが必要になる。ここでは観光地の環境マネジメントの重要性に視点を定め，環境対策＝保全に論点を絞って考える。

3. 観光企業の「公益性」実現のために

(1) 観光の公益化とは何か

　しかし，観光業界にとっては本論文の提示する理想の「ツーリズム社会」の実現は，社会システムの必要不可欠な条件である。しかし，これまで観光業界は，観光資源として「観光地の環境保全」に積極的に取り組んできたであろうか。観光産業は，観光地を「利用＝消費」するビジネスに過ぎなかったのではなかろうか。「観光」の「公益化」とは，地域に根差した観光資源を公共のために生かすことであり，観光業界（企業）の「社会的責任」（SR）を指している。持続可能なツーリズム社会の実現とは，「公共性」に根差した「自由な」，「開かれた」観光地の維持存続を指している。言い換えれば，「観光」のもつ「公共的性格」を維持・存続させるためには観光地を支える環境保全戦略が観光ビジネスの「経営戦略・方針」とならなければならない。誰もが知っている有名な観光地は「公共性を有する」観光地であることが多い。たとえば，エルサレム，バチカン，と並ぶサンティアゴ・デ・コンポステーラなどの聖地は，世界遺産に登録されており，世界から観光客を集める観光資源であるため必然的に「公共的性格」をもたざるをえない。

　我が国の伊勢神宮もかつて「お伊勢詣で」で年間数百万人の観光者が殺到した。商人をはじめ，庶民の「巡礼の旅」や「お蔭参り」が観光の「一般化」を招くが，こうした普遍化こそ「公共性」，「公益性」という発想につながっていくものと考えている。伊勢講によって誰もが参加できることが観光の公的性格をもたらすが，一部の特権階級から庶民階級への観光の拡大こそ観光が社会システム維持の重要な要件である ESD へとつながっていることを意味する。

(2) 公益資本主義の3つの指標

　2008年のリーマン・ショック以降，資本主義の欠陥が次第に明確になってき

た。「新たな資本主義」として原丈人が提案してきた「公益資本主義」は非常に重要な主張を含んでいる。「株主至上主義」を排した新たな「公益重視」の資本主義が今後の資本主義の姿とならなければならない。

　原丈人の「公益資本主義」は，企業の在るべき理想像を提案するものである。原は，ハーバード大学の研究者とともに，公益資本主義の研究チームを組織している。その研究チームが，公益資本主義の指標として掲げる指標とは，(a)公平性，(b)持続性，(c)改良改善性，の三つである（原，2009：175-178）。

　「公平性」指標に関しては，アメリカの経営者（CEO）と従業員の平均年収を比較すると，きわめて不公平で，その差は400倍である。こうした賃金格差は，従業員の会社への参加意識を損ねるばかりか，改善・改良の意識を弱めてしまう，と原は指摘している。日本経営倫理学会の企業行動研究部会においてもこの賃金格差をめぐってたびたび議論が繰り返された。第二の「持続性」については，アメリカの経営者は短期的な利益増進が要求されているため，新しく就任したCEOがいきなり大量の首切りを断行するといった経営戦略が知られている。原の指摘は，長期的な事を考えて経営したほうが，株主にとっても長期的にプラスになるはずという指摘である。第三の改良改善性の指標については，たとえばGMの失敗が，大型車は小型車よりも１台の儲けが大きかったために，小型車を作る方向にシフトできなかった，と指摘する。変化への柔軟性を組織にビルトインしていることが明白な指標になれば，企業組織を分析するうえで有益であるという指摘である。こうした指標に基づく公益資本主義の主張は，観光ビジネスの領域においても同様に当てはまるのである。

　日本経営倫理学会は昨年，また日本経団連も，2010年11月18日，原丈人の講演会を実施している。公益資本主義の実現の重要性について財界の中に理解者を増やしていくことは，観光業界の発展につながるはずである。筆者は，公益資本主義の立場から，観光ビジネスの世界も今後，同様に「公益重視」の方向に業界が動き出すことを大いに期待している。将来を見据えたツーリズム社会の実現は観光産業の維持と発展に不可欠の要件である。本稿の目的が，「公益性」に根差した「新たなツーリズム社会」の実現を模索する試みであることを再確認しておきたい。

> 観光地は,「公平性」を重視し,誰もが訪れることができる開かれた観光地でなければならない。
> 観光地は,「持続可能性」に配慮した環境保護＝保全に充分に配慮しなければならない。
> 観光地は,資源の保護・保持を要件とするが,そのために必要な「改善・改良」を継続して実行しなければならない。

こうした条件を満たす観光地であれば,「公益的」性格を有するものである。

4. 三島から発進されるグラウンドワーク活動
―― 公益性を実現する民力モデルの事例

（1）三島市の環境再生の原動力

「水の都」として貴重な資源を有する三島市は,水が豊かに存在するという特徴をもっていた。その三島市が環境汚染にまみれたのは,高度成長期に企業が進出し,生産に必要な地下水を大量に汲みあげた結果,富士山からの湧水が減少し街から清流が失われたことによる。三島のグラウンドワーク活動は,失った清流の復活・再生にかけた地域の住民たちが結束して源兵川の清流を復活させた物語を生み出した。

渡辺豊博（都留文科大学社会学科教授）は,『富士山学への招待』(2010) の中でいみじくも「環境と観光の共生関係の構築」と述べられたが,本稿の基本的姿勢もこうした提案に近い。理想の「ツーリズム社会」とは,時間を越えて残されてきた貴重な観光資源の保全を目的とする社会のことである。

2010年11月6,7日両日,三島市で開催された日本大学国際関係学部主催の「日本景観学会」に参加した。シンポジウム「富士山麓の景観を考える」の報告者の一人,「グラウンドワーク三島」事務局長を19年間続けられた渡辺豊博教授の「富士山を守る諸活動の現状と課題」と題する報告を聴き,また翌日,三島の源兵衛川を再生・復活させた「現場」を見せていただいた。参加者は皆,感嘆の声を発せざるを得なかった。また,富士山の湧水が作った有名な柿田川にも三島梅花藻が再生していたが,NPOグラウンドワークのメンバーが,三島の各地で梅花藻を育成してきたもので,育成の現場を見てグラウンドワーク

三島が継続して実践してきた努力に脱帽せざるを得なかった。

　観光を支える環境整備，環境マネジメントが観光の「公益性」を育てていく根拠となることを学ぶことができた。柿田川を観光地として開放するために「柿田川公園」が作られたが，希少な富士山の湧水から作られた柿田川を観光で訪ずれるツーリスト達の意識変革を引き起こすきっかけとなるに違いない。

　三島のグラウンドワーク活動が結果として三島を観光地として再生・復活させてきた意義は，環境マネジメントが(a)観光マネジメントへとつながっていったこと，またそうした活動が，(b)観光産業を保護・発展させ，(c)「住民の意識や活動」の活性化をもたらしたこと，さらに(d)協力関係に基づき地元の人々が作り上げた「民力」形成へと繋がったものと言える。

（2）三島に形成された「ネットワーク活動」

　グラウンドワーク三島の活動が本格化するきっかけは，地元に古くから住んでいる「先人たち」の協力関係であった。源兵衛川の汚染は，もはや誰にとっても「水の枯れた三島」と映ったに違いない。三島の環境再生はその必要性が誰にとっても差し迫った課題であるという認識が動機となったものだが，誰もが環境再生が実現できるとは思わなかったであろう。渡辺豊博教授によれば，活動が始まろうとしていた平成三年当時，「水の都・三島」は存亡の危機にさらされていた。かつて一年中富士山からの湧水が噴出して涸れることがなかった「楽寿園・小浜池」は，乾いた池底を見せ，松尾芭蕉が「紫陽花や三島は水の裏通り」と詠んだ市内最大の湧水河川・源兵衛川も，ゴミの放棄や雑排水の混入により汚れ，傷ついてしまっていた（渡辺，2005：11参照）と述べている。そして，その理由を，「行政の対応の遅れや，地下水を利用する企業の責任，市民の無関心など」様々な原因があると指摘している。こうした原因は，恐らく日本の環境汚染地帯のすべてに当てはまるはずである。

　「グラウンドワーク三島」の活動に従事するにあたって地元民を見てきた渡辺豊博教授は，「三島の人々は，市民運動に大変熱心だ」と述べ，「市民運動に寝食を忘れてしまうほどのめり込む」と言う。その一つの例が「石油コンビナート進出阻止運動」であった（同上書：4）。三島の人々の反対運動の特徴は，情緒的な反対ではなく，他の地域の聞き取り調査や，科学者を招請して学習会

を開催したり、市民組織同士の間で検討会を実施して、反対運動を沼津市や清水市へと広域化したと、三島市民の積極性を評価している。こうした三島市民の特徴を聞き、5年前に環境調査のために訪問したドイツの環境都市フライブルグ市における原子力発電反対運動を思い起こす。三島市民は、「緑と森と水を守ろう」のスローガンのもと、「行政の論理に対しては、市民が考えた論理で臨む」（同上書：5）という冷静な運動を展開したと述べられる。

(3) 青少年に対する環境教育の事例：学校ビオトープの役割と貢献

　グラウンドワーク三島の主要な活動のひとつに、実践的な環境教育の推進があり、具体的には函南さくら保育園、長伏小学校、三島南高校ほかの学校において「学校ビオトープづくり」に取り組んできたことを銘記すべきであろう。地域ネットワークを構成する子どもたちやPTA、地域住民が、一体となって環境改善に取り組み、ネットワーク作りの中で環境教育を根付かせてきた。渡辺は、「学校が持つ多様な教育力が脆弱化している今日、地域社会や地域環境を学校の中に誘導しようとする仲介役としてのグラウンドワーク三島の役割」（同上書：127）と述べられた。たとえば、函南さくら保育園のプロジェクトは、対象者が0歳から6歳未満の幼児であることが最大の特色であり、ビオトープ作りに際しては、20人以上の保育士、及び100人以上の父兄とともに数多くの議論を重ねたという。グラウンドワーク活動の真髄と真価は、「人々の心を変え、新たな感動を創造」することにあるという。さらに、渡辺の言葉を借りれば、グラウンドワーク三島の時間をかけた粘り強い「合意形成のプロセス」の産物ということになる。これこそ本質的な民主主義の原点であり、「市民公協事業の基本的なシステム」であるという（同上書：133参照）。民主主義的な社会システムの存続にとって最も大切なのは、地域住民たちの「合意形成のプロセス」であることを示唆する主張に他ならない。

5. イギリスの「グラウンドワーク」活動の導入

　1980年代、英国で始まったグラウンドワークは、「市民、行政、企業のパートナーシップと地域の専門織（トラスト）によって展開される地域の環境改善

活動である」(渡辺・松下，2010：2)。資本主義先進国のイギリスでは，最も早く環境汚染が始まった。環境破壊に対処するために田園企画委員会が同地域に委員を派遣し，環境改善プロジェクトが実施されたことをきっかけに始まった。1985年に，バーミンガムで「グラウンドワーク事業団」が設立され，英国全土にこの活動が拡がった。1970年代に地域の環境悪化と景観破壊が拡大した我が国の三島市で，この英国発のグラウンドワーク活動が導入された。「グラウンドワーク三島」の事務局長に就任した渡辺豊博はイギリスに渡ってグラウンドワークの現場を視察し，この活動を三島市において実践してきた。こうして，三島の清流が戻ってきたのだ。きっかけは，イギリスのグラウンドワーク活動である。

　イギリスには，すでにナショナルトラスト (1895年設立) や，シビックトラスト (1957年設立) がある。その理念は，「野放図な開発や都市化の波から，貴重な自然と歴史的環境が壊されるのを未然に防止するために，広く人々から寄付金を募って土地や建物などを買い取り，あるいは寄付を受けて保存管理公開する運動」(同上書：3) である。シビックトラストは，「より日常的な生活環境の中で地域の歴史や住民にとって大切な建築物や町並みを保全することを目的」(同上書：3) とする。

　いずれも「歴史的遺産や美しい環境・景観」が対象であり，「保護・保全・維持」が活動目的になっているのに対してグラウンドワークトラストは，対象が「悪化した環境」であり，しかもそれらの「復旧・改善・再生」が活動の中心であった。ナショナルトラストもシビックトラストも公的資金の助成をほとんど受けていないのに対して，逆にグラウンドワークトラストは，国や自治体の公的資金の助成や支援を積極的に受けており，行政とのかかわりが強い。サッチャリズムの小さな政府に基づく財政改革によって，財政難のイギリスが再生されたが，この財政改革によってグラウンドワークの活動は飛躍的に拡大した。

　市民と行政と企業の三者の相互協力を引き出してきた三島のグラウンドワークの実践的な姿勢は，今後の環境と観光の共生関係の構築に指針を与える。

6. むすびにかえて——富士山の環境浄化プログラム

　三島の源兵衛川の再生にかけてきたグラウンドワークの活動をはじめ，渡辺豊博の富士山にかける思いは半端ではない。富士山南麓地域，富士山新五合目，富士五湖地域，富士山五合目を合計した全体の観光・登山客数は，毎年3000万人で，過剰利用のため様々な環境問題を誘発してきた。ゴミの放置，し尿の垂れ流し，産業廃棄物の投棄，放置森林の拡大，乱開発の進行，湧水の汚染と減少，酸性雨と立ち枯れの拡大，動植物の減少，溶岩洞窟の乱開発，など，渡辺豊博の表現によれば「環境破壊のデパート」，「日本の環境問題が凝縮する負の展示場」ということになる（渡辺 2010：7）。『富士山黒書』（1973年）ですでに予告されていたが，20数年後の静岡新聞の『富士山は生きている』まで待たねばならなかった。

　富士山の環境保護は現在では，地域社会，NPOその他の協力団体の間の「知恵と行動のネットワーク」と，「現場情報と専門性に裏付けされた情報の総合判断」が必要と述べる。特に，最近開発した杉材を利用したバイオトイレの開発が富士登山を一変させるだろう。渡辺豊博によれば，富士山が世界遺産登録に失敗した本当の理由は，「開発の抑止」をはじめとする多くの制約が付加されていたことで，ユネスコ登録へのハードルが高いということであろう。渡辺豊博教授は，ユネスコの審査担当者から「あなたの人生哲学をお聞きしたい。」と問われ，驚くと同時に環境保護というものが，根底に哲学を要するものであることを再認識せざるを得なかったと述べている。自然的景観が素晴らしいと勝手に思い込んできた日本の弱点と言えないだろうか。渡辺は，こうした厳しい国際的な環境観を踏まえて，富士山の文化的，歴史的，宗教的な遺産としての審査を受ける準備をされている。

　観光立国としての位置を確実にするためにも，また世界遺産の審査に耐えうるだけの用意周到さを備えるためにも，「事前の準備に必要なもの，事前に解決しておくべき条件」を以下のように整理された。

① 管理の一元化，
② 長期的・総合的な管理基本計画の策定，

③ 学術的・専門的な資源調査と評価の差別化,
④ ゴミや産廃問題の具体策,
⑤ 富士山再生の恒久的基金の設立,
⑥ NPO との共同関係の構築,その他。

　今後のグラウンドワーク三島の活動や,富士山クラブによる富士山の環境保全推進に期待したい。こうした NPO 活動の成果によって,観光地の公共性,公益化が進んでいくことは間違いないのだ。こうした地道な活動こそ ESD の基本理念なのではないか。

　　［付記］本稿は,2010年11月12日の「総合観光学会」［於：日本大学商学部］で報告したものに加筆・訂正を加えたものである。

引用・参考文献
アルジュン・アパデュライ,門田健一訳（2004）『さまよえる現代』平凡社。
岡本伸之（2001）「観光の定義」岡本伸之編『観光学入門』有斐閣。
岡本伸之編（2001）『観光学入門』有斐閣。
小坂勝昭（2007）「持続可能な『ツーリズム社会』の到来とその行方──観光社会学の今後の課題と方法」『文教大学国際学部紀要』第17巻第2号。
小坂勝昭（2009）「上海,杭州,烏鎮の観光事情」（総合観光学会での口頭発表）。
小坂勝昭（2010）「中国江南地域の水問題と今後の水対策──上海,杭州,烏鎮の事例」『文教大学国際学部紀要』第20巻第2号。
日本政府観光局（2010）『国際観光白書　2010年版』。
原丈人（2009）『新しい資本主義』PHP 選書。
横川節子（2001）『イギリスナショナルトラストを旅する』千早書房。
渡辺豊博（2005）『清流の街がよみがえった──地域力を結集・グラウンドワーク三島の挑戦』中央法規。
渡辺豊博・松下重雄（2010）『英国発・グラウンドワーク──新しい公共を実現するために』春風社。
渡辺豊博（2010）『富士山学への招待』春風社。

　　　　　　　　　　　　　　　　　　　　　　　　　　　　（小坂勝昭）

| コラム3 | これからの社会であらためて目を向けたい人間の不思議

　法政大学の尾木直樹先生の授業はまさにESDの理念にそったものである。
　私が受けた，ある一日の法政大学での授業をふり返ってみる。

　これからの社会で何が大切なのかわかる？
　道徳の授業は本に書いたり教科書になったものを使ってするのではなく，自ら体験したことからのものは，価値があるのよ。
　教師として，その生き様そのものが問われるの。そこで人間教師としての力量が問われるのよ。
　ニーチェとか，ドラッカーの本を読んで，そこに書いてある字面だけを，眺めていてもしかたないでしょ。ニーチェ，ドラッカーの生き方について，読んで考えたことに価値があるし，考えることで，ニーチェの思想が生きてくるの。
　考えるということで，ドラッカーの観念が，終止符を打たないものとなり，実社会と結びつく架け橋となる。素晴しいでしょ。
　学生とともに教師は育つの。教師は本を読むだけではいけない。その本に書かれたことを考え，それを実社会に投影する。あのね，学生に教えるとはね，自ら考え実社会に投影したこと，生身の体で感じたこと，経験したことを咀嚼し，学生に伝えることなの。
　テレビに出てやっと，自分は素のままの自分が出せるようになったの。素のままでいると疲れないのよ。それまでは，殻をかぶっていたから。殻をかぶると疲れるのね。
　一人一人が違う価値観をもった人であるということを，大切にしないといけないわ。
　「みんな違って，みんな良い」のよ。
　人間味のある道徳，人間くさい道徳はこのようなもの。
　フィンランドは正解を求めないの。日本は，正解を求めすぎるのよ。グローバルな人材育成が望まれていると言われているでしょ？　そのためには，正解を求めすぎるのではなく，そこに至ったプロセスを重視することが大切よ。
　間違っても，理由があればよいし，結果だけではなく，プロセスが良ければいいのよ。
　日本人は，人は良いけど，創造力，洞察力を鍛えることが必要だわ。
　結果だけを見るのでなく，プロセスを大切にすることで，新たなものが生まれる可能性があるのよ。それが，創造性，洞察力を鍛えることになるの。
　またプロセスを大切にすると，結果を鵜呑みにするのでは無く，過程重視の為，理論的，批判的な力が備わるわ。

クラス全員でする全員リレーを知っていますか？　リレーは次から次へとつなげていくものですね。3年B組のクラスで人が亡くなった。彼はリレーを楽しみにしていたの。他のクラスはリレーの練習に一生懸命だったわ。しかし，3年B組は全然練習をしなかった。だけど，リレーの日の当日，亡くなった彼がついているからと，全員が一致団結したの。その団結力は30秒の間に出来たの。
　そして，その団結力で，1位となったの。
　これは，人間の不思議を物語っているわ。

(西井寿理)

終 章
人権における文化の変遷

1. はじめに

　文化という言葉について，英語でのcultureが値するが，cultureは教養とか文化と訳され，カルチャーショックは，異文化に接した時の，その生活習慣や考え方の差から受ける違和感や動揺とされている。

　この英語のcultureとは，cultivateという，耕すという意味がもとになっているとも言われている。このようなことから，文化とは総じて，人間が社会の成員として獲得する振る舞いの複合された総体のことであり，社会の組織に応じた，それぞれ固有の文化があるとされる。

　たとえば，年齢別グループの社会組織，地域社会，血縁組織などである。そして，文化を身につけることはその組織の成員になることである。

　文化は通常人間集団内で伝播されるものであり，その伝播されたものがある一定の広さや時間の経過をもつさらなる文化の発展へとつながる。

　ここに人の心から心へとコピーされた，その同価値の集合体を文化ととらえることもできるが，そのコピーされる情報のことをミームと言う。この言葉はリチャード・ドーキンス*（生物学者）が作ったものである。そしてドーキンスはミームという概念を用いて文化を理解していく。

　　＊イギリスの動物行動学者であり進化生物学者。*The Selfish Gene*（『利己的な遺伝子』）をはじめとする一般向けの著作を多く発表している。

　すなわちミームが自分の複製を作るということは遺伝子レベルでの話しで，遺伝子が自分の複製を作り，増幅していくということから考察される。

　しかしこのコピーは，常に同一であるとは言えず，突然変異がおき異変をおこす。ここに同一化から，はずれた多様化がおこり，自己複製遺伝子は自然淘汰によって進化がおこる。

　これは社会においてはある時の文化が，次の文化へと変化していき，持続可

能な社会を創り上げることに類似している。以上のようなことから，社会はその時代ごとの情報の共有による価値観や地域ごとにおける価値観をもっての解釈は可能であり，それはその時代や地域の文化にささえられたものであり，さらに次に進化し，変遷していくものと考えた。

　文化とは，人間が社会の成員として獲得する振る舞いの複合された総体である。今，日本の文化はかつての「和」「恥」「義・仁・礼」をもととした文化から「物質至上主義」や「金銭至上主義」に重点を置いてきているように思われる。これは「個」を大切にする個人思想主義から発せられ，「和」を大切にするかつての文化に対峙する。集団社会生活から個に重点が置かれた生活体系へと変化した日本において，「利自」の自分の利益のみに執着する姿勢が深まっている。

　社会問題として生活保護の不正支給が，現代においても問題になっている。不正受給は，まさに自分の利のみを追求する姿勢ではなかろうか。かつての「恥」という言葉はここには微塵もない。本当に生活に困っていたかつての朝日訴訟に見た文化とはあまりに違っている。

2. 不正受給と朝日訴訟

　現代生活保護の不正受給が問題になっている。年収1億円を超えるのに生活保護を受けていたとされ有馬常時被告（78歳）に熊本地裁は2012年5月18日懲役3年，執行猶予5年，罰金3千万円（求刑懲役3年，罰金3500万円）の裁判が言いわたされた。

　河村宜信裁判官は判決理由で「セーフティーネットである生活保護制度を悪用した悪質なもので被害も大きいが事実を認めて反省している」とした。

　内容は，有馬常時被告は2005年5月から2006年6月まで投資勧誘業で利益を上げ収入が増えたにもかかわらず，2005年6月から2006年7月まで14回にわたる生活保護費用の約211万円を熊本市から受け取ったままであったというもので，この時の有馬被告の（2006年度）年間所得は約1億4900万円であったという。

　かつての朝日訴訟において橋本公亘先生は「当時の国民所得ないしその国の財産状態，国民の一般的生活水準，都市と農村における生活の格差，低所得者

の生活程度とこの層に属するものの全人口において占める割合，生活保護を受けているものの生活が，保護を受けていない多数貧困者の生活より優遇されているのは不当であるとの一部の国民感情および予算配分の事情…。以上のような諸要素を考慮することは保護基準の設定について厚生大臣の裁量のうちに属することである。…本件生活扶助基準が入院入所患者の最低限度の日用品費を支弁するに足りるとした厚生大臣の認定判断は，与えられた裁量権の限度を超え，または裁量権を乱用した違法があるものとはとうてい断定することができないとしているがこれに対して田中，松田，岩田，草鹿裁判官*の反対意見は，訴訟承継を認めるべきであるとする。田中裁判官はさらに翻案の内容について結局上告は棄却を免れないとし，他の裁判官は多数意見が訴訟終了を認めた以上，上告理由について意見を述べるべきではないとした。」

　　＊橋本（1974），草鹿浅之介・田中二郎・松田二郎，岩田誠事件名生活保護法による保護に関する不服の申立に対する裁決取消請求事件事件番号昭和39・年（行ツ）第14号1967年民集21巻5号，芦部（2011）。

　松田治と榎透氏は保護受給者が他の多数貧困者より優遇されるのは不当だとの「一部国民感情」や「予算配分の事情」まで基準設定の考慮要素として容認するのは，合目的的裁量を超えているとの批判があるとしている（高橋和之『憲法新・判例ハンドブック』日本評論社，2012年）。

3. 「恥」に対する日本文化

　現代，「恥」に対する日本文化の思想が変化しているのではないかと思われる。
　すなわち，かつて日本人は他人に迷惑をかけない，「恥」ることはしない，「和」をもって尊しとした文化であったが，物質の蔓延とともに，物に対する執着やそれがもととなる，金銭のみを至上主義とする「物質文化」の時代となりかかっているのではなかろうか。
　先に述べた「ミーム」の思想から，一つの細胞がさらに他の細胞を増殖させ広がっていくという文化の恐ろしさが，この金銭至上主義に起こるとき，人の心の大切さを失った物質文化の到来となる。その時の人間の価値は当然経済的

優位者が優位であり経済的弱者への配慮はなくなる。現在株式会社病院についての創設が考えられているが，株式会社の目的は利潤を上げることである。そうなると，命より金銭の方が優位性を増す。現在の命重視の病院の目的と株式会社病院の目的の相違をみる。人間は全て皆同じ価値があるという人権平等思想の喪失となるのではなかろうか。

4. 最低賃金

『エコノミスト』の第90巻第33号通巻4241号（2012年8月7日）に小黒一正氏が以下のようなコメントをしている。

　最低賃金で働く場合の手取り額が生活保護の受給額を下回る都道府県が11*に増加した。かつては高校生や学生のアルバイト，パート主婦，退職高齢者など，最低賃金で働く人が多く，それは親とか夫，年金パラサイト（寄生）先があり，自分で基本的な生活費の負担をしなくてもよかった。フルに働いて収入が生活保護水準以下であっても構わなかった。しかし，90年代後半から事情が変わり，経済の構造転換が起こり，IT化などの技術進歩やサービス産業化によって正社員が減少する一方，誰でもマニュアル通りに働けばよいというような生産性が低い単純提携労働者が増えた。

　　＊北海道30円，東京20円，▽宮城19円，▽神奈川18円，▽大阪15円，▽埼玉，広島12円，▽兵庫10円，▽京都8円，▽千葉6円，▽青森5円。

　そのため厚生労働省の生活保護の支給水準引き下げ検討との報道もあるという。また2012年9月12日の時事通信では受給者は211万8163人（2012年5月）超へ過去最大であるという。受給世帯も8572増へ153万8096世帯となった。

　日本は，この表で見るように610円（沖縄）〜719円（東京）という最低に近い値を示している。フランスはこれに対して，日本の約2倍の1280円という値である。アメリカにおいては一部600円の地域もあるが，カルフォルニア州においては780円という値を示している。イギリスについては年齢により違いがみられるが，やはり日本よりかなり高い値を示している。またこの表から一般的に欧州諸国のほうが高い値を示していることが理解できる。

各国の最低賃金金額（時給ベース・2006年）

フランス	8.27ユーロ	1280円
イギリス	5.05ポンド 4.25ポンド	約1170円（23歳以上） 約990円（18〜22歳）
アメリカ	6.75ドル 5.15ドル	約780円（カルフォルニア州） 約600円（連邦最低－27州適用）
日　本		719円（東京都） 673円（全国平均） 610円（沖縄県）

出典：山田昌弘『なぜ若者は保守化するのか――反転する現実と願望』東洋経済新報社，2009年。

5. 武士道と名誉

「花は桜木，人は武士」と歌われ，武士階級は営利を追求することを禁じられた。そのため武士は商売が下手で，最後までちょんまげを結っていたといわれている。しかし，武士道の（エリート）精神は国民全体の憧れであり，「大和魂」の元となった。

アメリカに日本から桜が送られて，今年は100年目ということであり，ニューヨーク等で桜祭りが行われていた。

新渡戸稲造の武士道では，「桜は日本のシンボルであり，その花の美しさには気品がある。ヨーロッパの薔薇と比較されるが，桜には純真さがあり，潔さと可憐さが日本人の好むところであろう。薔薇は甘味で香りも濃厚であるが，枝についたまま朽ち果てる。それは桜の終焉とはあまりにも違い，うす淡い桜に対してあでやかな色合いを持つ」。集団的な群れで咲く桜の和文化と単独に個を強調した薔薇の比較は興味深い。武士道の中でヘンリー・ノーマン氏*は日本が他の東洋国家と異なる唯一の点は「人類がかつて考えだしたことの中で最も厳しく高尚でかつ厳格な名誉の掟が国民の間の支配的な影響力をもつ」こととしている。

＊ Norman, Sir Henry（1858-1939）, *The Far East* イギリスのジャーナリスト旅行家，主著 *The Real Japan, People and Politics of the Fat East*。

これは物質資源の開発や富の増加という（物質至上主義）や（金銭至上主義）の逆の考え方である。

6. おわりに

　日本社会の文化とそこに流れるその時代の価値基準を眺めてきた。たとえばかつての日本人の「恥」の概念による社会集団の行動基準は，自分の利益のためなら何をしてもよいという，「物質至上主義」の「自利」だけでなく「他利」に対しての思いを馳せつつ「利」を得たような（一部にはそうでない場合もあったであろう）ものであった。

　それは日本人の倫理観のもとにある聖徳太子の「和」の思想や「武士道」の「義」「仁」「礼」によるものであった。

　現代の生活保護の支給額は母親と子一人で約19万円，夫婦で約13万円がもらえるという（地域による）。そして，そのほかに子供の病院にかかる費用や義務教育までの教育にかかる費用も出るという。

　これならば最低賃金であくせく働くよりも生活保護の申請をしたくなるのも当然かもしれないが，過去の人々（朝日訴訟等の）の「最低限度の健康で文化的な生活」基準を本当に生活できるための基準まで引き上げた努力を忘れてはいけない。

　たしかに，不正受給は罰せられるべきであるし「物質至上主義」や「金銭至上主義」が蔓延している日本において，不正受給者はこれからもでてくる可能性は十分にあるが，本当に貧しく生活できない人々も居ることに目を背けてはならない。そのよう人々のためにこそ生活保護はあることを忘れてはならない。

　かつて高齢者の孤独死が新聞をにぎわせた。また「おにぎりを食べたい」と言って餓死した人のニュースもある。このような事件はかつての集団的社会から変化したマイホーム化が生み出した結果でもあろう。

　周りの社会環境や日本文化が変われば，日本人の価値観も変わらざるを得なくなる。かつての「和」「仁・義・礼」といった思想も衰退せざるをえなくなり「個」の利益の追求がそれにとって代わるのかもしれない。その変化こそが日本社会文化の変遷であるのかもしれない。

現代騒がれている「原発」問題も放射能汚染という負の遺産を，地球に残すこととなる可能性が高い。そのため，代替エネルギーとして太陽光や風力を使用するという提案があることは喜ばしい。しかし，「尖閣」「竹島」「北方領土」と四方からの圧力がしきりに降りかかる島国日本において，まず「自衛」することに重きを置き，次にどのような代替エネルギーにシフトしていくかの選択が非常に大切なことである。持続的可能な社会を構築するがゆえに，この選択がより重要となる。

　このような現代だからこそ，本物の尺度計を使う必要がある。その本物の尺度は「物質至上主義」でいくべきなのか「和」「義・仁・礼」でいくべきなのか，それとは全く別の新しい尺度で測るべきなのか。本気で持続的可能な社会を創るために，この尺度計は正確でなければならない。私には日本社会文化の全く新しい尺度計が耳に鳴り響いている。

引用・参考文献
芦部信喜（2011）『憲法　第五版』岩波書店。
長尾一紘（2011）『日本国憲法　全訂第4版』世界思想社。
橋本公亘（1974）『憲法』（現代法律学全集2）青林書院新社。
高橋和之（2012）『新・判例ハンドブック「憲法」』日本評論社。
新渡戸稲造，新渡戸稲造博士と武士道に学ぶ会編，奈良本辰也訳（2009）『英語と日本語で読む「武士道」』三笠書房。
森三樹三郎（2005）『名と恥の文化』講談社。
中村元（2005）『東洋のこころ』講談社。
見田宗介（1995）『現代日本の感覚と思想』講談社。
ルース・ベネディクト，米山俊直訳（2008）『文化の型』講談社。
西田幾多郎，小坂国継（全注訳）（2006）『善の研究』講談社。
渡辺和子（2005）『ひととして大切なこと』PHP研究所。

（西井寿里）

執筆者紹介 （執筆順）

池田満之（いけだ・みつゆき，ESD-J 副代表理事，岡山ユネスコ協会副会長） 序章

西井麻美（にしい・まみ，編著者，ノートルダム清心女子大学人間生活学部） 第Ⅰ部第1章

熊谷愼之輔（くまがい・しんのすけ，岡山大学大学院教育学研究科） 第Ⅰ部第2章

治部眞里（じぶ・まり，独立行政法人科学技術振興機構） 第Ⅰ部第3章

富岡美佳（とみおか・みか，山陽学園大学看護学部） 第Ⅰ部第4章

西　隆太朗（にし・りゅうたろう，ノートルダム清心女子大学人間生活学部） 第Ⅰ部第5章

川田　力（かわだ・つとむ，岡山大学大学院教育学研究科）第Ⅰ部第6章

松永　久（まつなが・ひさし，株式会社三菱総合研究所社会地域創生事業本部地域づくり戦略グループ）第Ⅰ部コラム

藤倉まなみ（ふじくら・まなみ，編著者，桜美林大学リベラルアーツ学群） 第Ⅱ部第1章

中村玲子（なかむら・れいこ，ラムサールセンター） 第Ⅱ部第2章

名執芳博（なとり・よしひろ，NPO法人日本国際湿地保全連合会長） 第Ⅱ部第3章

大江ひろ子（おおえ・ひろこ，編著者，英国ボーンマス大学ビジネススクール） 第Ⅲ部第1・4章

Duncan Weeks（ダンカン・ウィークス，South bourne Art Lab 代表）第Ⅲ部第2章

田中令子（たなか・れいこ，前横浜国立大学客員教授，オープンラボ横浜代表）第Ⅲ部第3章第1節

伊藤芳浩（いとう・よしひろ，NPO法人インフォメーションギャップバスター理事長）第Ⅲ部第3章第2節

西井寿里（にしい・じゅり，編著者，川崎医療福祉大学医療福祉マネジメント学部）第Ⅳ部第1章，コラム3

松澤　伸（まつざわ・しん，早稲田大学法学学術院） 第Ⅳ部第2章

西藤　輝（さいとう・あきら，中央大学経済研究所） 第Ⅳ部第3章

小坂勝昭（こさか・かつあき，元・文教大学大学院国際協力研究科） 第Ⅳ部第4章

MINERVA TEXT LIBRARY ㊿

持続可能な開発のための
教育（ESD）の理論と実践

|2012年11月30日　初版第1刷発行|〈検印省略〉|
|2017年 8月30日　初版第3刷発行| |

定価はカバーに
表示しています

編著者	美濃　みな子 麻　まなみ 井倉　ひろ江 藤井　寿里 西藤 大西
発行者	杉田　啓三
印刷者	坂本　喜杏

発行所　株式会社　ミネルヴァ書房
607-8494　京都市山科区日ノ岡堤谷町1
電話代表　(075)581-5191番
振替口座　01020-0-8076番

©西井・藤倉・大江・西井ほか, 2012　冨山房インターナショナル・藤沢製本

ISBN 978-4-623-06485-4
Printed in Japan

ESD（持続可能な開発のための教育）をつくる
―― 地域でひらく未来への教育
生方秀紀・神田房行・大森　享編著　Ａ５判　250頁　本体2800円

ESD（持続可能な開発のための教育）の入門・解説書。日本のESD研究のリーダーによる理論的な解説からESDの本質をとらえ，その目的を実現するための国内外における地域と連携した優れた実践を紹介する。

未来をひらくESDの授業づくり
―― 小学生のためのカリキュラムをつくる
藤井浩樹・川田　力監修，広島県福山市立駅家西小学校編
Ｂ５判　170頁　本体2400円

続可能な社会の構築をめざして進められるESD（持続可能な開発のための教育）。本書では，先駆的な取り組みを行ってきた福山市立駅家西小学校が４年にわたる実践で到達したESDのカリキュラムづくり・授業づくりを平易な文章と漫画でわかりやすく紹介する。

環境教育小史
市川智史著　Ａ５判　384頁　本体6000円

日本の環境教育の歩みをたどり，環境教育の起源や展開を史的に考察する。環境教育が登場する1970年から2010年頃までの約40年間について，義務教育段階における全国的な環境教育調査結果を踏まえつつ，国内外の環境教育の史的展開を解明する。

よくわかる環境経営
野村佐智代・佐久間信夫・鶴田佳史編著　Ｂ５判　200頁　本体2500円

現在の地球規模での環境問題への取り組みを踏まえ，現実の企業経営において具体的にどのような対応がなされ，企業が環境対策を事業活動・戦略にどのように位置づけて展開しているのかをわかりやすく解説。企業経営と環境問題を学ぶために必携の入門書。

―― ミネルヴァ書房 ――
http://www.minervashobo.co.jp/